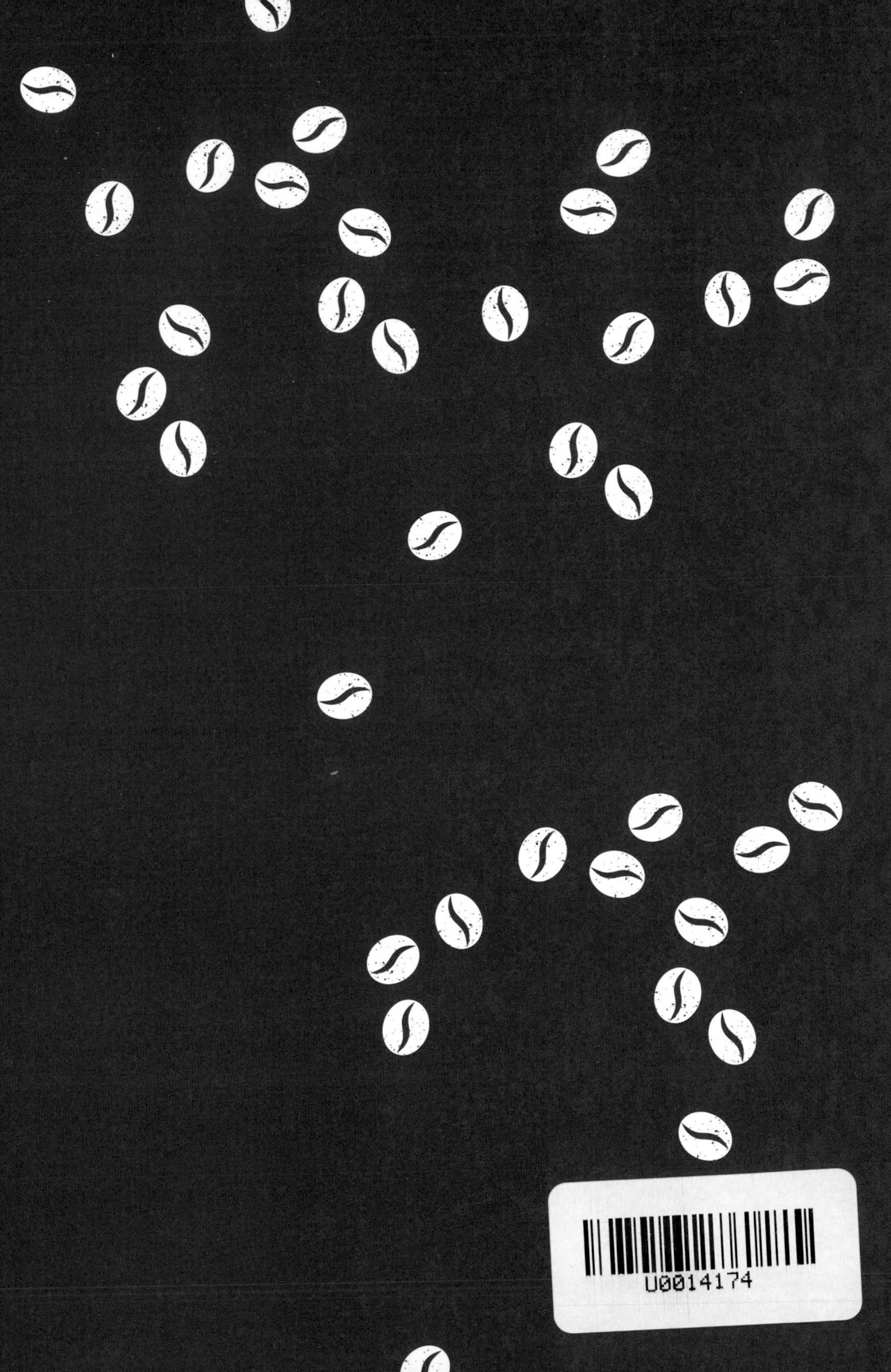

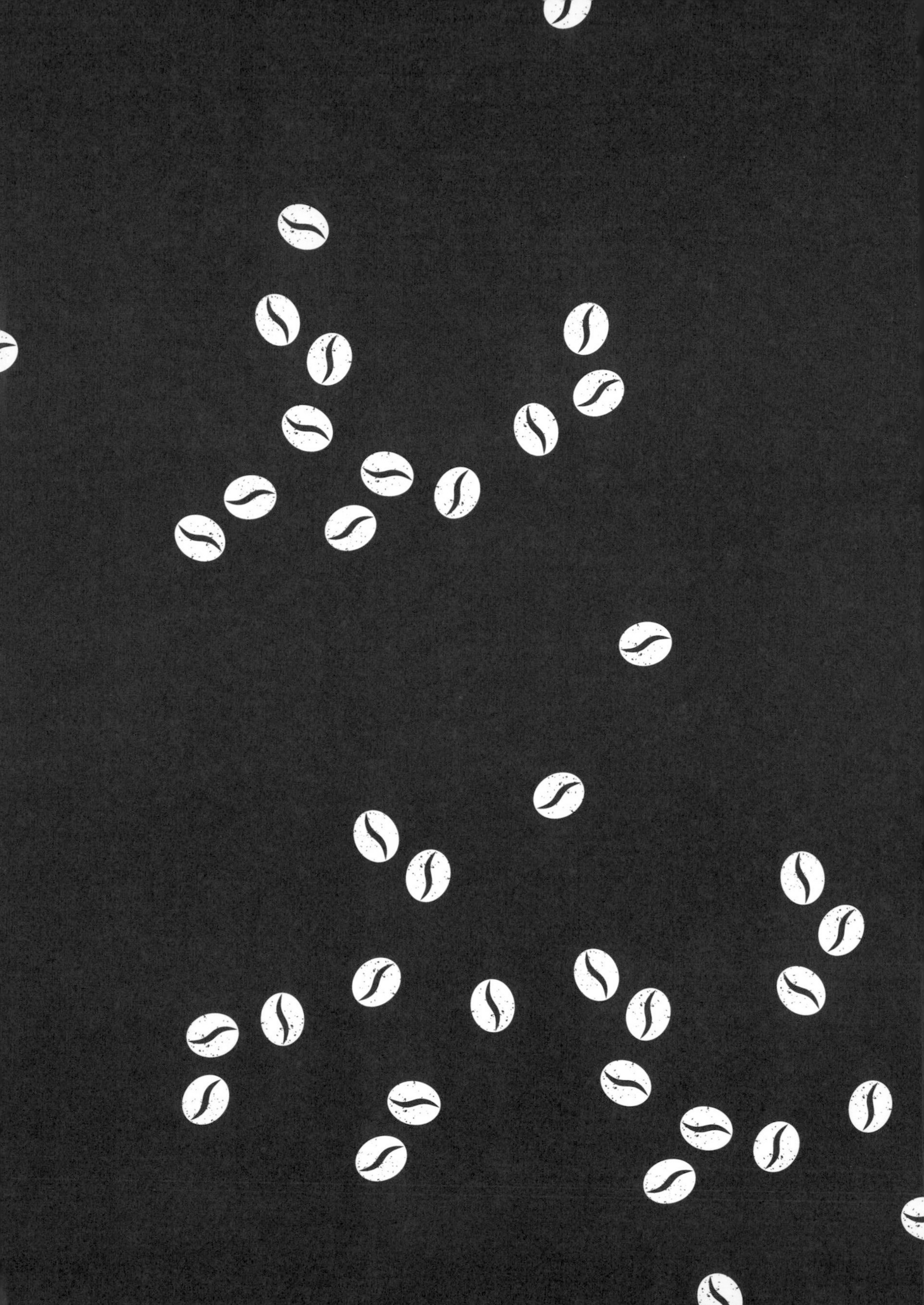

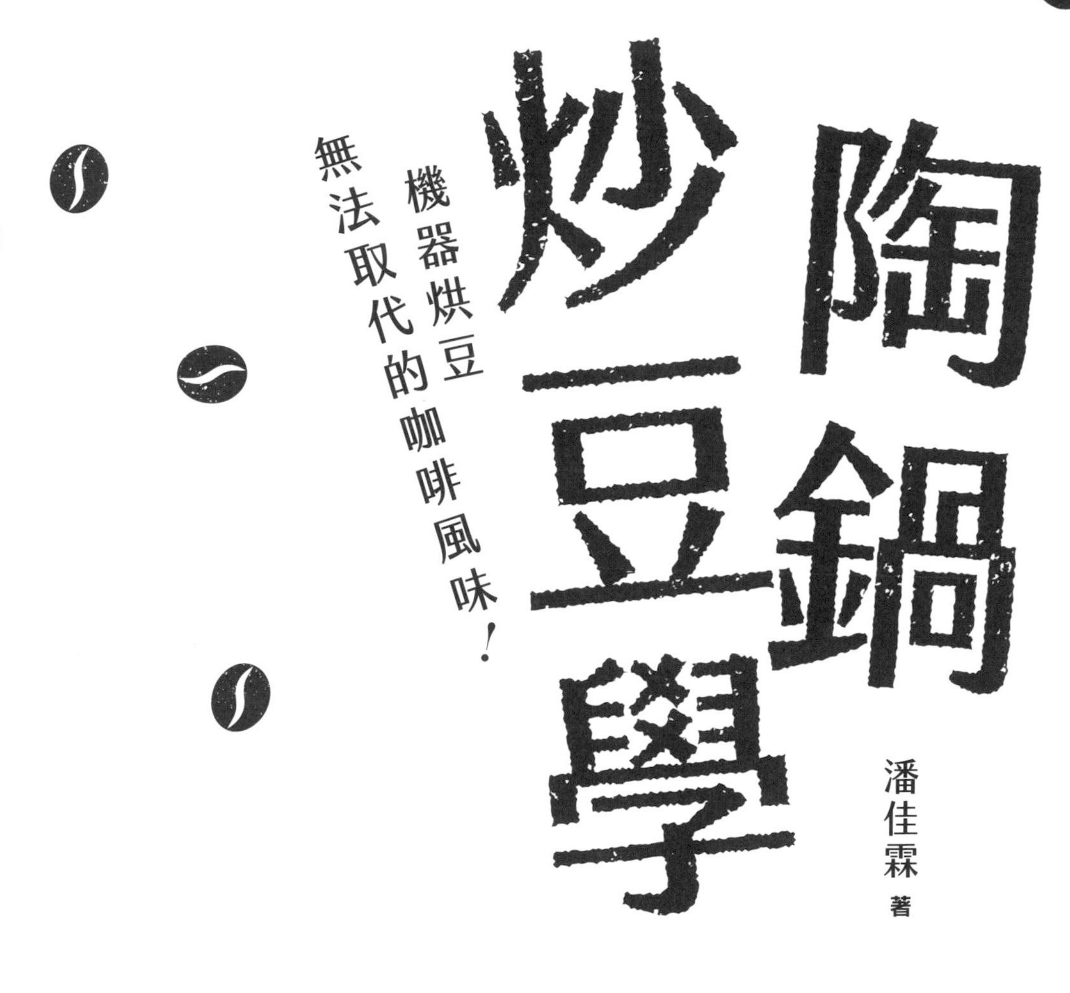
陶鍋炒豆學
機器烘豆
無法取代的咖啡風味！
潘佳霖 著

Preface

推薦序

與人分享一鍋溫柔的咖啡

個人只是個上了年紀的平凡上班族，基於在職場歷練出來的習慣，追隨軟體界開源的精神，把烘焙咖啡這件事，自己實證的過程或學術文獻的探究心得，以網路內容的型式分享出來。

自己雖和本書的作者Ellen本人不相識，但在學習烘焙的過程中，虎記商行和Ellen拍攝的Youtube影片，因緣下成為引導我正確進入陶鍋烘焙咖啡領域的明師。Ellen溫和、誠懇、開放以及歡迎大家一同進入陶烘領域的態度很直接地觸動個人內心，很樂意及也很榮幸推薦他的陶鍋烘焙的著作《陶鍋炒豆學：烘豆無法取代的咖啡風味》，作為同好們混沌中摸索的第一盞明燈。

烘焙咖啡時，我習慣用開源軟體Artisan來幫我進行記錄，當初自行摸索第一鍋陶鍋烘焙時也是。因為用實際的數據去探究後來發生的現象，總比毫無根據地猜測好一些，也因為有這樣的探究過程，深深體會到，陶鍋烘焙是一門技藝和經驗遠大於客觀數據的烘焙手藝。

一只陶鍋、一支木匙、一爐家用瓦斯就可以烘咖啡，但如何烘出好喝、風味美好進而吻合自己偏好的咖啡，真的相當有難度。因為我深信，任何工藝，使用的工具越簡單，人的技藝比重就會越高。與諸多同好長期交流過程中我得到印證，初入陶鍋烘焙領域的人，都有不知從何開始的困擾。遇到問題時，也很難從他人或網路資源找到答案，可以說陶鍋烘焙是一項行動比認知重要的烘焙方式。

不斷地練習、嘗試錯誤以累積經驗，找到適合自己的烘焙方法，比先去吸收滿滿的烘焙知識，結果動手烘焙之後一直困在如何烘勻、烘透、不焦之間奮戰來得務實有用。Ellen這本書，深入淺出地帶您如何由合適的器具、豆量、豆種、手法、節奏等進入陶鍋烘焙的門內，甚至為了有一個明確的參考基準，連紅外線測溫槍的數據都用上了。不論是陶烘的老手、新手，相信都可從Ellen這本書獲得寶貴的行家經驗。不過，即使是同一品牌的同型烘焙機，不同的人設法依循相同的曲線烘相同的豆子都會產生不小的差異，依著Ellen論述的數據去進行陶烘，好像也很不容易得到一致或相似的成果，但這就是陶鍋烘焙迷人的地方——練的不是只有手法或對咖啡的認知而已，有更強大的一部分是在試煉烘焙者的內心，他對他鍋內咖啡的最終想望。

凹仔底烘豆人
2020/6/6

Preface

作者序

烘焙一鍋屬於自己的咖啡

接觸精品咖啡之前，我的第一杯咖啡是罐裝咖啡，當時正值聯考，為了取得好成績而熬夜讀書，呼嚕呼嚕喝下一大瓶。到了青年時期，第一次走進老式咖啡館，點了一杯咖啡，印象是苦的，得加入兩顆方糖，然後看著鄰桌的老先生舀了兩大匙奶精，我也就跟著這樣做。回想起當時喝著那杯酸酸、苦苦、甜甜、澀澀的咖啡，搭配約翰．藍儂（John Lenoon）的《Imagine》曲調，幻想著自己是文藝青年，就這樣喝了第一杯老派咖啡，接下來就有第二、第三……到第N杯咖啡。

從少年時期即養成喝咖啡的習慣，成年後的咖啡啟蒙是在台中巷弄裡的咖啡館。休假期間總是想到咖啡館喝杯咖啡，與朋友聊聊天氣、食物和旅行……。隨著年紀增長，對這樣的聊天環境感到吵雜，逐漸移轉到自家二樓的客廳，經常煮咖啡招待朋友，並且到各家咖啡館買咖啡豆，為自己及朋友烘咖啡豆、煮咖啡、播放音樂 ，就這樣自然而然地喜愛在家招待客人。

2008年開始使用陶鍋炒焙咖啡，為自己培養第二專長。一邊工作一邊炒焙，並且利用下班空檔的時間練習，休假時間就泡在咖啡館與咖啡館主人聊天，邊喝咖啡邊解鎖咖啡風味，一點一滴慢慢培養對咖啡的愛好。而當年就是跟隨這位咖啡主人，也就是13大哥（何坤林）學了陶鍋炒豆，才有機會將其所言行諸於文字，心裡一直感念這份教導的感情。

2012年認真學習西班牙文，在墨西哥教導當地人手搖珍珠奶茶。2014年到墨西哥南部和瓜地馬拉旅行，在產地採購咖啡生豆，並學習認識咖啡豆的生產過程。

那次尋咖啡豆是畢生難忘的經驗。印象中我們一行人在午夜十二點，搭著飛狗巴士穿越墨西哥與瓜地馬拉之間的邊境，橋上只有一間VISA蓋章通關的小房子，橋上睡著一些人，印象中他們是無國籍的遊民，或是白天往返於墨西哥與瓜地馬拉之間打零工的藍領階級，或許是那晚的印象讓我想為咖啡店取名為「邊境」的緣故吧！旅途中需要搭上大約十小時的長程巴士才會到達瓜地馬拉市，焦急的朋友來電關心，怕我們在中途發生意外，因為北美洲的墨西哥與瓜地馬拉，總是讓人感到不安和緊張。

台灣早期就有喝咖啡的風氣，1912～1930年代有維特咖啡與波麗露咖啡，1945年二戰後有明星咖啡館，那時屬於萌芽期，接下來經濟起飛，才有仿歐式裝潢的咖啡店興盛起來。1995年開始有單品咖啡可以選擇，而且僅有使用機器烘焙的咖啡豆，而品嚐者為入門的咖啡愛好者，還未出現使用陶鍋炒豆的咖啡玩家。直到2008年，開始使用陶鍋炒咖啡豆的風氣，目前台中、台南、鹿港、台北都有陶鍋自家炒焙的特色咖啡館。

陶鍋是台灣常見的食器，家家戶戶幾乎有一個，可以煮飯、熬湯，在華人世界很普遍常見，取得容易，不會感到陌生，所以用陶鍋炒咖啡豆當然就是最佳選擇。用陶鍋炒的咖啡豆沖泡咖啡，讓我想到搭配蜜地瓜或烤地瓜的美妙組合。東南亞國家也有悠久的炒咖啡文化，例如越南咖啡有自已的形式與味道，它讓我想到越南咖啡配河粉，而新加坡咖啡讓我想到的是黑咖啡配水煮蛋。

回想以前偶然有一天遇到炒焙咖啡的前輩之後，才了解人人都有炒焙咖啡的能力，就像家裡的媽媽們都會煎荷包蛋那般容易，只要經常練習，一次一次地練習，自然會在腦中記憶下來，然後慢慢形成炒焙咖啡的能力。當初就是想要為自己、朋友及家人炒焙一鍋屬於我們的咖啡，隨時、隨地、隨興、少量的炒焙，所以才有機會體會與想像炒焙當下的咖啡豆是什麼味道，泡出來的咖啡又是什麼味道。

炒咖啡豆是一件有趣的事，對我來說沒有不喜歡或是厭煩感，她就像是一個初次見面的異國朋友，經過每天的接觸，慢慢瞭解她所屬的國家、氣候、食物和風俗民情，而且一天比一天更加地熟悉。

那麼，開始炒焙咖啡豆需要準備什麼？

就是熱情地參與各項相關活動，這應該是每個炒豆玩家需要具備的首要條件，熱情驅使我們度過艱難的時期。如果妳還沒有經歷過這種感覺，不要灰心，請外出探索咖啡店，與咖啡師和商店老闆交談，然後勇敢地參加焙測會。充滿熱情的人喜歡分享沿途所學到的東西，因此勇於提出問題，並準備好和每個人討論妳的炒焙經驗。

一般店家都希望有更多的咖啡愛好者參加杯測，哪裡可以知道杯測活動？可以詢問常去的店家，一般都很願意告知，或者打電話給咖啡貿易商，詢問何時舉辦到港的生豆杯測會。(＊註：到港的生豆杯測會，是指咖啡生產者將咖啡生豆的樣品，從產地寄到貿易商那邊，讓烘焙店家先試飲並下訂單。有時也可能經過預購，或者因訂單過量而追加訂單。）

正是通過這些對話聊天，我對咖啡的興趣從好奇變成了興奮。到現在為止，我知道咖啡有多麼不可思議，以及它如何與世界各地的人們聯繫起來。至今我仍然珍惜這些經歷，我敢肯定妳也會找到有共同興趣的朋友，一起在同一個空間裡炒咖啡，這是很重要的事。炒咖啡需要有同伴一起討論，互享交換喝咖啡、炒咖啡的心得，有時也可能交換沖煮咖啡的經驗或是器具。不要急著去買一台烘焙機或義式咖啡機，應該從家裡的客廳開始。先整理出一個區塊，招待朋友聊天、喝咖啡或喝酒吃飯，接下來就會有想要開一間咖啡館的衝動。有衝動就會有熱情去追求，一切都是因為好奇心。好奇心驅使我們積極地去探索、觀察與學習不明白的事物，這是非常必要的心態。

有人曾問過我：「你天天喝咖啡、煮咖啡、炒咖啡、洗杯子，不會感到厭煩或是倦怠嗎？」，老實說真的不曾有過厭倦感，或許有過撞牆期，有時可能一整個月都無法炒好一批讓自己非常滿意的咖啡豆，或者無法精確地掌握好想像中的咖啡豆風味，但是煮一杯好咖啡給自己，就是炒咖啡後的最佳犒賞，這就是持續下去的動力。

另外有很多人會問：何時可以出師？我想這個問題沒有明確的答案，只有一直炒下去，有一天自然會有一套客觀的看法和成熟的技術，而且會對每一個炒咖啡的過程相當有信心，可以給出一個淺顯易懂的說法，那麼這時候的妳就是熟手了。

Contents

目錄

CHAPTER 6
陶鍋炒豆操作重點

CHAPTER 7
陶鍋炒豆成果沖泡教學

CHAPTER 8
成為炒豆師的條件

CHAPTER 9
家用平底鍋炒豆

Foreword
前言

在家使用陶鍋炒咖啡豆的手感體驗，是每個愛咖啡的妳們都應該嘗試的。捲起袖子，穿上圍裙，拿起鏟子試試看，一起回歸最原始的陶鍋炒咖啡豆。

我們在求學階段，或是日常生活中都有煎荷包蛋的經驗，例如太陽蛋、全熟蛋、微焦蛋……，依不同熟度形成不同型態的煎蛋概念，就和炒咖啡豆的原理一樣。妳可以先試著開火，把豆子倒入陶鍋裡開始拌炒，慢慢觀察顏色和味道的轉變，即使有點焦焦的咖啡，依然是有新意的咖啡，就是專屬於妳的獨特風味。

「陶鍋炒出來的咖啡，具有自由的風味特性與焙度特性。透過自家炒焙，每個人炒焙出來的風味都不一樣。」

在伊索比亞（Ethiopian coffee ceremony），家家戶戶的咖啡豆都是由婦女炒出來的，是用來招待賓客的最佳飲料。他們將陶鍋、陶盤、鐵鍋或鐵盤放在木炭爐上，拿起木匙，原地炒起咖啡豆。婦女們在炒咖啡生豆之前，會先用清水清洗乾淨，接著用微火開始拌炒，一邊拌炒一邊唱歌，眼睛不忘盯著咖啡豆的顏色慢慢變化，從生豆的淺翠青色，轉為深青色、淡棕色，最後轉為咖啡色，伴著歌聲和空氣中飄起的煙霧，代表咖啡豆快要炒熟了。將炒熟的咖啡豆倒入石臼裡，以木棒磨成粉，再倒入陶壺裡的熱水中，等待煮開。等待的同時，將一大匙白糖舀進白色的瓷杯裡備好，最後將咖啡液到入瓷杯裡，讓咖啡液與白糖融合，就好像主人與賓客的感情彼此融合在一起，已成為一種日常的社交模式。通常主人也會準備爆米花招待賓客。

現今很難再用木炭爐炒咖啡，用瓦斯爐一樣可以體驗炒豆的樂趣。主要原理就是利用火傳導熱能，讓咖啡豆變熟。木炭爐和瓦斯爐炒出來的咖啡豆僅有些微差距，對風味的影響不會太大。用木炭爐炒咖啡，不會因此讓咖啡出現煙燻炭燒味，但是會更有難度，例如加大火力的瞬間要趕快搧風，此時雙手會超級忙碌，要常練習才能掌握要訣。

CHAPTER 1

陶鍋炒豆的獨特風味

陶鍋炒咖啡的風味，因個人的喜好而決定。

「陶鍋炒豆的咖啡風味乾淨清晰，
冷卻後的風味厚實甘甜，有時會有意外的收穫。」

風味會因應各人的炒焙手法而有些差異，可能比一般烘焙機的咖啡風味多幾分驚喜。希望我的一些見解可以影響一部分的咖啡愛好者，順利地進入陶鍋炒豆的世界。陶鍋炒豆有以下幾項特色：

自主性高

在家炒咖啡的自由度高，不受天候和人為的影響，隨時隨地都可以進行。而且可以自己掌握風味的獨特性，也可以自己掌握炒豆子的節奏，不用向別人報告好壞和進度，一切以需求為基準。

在家裡的陽台、客廳、廚房、庭院都可以進行，只要準備一台瓦斯爐或卡式爐、一個陶鍋、一支木匙，隨時隨地就可以開始手炒咖啡豆，不需要像烘豆機需要預備一個專門的區塊擺放機器，加上稍高的購買費用。另外早晨、下午、晚上都可以炒咖啡豆，當然不建議雨天炒，因為濕氣過高，剛炒好的咖啡豆會抓取空氣中的水氣而使風味變調。

經濟實惠

運用陶鍋炒豆，可以由自己掌握咖啡的新鮮度，並且以少量炒出需要的咖啡風味。每個品項的咖啡豆都可以少量製作，以求達到精緻的品質。

一周七天，可以為自己炒三款咖啡豆。依照我以前的經驗，下班後，大約是晚上六點鐘用餐，晚飯後，休息到八點左右，把陶鍋準備好，將生豆挑完就可以開始炒咖啡豆了。大約一天炒一支即可，一周大約有三至五款咖啡可以喝。

風味多樣性

使用各洲的咖啡品種來炒豆，可以由自己決定炒焙度，又可以炒出獨特的味

道，製作出專屬於自己的咖啡風味，不僅打破以往自己或他人對於烘焙咖啡豆的認知，也因為不需要技術門檻，人人都可以在家裡製作。還可以進一步包裝成小包的濾掛咖啡，當作小禮物贈送給身邊的朋友。

陶鍋炒出來的咖啡會有較強的焦糖味，風味較為迷人，例如：水洗的衣索比亞咖啡會呈現較強的可可風味，甘醇，而且回甘度較為明顯，酸味的展現也較平緩而順暢。而市面上大部分的淺烘焙咖啡，酸香味格外突出，但是如此過頭的酸味喝起來太刺激，幾乎難以下嚥，尤其咖啡冷掉後的酸味更明顯。

增加咖啡豆的認知

從一開始喝咖啡、買咖啡到沖煮咖啡，再漸漸地進入炒咖啡的階段，從接觸生豆、認識生豆、手炒生豆，到逐漸熟悉咖啡的一切，如同經歷一杯咖啡的旅程。通常咖啡資深從業人員才會參與炒咖啡豆的過程，一般人在生活中不容易接觸，所以藉由隨時隨地即可進行的陶鍋炒豆，將炒咖啡豆會經歷的所有事物，如挑豆、選豆、認識生豆、了解產區特性、熟悉各洲咖啡的風格特性……等等，完整地體會箇中的奧妙與樂趣。

增進品嚐咖啡的靈敏度

經常買咖啡豆或泡在咖啡館裡聊天，終究要找出適合自己的咖啡風味，學習的重點在於多多接受新的體驗，手炒咖啡豆就是一項好的體驗，並且從心中打開五感認知，將會得到許多驚喜。

尤其在炒咖啡豆的過程中有許多細節要注意，從這些細節裡能了解咖啡豆的製作進程，加強對烘焙度的認知，對於選購咖啡也會更加地準確。透過一次又一次的炒咖啡豆練習，藉此了解自己喜歡哪種焙度的咖啡，也更能感受各種咖啡的風味。

增進家人朋友之間的情感

家裡有一爐冒著煙的炒咖啡豆，自然會吸引家人和朋友的好奇心想一窺究竟，藉此聊出自己的一套咖啡理論，親友間的感情也會在咖啡香裡慢慢升溫。

陶鍋炒豆的隱知識

CHAPTER 2

先來談談開始烘焙咖啡時，經常會出現的疑惑與錯誤，怎樣的炒焙程度才是正確而恰當？

實際上沒有一個炒焙曲線是完全正確與不容改變的。這道理是很簡單，咖啡豆是活的，每年每季採收下來的批次，其生豆的大小、含水率、密度都有差異性。

也沒有人第一次、第二次，甚至第十次達到完美的炒焙效果。它需要專業知識和一些練習，對咖啡豆有基本的認知後，才能了解和控制炒焙狀況。但是，炒焙過程中一定會面臨失誤，每一次炒焙都可以增加經驗，值得一試。

我曾經訪問瓜地馬拉咖啡豆莊園的主人：「您自己有烘焙咖啡嗎？」他笑著說：「別鬧了！那不是我的事，我是專業種咖啡豆的 ，因為很忙碌。烘焙咖啡需要長時間的練習與專業訓練，我們都是專業分工的。我自己的咖啡豆是朋友烘焙完成後送進莊園給我喝的。」曾經我也想自己種植咖啡，自己烘焙咖啡，後來才知道是相當困難的一件事。當一個莊園主，需要管理40公頃以上的咖啡園，以及看管照顧100個工作人員，包括農民、廠工、幫傭、廚務、物流、倉管等事務……，最後我明白了，實際上夢想要建構在實務基礎之上才能實現。

一個陶鍋、一支木匙就能炒

陶鍋炒豆需要準備的主要器具是，一個陶鍋、一支木匙、一支紅外線溫度槍。準備過程需要先加熱陶鍋再倒入生豆？當然是沒有必要的，先熱鍋對炒咖啡豆的過程沒有太大的意義。事實上只需要把陶鍋放置在瓦斯爐上，開火後，馬上倒入生豆即可開始炒焙。要特別注意的是，一般陶鍋在空燒的狀況下，內外溫差過大，容易爆裂成兩半，所以操作的安全性才是最重要的。

炒咖啡豆適合的豆量

建議陶鍋炒咖啡生豆的數量不要過少，需視鍋子的底面積來決定倒入生豆的高度。若沒使用磅秤的情況下，至少要將咖啡豆鋪平在鍋面上至少0.5～0.8公分的高度，大約400～500公克為基準。陶鍋炒豆的豆量太少，容易造成受熱不均勻的問題，不容易炒熟。

從水洗豆開始練習

剛開始炒咖啡豆，建議從水洗豆開始練習，因為水洗處理法的生豆，本身豆色呈色均勻，炒豆過程的整體變化較一致性，利於掌握焙度。至於炒焙的程度，建議淺烘焙即可，不建議中深烘焙，如此才能將水洗豆普遍的花香風味和明顯的堅果調性呈現出來。接著再來炒日曬及蜜處理的咖啡豆，因為日曬與蜜處理的生豆，本身豆色較不均勻，炒豆過程的整體變化多，需要較多的炒豆經驗，才能炒出均勻的咖啡豆。

以下列出幾個用陶鍋炒咖啡豆鮮為人知的基本知識，幫助大家快速了解這個領域的重點，進一步找到樂趣，以及精進炒焙技術。

隱知識 1

炒焙的風味是演練過程的結晶

咖啡豆在炒製的每個階段，都要經歷大量的物理和化學轉化，實際上我們仍然不了解許多變化的其中奧妙，因為有些變化很容易檢測出來，而有些則不然。

例如炒咖啡豆時，第一階段爆裂是最容易發現的，這階段也是預測下一段咖啡豆風味發展的必要過程。過程中要將五感專注於咖啡豆的溫度、顏色和味道的轉變，以及傾聽爆裂聲是連續爆還是假爆狀態，這些都是可以自我檢測的變化。下次嘗試炒焙咖啡豆時，請注意咖啡豆香氣的發展和顏色的轉變。要成為一個好的炒豆玩家，必須花很多時間練習與討論。

炒咖啡豆的當下，就像是她一點一滴慢慢地對你說話，傾訴心裡的回憶與快樂，我們要不急不徐地安靜傾聽。炒製完成後，如同繁華落盡，最真實的炒焙風味盡在眼前。

「要成為一個好的炒豆玩家，
必須花很多時間練習與討論。
最終，為自己的炒焙成果沖一杯咖啡是最重要的。」

隱知識 2

炒焙過程中，一爆、二爆、密集的意義？

「爆」，是指咖啡豆在炒焙過程中遇熱熟成時，豆子表皮會爆裂而發出的聲響。「密集」，是指一爆與二爆中間的熟成度，也就是說當爆裂聲很密集時，熟成度、顏色、香氣和風味也不相同，藉此判斷熟成的狀態。

以下是一爆初期、一爆密集（淺烘焙）、一爆末期(淺中烘焙)、二爆初期（中度烘焙）、二爆中期(中深度烘焙)、二爆密集（中深度烘焙轉深）的溫度、顏色狀態，以及散發的香氣和沖泡後飲用的口感，以此為炒豆的依據，可以幫助你掌握心中希望的炒焙度。

爆裂時期	炒焙度	溫度	豆表顏色	香氣	沖泡品嘗口感
一爆初期	淺烘焙	190℃	淺咖啡色 →咖啡色	酸香梅子、糖炒栗子	強烈酸值、甜感較低、層次豐富
一爆密集	淺烘焙	195℃	淺咖啡色 →咖啡色	糖炒栗子、烤地瓜	稍微強烈酸值、甜感佳、層次豐富
一爆末期	淺中烘焙	200℃	咖啡色	糖炒栗子、烤地瓜	酸值平衡、甜感較強、層次多樣
二爆初期	中度烘焙	203℃	咖啡色	強烈焦糖味	甜感強烈、酸值較低、整體平衡
二爆中期	中深度烘焙	206℃	咖啡色	強烈焦糖味、煙燻可可	甘甜厚實、煙燻味較強
二爆密集	中深度烘焙轉深	208℃	咖啡色	強烈焦糖味、煙燻可可	甘甜厚實、煙燻可可、堅果調性

隱知識 3 咖啡豆的烘焙發展與顏色變化

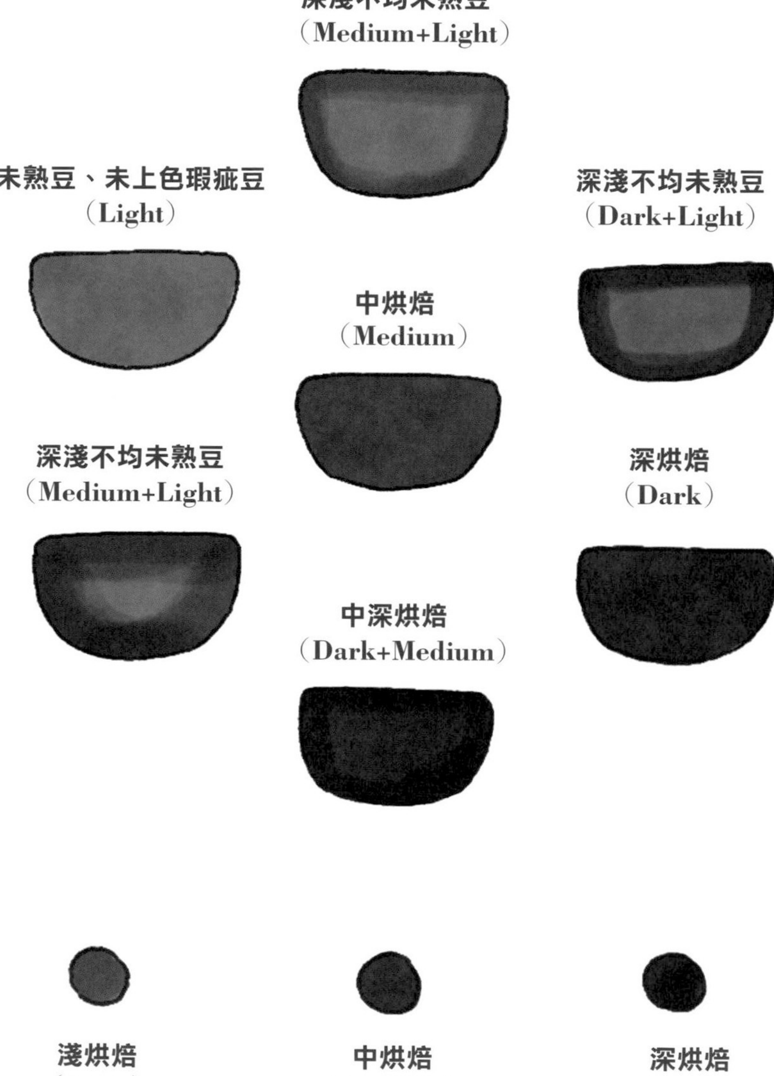

咖啡豆烘炒完之後，也必須要有挑豆的過程。因為會出現：未上色的瑕疵豆、未熟豆、微焦豆、燒焦豆，這些不良的咖啡豆會影響一杯咖啡的風味。

左頁是不如預期的炒豆剖面顏色圖。Light，是指比預期淺的烘焙豆色；Medium是指預期中的烘焙豆色；Dark是指比預期深的烘焙豆色。Developed 指烘焙完整的咖啡豆色。

透過烘炒過程，可以細緻的去觀察七種咖啡豆的剖面呈色結果：

未達到完整烘焙度的咖啡豆（Under developed）

☞**（左上）未熟豆、未上色的瑕疵豆（Light Under developed）**：屬於烘焙度不完全的反應，通常是因為：1.沒有進入焦糖化狀態，豆表淺淺的上色。2.也沒有爆裂紋，所以只有淡淡的風味。如烘焙時間過長的咖啡豆。

☞**（左下）深淺不均的未熟豆，呈輕度外焦內淺（Medium+Light Underdeveloped）**：外焦內淺通常是因為：1.烘焙過程中，提早結束的緣故。2.脫水期間火力過猛，造成豆表與豆子中心的豆色差異約70%，如微焦豆。

☞**（中上）深淺不均的未熟豆，呈中度外焦內淺（Medium+Light Underdeveloped）**：外焦內淺通常是因為：烘焙過程中，提早結束的緣故。豆表與豆子中心的豆色差異非常高，如微焦豆、燒焦豆。

☞**（右上）深淺不均的未熟豆，呈深度外焦內淺（Dark+Light Underdeveloped）**：外焦內淺通常是因為：1.脫水期間火力過猛造成的。2.185～190°C加火進入一爆後，沒有降火，咖啡豆表面焦糖化過度。豆表深焦黑色，與豆子中心的豆色差異約80%，如燒焦豆。

烘焙完整的咖啡豆色（Developed）

☞**（中中）中烘焙豆色（Medium Developed）**：主要預期中的烘焙程度。

☞**（中下）中深烘焙豆色（Dark+Medium Developed）**：非預期中的烘焙程度。豆表外緣圈烘焙度過深，多了30%的色度，豆心是預期中的焙度。

☞**（右下）深烘焙豆色（Dark Developed）**：非預期中的烘焙程度，比預期的整體烘焙度多了30%的色度。

隱知識 4 陶鍋手炒咖啡豆的風味特性

好的咖啡生豆，經過炒焙師手選挑豆，去除瑕疵豆後，用適當的炒焙手法炒出期望的風味，再經過咖啡師以適當的方法萃取出一杯好咖啡，這就是咖啡豆的整個生命歷程。我經常被問到怎麼分辨咖啡的好壞，其實本質上就沒有好與壞的問題，我們習慣一分為二而忘記欣賞。

單品咖啡、拿鐵、卡布奇諾是大家最常喝的三種沖泡法，它們各具特色，必須用不同的角度理解與欣賞。

☞**單品：**可能來自單一產區，或者來自單一莊園，也可能是指單一品種。例如瓜地馬拉咖啡，最大的特點就是被產地的火山土壤孕育出具有煙燻焦烤的獨特風味，口感柔和、香醇，略帶亞熱帶水果的味道。而肯亞咖啡芳香、濃郁，酸度均衡可口，具有極佳的水果風味，口感豐富。

最適合使用一爆密集（中烘焙）至一爆結束（淺中烘焙）的手炒豆來沖泡，而且手炒豆的風味，層次感豐富，喝起來感覺比較有靈魂。機器烘焙的豆子風味則偏向一致工整，喝起來比較單調。

☞**拿鐵（Café Latte）**：Latte在義大利文裡就是鮮奶的意思，Café Latte指的是鮮奶咖啡，是眾多義大利咖啡的其中一種，從名字就可以知道鮮奶才是拿鐵咖啡裡的主角。演變至今，拿鐵（Latte）已成為拿鐵咖啡（Coffee Latte）的簡稱。沖泡時的各種成分比例為：1/6濃縮咖啡、4/6蒸氣牛奶、1/6奶泡，可以另外添加榛果、肉桂、香草等配料，增加不同的風味。

最適合使用中深焙度的手炒豆來沖泡，風味飽滿香甜。因為牛奶較多的緣故，牛奶與咖啡融合後可以引出咖啡的香甜感。

☞**卡布奇諾（Cappuccino）**：卡布奇諾的主角是咖啡，沖泡時的各種成分均分為三等份：1/3濃縮咖啡、1/3牛奶、1/3奶泡。由於咖啡最後呈現的色澤，與修士的褐色斗篷Cappuccino十分相似，因此就取了和斗篷一樣的名字。

最適合使用中深焙度的手炒豆來沖泡，風味厚實、回甘，有黑糖感。因牛奶的分量，比拿鐵少了1/3，所以可以嚐到較多的咖啡風味。

「以常態來說，陶鍋炒的咖啡豆風味，
比機械烘焙的更加圓潤，酸度更平緩，焦糖風味更明顯。」

用陶鍋可以炒出較深的焙度。實際上每款工具都有它本身的極限，只要把自己能掌握的部分極大化就好。把咖啡炒得深一點，也可以做拿鐵、卡布奇諾，一樣會有獨特的風味。嘗試實驗就是最好的老師，不要怕豆子浪費，學習過程中沒有一次是可惜與浪費，一切過程都有其意義。

隱知識 5

陶鍋手炒咖啡豆的價格比較高？

只要是咖啡，基本上我都會花時間慢慢去喜歡它。咖啡非常多樣，沒有所謂最好的，大多是飲用者價值觀上的自我認定，而不是以絕對主觀的單一價值來衡量，當然價格也是眾多客觀的條件之一。

為自己準備一杯喜歡的咖啡是重要的，首先了解咖啡要提供妳哪方面的需求，如果幫助早晨的舒醒，那麼喝一杯單品咖啡是必要的；如果想吃美式早餐，那麼可能需要一杯美式解憂咖啡，給味蕾一曲起床號。隨需求自由選擇今天由誰當主角。

與客人溝通是咖啡店很重要的一部分。供應特色咖啡時，店主需要透過簡單的語言，讓客人理解咖啡的品質和風味上的差異。我常常用大家常接觸的食物來比喻嚐到的咖啡風味，並嘗試讓客人理解平常的咖啡喜好，以及印象中的好咖啡是哪一種風味。為了獲得最佳的溝通效果，以簡單的方式說明，而不特意說「行話」，雖然這不是一件容易的事，但是我保持誠實，以第三方公正者的角度去評估咖啡的一切。

「自己用陶鍋手炒出來的咖啡豆，
當然比外面商店買的更有價值，
超過咖啡豆本身的價格，
還能獲得獨特的品飲風味與炒豆樂趣。」

隱知識 6

剛炒好的咖啡豆可以馬上沖泡飲用？

炒焙完成的咖啡當然可以馬上喝，辛辛苦苦地站著炒30分鐘，要好好的獎賞自己一番。不過，需要等待幾天，才能沖泡出最佳的風味。

「一般來說，炒好的咖啡需要時間等待來綻放香氣，大約7～10天，經過養豆和排氣之後，整體的風味才會穩定。」

炒焙後馬上進行杯測，多嘗試幾次，就會慢慢累積出一套咖啡風味發展的進程系統，這樣的訓練方式會讓你對咖啡更加地了解。按照我的經驗，是從炒焙完成的咖啡豆裡取出120公克，放入單向透氣筏的袋子裡密封保存，7天後再次確認咖啡的總體風味。

排氣，是咖啡豆炒焙後排放氣體的過程。炒焙咖啡時，咖啡豆內部會產生大量的二氧化碳及氣體。炒焙後的前幾天，會有許多氣體釋出，這些氣體會在沖煮時釋出小氣泡，而這些氣泡會破壞咖啡粉與水的接觸面積，導致風味及香氣物質萃取不均勻。也就是說，如果沖煮剛炒好的咖啡，這些氣體會對咖啡的風味帶來負面影響。

如果用手沖或是用法壓壺沖泡，可以在炒焙後數天內盡快使用完畢，因為這兩種方法沖煮的時間長，咖啡和水有較長的接觸時間，所以不需要排太多氣。相反的，煮濃縮咖啡時，因為沖煮時間很短（通常只有20多秒），代表氣泡會更大程度的影響萃取結果。因此，通常不會直接拿新鮮炒焙的咖啡粉去萃取濃縮，需要先經過養豆、排氣，才能在沖煮時發揮它的風味。如果是萃取濃縮用豆，通常會希望在炒焙後5～7天再使用。

隱知識 7

用陶鍋炒咖啡豆沒有風門可以調整，也可以掌握好炒焙的風味？

半熱風烘豆機與陶鍋的主要差異在於，烘豆機是以機械原理來烘豆，如同使用蒸烤箱，透過風門把食物煮熟。

「用陶鍋炒咖啡沒有風門可以調整，
卻是觀察炒咖啡過程細微變化的好方法，
也可以掌握好炒焙風味。」

其實陶鍋炒咖啡豆與機械烘焙咖啡豆，可以互相參照烘焙曲線。例如機械烘豆，可以參照陶鍋炒豆的香氣發展曲線，來判斷烘焙的下一個步驟；而陶鍋炒豆，可以參照機械烘豆的溫度曲線，以溫度和味道來判斷咖啡的烘焙度，觀察順序是：味道、顏色，最後才以溫度狀態作為輔助。

溫度上升快慢與火力有相對關係，但是當溫度到達時而味道還沒有出現，有可能鼻子還沒有聞到對應的味道，所以不要輕易加火。也許這時候的顏色有點接近理想中的色澤，但請相信我那只是海市蜃樓的假象，因為此時的熱能還沒有進入豆心，熱能還沒轉為動能，不要被表面的色澤欺騙了。所以，先觀察咖啡豆顏色的變化，在炒焙初期到中期，注意味道變化是一項重要依據，而且同時要注意火爐上的豆子溫度要依序上升，不可往下掉。

☞機械烘豆的溫度曲線

基本上，烘豆機烘焙總時間是12～13分鐘，時間飛逝。顏色轉化在每3～4分鐘會有一個過程：以水洗豆為例，顏色變化依序是：深綠色→黃點→褐色→咖啡色。烘焙過程的味道變化是：青草味→烤麵包味→ 酸香氣→糖炒栗子、烤地瓜味。

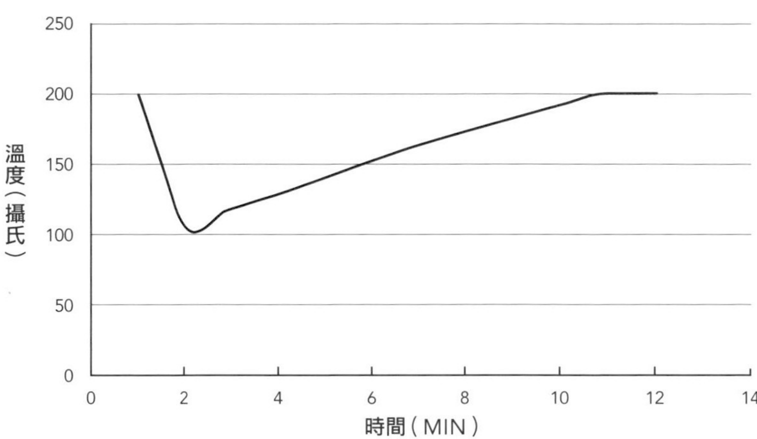

★說明：此線條特點是【快速前進】。200°C才放入豆子，此時的咖啡豆在鍋爐裡從最高溫度200°C，下降到最低溫至106°C，稱為回溫點。過程中吸收能量後準備要升溫，此階段經過1分30秒。值得注意的是，機械烘焙的過程，無法每分鐘明顯感受到風味。而且11分鐘就結束，炒焙時間比陶鍋短，所以在時間掌控上很重要。

3分鐘：溫度上升至117°C，無顯著風味。

4分鐘：溫度上升至127°C，無顯著風味。

5分鐘：溫度上升至140°C，此時飄出青草味。

6分鐘：溫度上升至151°C，此時飄出烤麵包味

7分鐘：溫度上升至163°C，無顯著風味。

8分鐘：溫度上升至173°C，此時飄出酸香氣。

9分鐘：溫度上升至182°C，無顯著風味。

10分鐘：溫度上升至192°C，此時飄出糖炒栗子、烤地瓜的味道。

11分鐘：溫度上升至200°C，結束烘焙。

☞陶鍋炒豆的溫度曲線

基本上，陶鍋炒豆總時間是25～27分鐘，時間緩緩前進，顏色轉化在每3～4分鐘會有一個過程。以水洗豆為例，顏色變化依序是：淺綠色→深綠色→黃點→核桃褐色→淺咖啡色→咖啡色。炒豆過程味道的變化是：青草味→烤麵包味→酸香氣→堅果味、焦糖味→糖炒栗子、烤地瓜味。

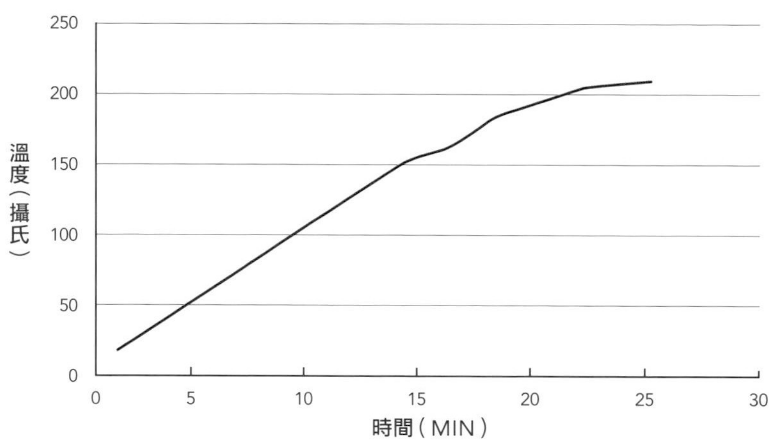

★說明：此線條特點是【緩慢前進】。從豆子本身的溫度40°C開始炒焙，溫度緩緩上升，因此顏色的變化過程比機械烘豆多。風味上，每分鐘可以感受到味道的轉變，尤其比機械烘豆多了堅果味和焦糖味。

3分鐘：豆子入鍋，此時溫度為豆子本身的溫度40°C，開始炒焙。此時無明顯味道。

6分鐘：溫度上升至70°C，此時無明顯味道。

9分鐘：溫度上升至100°C，此時飄出淡淡的燒稻草味。

12分鐘：溫度上升至130°C，此時飄出青草味。

15分鐘：溫度上升至155°C，此時飄出烤麵包味。

18分鐘：溫度上升至180°C，此時飄出酸香氣，轉成堅果味。

19分鐘：溫度上升至185°C，此時飄出堅果味。

20分鐘：溫度上升至190°C，此時飄出梅子酸香氣和淡淡的焦糖味。

21分鐘：溫度上升至195°C，此時飄出糖炒栗子味和烤地瓜味。

22分鐘：溫度上升至200°C，此時飄出糖炒栗子味和烤地瓜味。

24分鐘：溫度上升至203°C，此時飄出烤地瓜味和焦糖味。

■陶鍋炒豆與機械烘豆的風味比較

	陶鍋炒豆	機械烘豆
難度	易	難
風味	多層次	多層次
香氣	飽滿	飽滿多變
時間	長	短
回甘	高	略低

★**說明：**陶鍋炒豆與機械烘豆的風味，最大的差別在於陶鍋炒豆的焦糖化相當充足，回甘度也更強烈。

陶鍋炒焙咖啡豆

酸值平衡、甜感較強、層次豐富、焦糖風味更明顯、回甘度高。

機械烘焙咖啡豆

酸值較強、甜感略低、層次豐富、焦糖風味不明顯、回甘度略低。

隱知識 8 炒咖啡豆不能中斷？

「基本上炒一次咖啡豆的總時間大約25～27分鐘，
最好一氣呵成，中間不要中斷，否則會影響風味。
手炒的速度慢沒有關係，
比一般的時間慢1～2分鐘不至於影響太大。」

當後期溫度到達180～190°C時，火力讓豆子快速催熟，直到200°C時將火關掉，讓餘溫慢慢將豆子烘至熟透。

中斷過程會造成鍋子裡的熱能不足，無法進入下一個階段的烘焙度，有可能造成以下幾個錯誤的炒焙成果：1未上色的瑕疵豆、2未熟豆、3微焦豆。

因為陶鍋是靠鍋底接觸熱能而炒熟豆子，而且陶鍋的熱能會累積，當鍋中的豆子無法完全吸走爐火的熱能，鍋底的溫度就會越來越高，同時間豆子的含水量會越來越少，也就越來越容易焦。所以通常會配合豆子著色的程度進行降火，甚至熄火。如果還是要維持相同火力時，攪拌的動作需要規律性，切記不要忽快忽慢，不能讓豆子停留在鍋底的時間過長。此時手感受到的熱度也會比較高，換手換鏟的動作也要更有律動。最好還是搭配感官，以聞香、看色、聽聲去掌握豆子的狀態。

隱知識 9

建議初學階段不要使用二次炒焙

炒咖啡豆和煮食物一樣，在烹煮的過程中，風味會慢慢減少。一般來說炒過的咖啡豆甜度較高，那是因為芳香物質作用的關係，相對地，此時咖啡豆前段的特色風味也很容易流失。

二次炒焙是什麼？是指下豆炒豆過程分前後兩次，對咖啡的風味會有很大的影響。第一次炒焙，當時間到達15分鐘、155°C時，顏色從黃點→核桃褐色，飄出烤麵包味。時間到達第18分鐘、180°C時，顏色從核桃褐色→淺咖啡色，飄出的香氣從酸香氣→堅果味時，即停止炒豆，並且冷卻靜置一天後再進行炒焙。

直到隔天，再將前一天炒焙過的咖啡豆，再次放入陶鍋中進行二次炒焙，當時間到達19分鐘、185°C時，顏色呈淺咖啡色，飄出堅果味。時間到達20分鐘、190°C時，顏色從淺咖啡色 →咖啡色。時間到達21分鐘、195°C時，顏色從淺咖啡→咖啡色，此時飄出糖炒栗子、烤地瓜味。時間到達22分鐘、200°C時，顏色呈咖啡色，飄出糖炒栗子、烤地瓜味。最後時間到達24分鐘、203°C時，顏色呈咖啡色，即完成炒豆。

「初學者為何不要使用二次烘焙？
因為從下豆、炒豆、停止炒豆並且冷卻靜置一天後，
隔天再進行二次炒豆，這個階段對初學者來說，
不容易精準判斷焙度狀態，容易炒出更多的瑕疵豆，
造成風味不佳的咖啡。」

■陶鍋一次炒豆與二次炒豆的風味比較

	一次炒豆	二次炒豆
難度	易	難
風味	多層次	平穩
香氣	飽滿	較弱
時間	短	長
回甘	低	高

★**說明**：一次炒豆與二次炒豆的差異，主要是香氣，如同我們烹飪一條魚，煮兩次容易流失魚原本的風味。一次炒豆保留咖啡前段的香氣較多，層次感較為豐富，味覺上也比較容易連貫和記憶。二次炒豆時，因為只留下前一次炒焙的片面記憶，中途截斷會影響風味認知，因此影響判斷焙度的狀態。因為記憶風味最好是一氣呵成，而且二次炒豆的前段香氣較為薄弱，對於風味上的認知較不易掌握。

如果妳已經是炒豆老手，不妨嘗試二次炒焙，會有意外的驚喜，風味平穩，回甘度高。但是，如前提所述會犧牲一部分的前段香氣。

隱知識 10 陶鍋手炒真的比機器烘焙來得落伍嗎？

手炒咖啡，如同攝影師拍攝出來的美麗瞬間，將炒焙當下咖啡豆的色、香、味保留下來供人品嚐。好處是可以少量多次炒焙，炒焙出自己心中最理想的風味，更具有專屬的個人化風格。時尚精品咖啡都是以手工烘焙而成，喝起來較為細緻典雅。手炒咖啡實際上就是機械烘焙的前測樣品，是咖啡風味的重要參考依據，這兩項技術可以相輔相成。

實際上陶鍋炒豆並不是一個落伍的方式，反而有助於日後對烘焙技術的基本認知。因為烘焙咖啡初學者，對味道的熟悉度，需要一段時間緩慢的觀察與培養，而陶鍋炒焙的時間是機械烘焙的兩倍，雖然很緩慢，卻可以很紮實的了解整個過程。

隱知識 11 陶鍋炒豆與機械烘豆的自由度比較

主流咖啡市場與自家烘焙咖啡店，主要是使用機械烘焙咖啡豆。在家中烘焙咖啡豆，最適合擁有方便取得的工具，除非有商業考量，一般在家中不會出現烘豆機。

日常生活中需要用簡單的方式，為自己準備一份咖啡豆，相較之下手炒咖啡簡單許多，時間也更自由有彈性。

☞**咖啡烘豆機的作業流程：**從開機→預熱三十分鐘→入豆烘焙→冷卻→熄火→等待機器冷卻二十分鐘→關機。

☞**陶鍋炒豆的作業流程：**開火→炒豆→下豆→冷卻→鍋子自然冷卻。

隱知識 12

陶鍋炒豆，要調整火力，還是不調整火力？

陶鍋炒咖啡其實並不困難，需要長時間漸進式的練習。一般來說不調整火力依然可以將咖啡炒熟，但是沖泡出來的咖啡風味有如平靜無波的一潭死水。炒豆需要足夠的熱能，才能激發咖啡豆的香氣及芳香物質。咖啡豆焦糖化不足時，不會產生後韻與回甘，煮出來的咖啡顏色也混濁不易透光。

「所以陶鍋手炒咖啡豆並不難，只要掌握好調整火力的重點：第一階段小火→第二階段中火→第三階段大火，還是可以炒好一鍋完美的咖啡。」

■有調整與無調整火力的差異

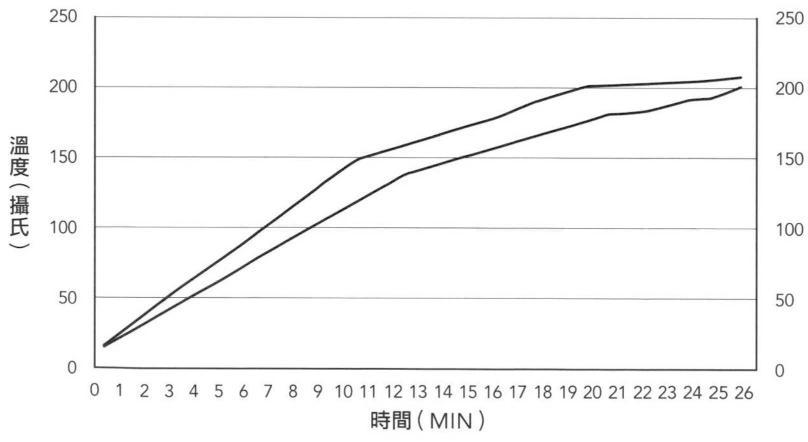

藍線： 是指有調整火力下的溫度變化。

紅線： 是指無調整火力下的溫度變化。

★**說明：**藍線轉折點，代表火力控制在150～155°C時，關火1分鐘。計時1分鐘後再開火，讓溫度保持平均上升。在185～195°C之間再加一次火。這加火的步驟是一個關鍵，為了讓咖啡豆有足夠熱能往下一個熟成階段前進，接續進入一爆階段，並且讓咖啡豆有足夠的時間焦糖化，這樣炒完的咖啡更有層次感，也能保留豆子原本的特性與風味。基本上炒一次咖啡豆的總時間大約25～27分鐘，最好一氣呵成，中間不要中斷，否則會影響風味。手炒的速度慢沒有關係，比一般的時間慢1～2分鐘不至於影響太大。當後期溫度到達180～190°C時，火力讓豆子快速催熟，直到200°C時將火關掉，讓餘溫慢慢將豆子烘至熟透。

紅線，是指沒有調整火力下的溫度變化。沒有加火也是一個關鍵，這樣無法讓咖啡豆有足夠熱能往下一個熟成階段前進，並接續進入一爆階段，讓咖啡豆沒有足夠的時間焦糖化，這樣炒完的咖啡沒有層次感，喪失豆子原本的特性與風味。

隱知識13 要如何維持每一次手炒咖啡豆的品質？

每一次 炒咖啡豆都有些微的差異性，只要掌握好三個基本原則：

1 每次都要使用溫度計測量溫度和記錄。

2 掌握在25～27分鐘以內完成炒咖啡豆的全部過程。

3 以八字炒法（∞）規律性的翻炒。

掌握好這三個原則可以確保炒豆的穩定度。

隱知識 14 陶鍋炒豆的最佳焙度與風味

炒豆不會因為豆子的品種而固定烘焙度，反而要自由自在地去嘗試不同地烘焙度。不過，因為生豆處理法的差異性而必須調整成固定的炒焙程度是可以接受的，例如我習慣將日曬豆炒至中烘焙度，而水洗豆、蜜處理豆則炒至淺中烘焙度。

一般來說，陶鍋炒豆可以到達的烘焙度是1. 淺烘焙度、2. 中烘焙度、3. 中深烘焙度、4. 深烘焙度初期、5. 深烘焙度。

■陶鍋炒豆的時間和溫度所對應的風味

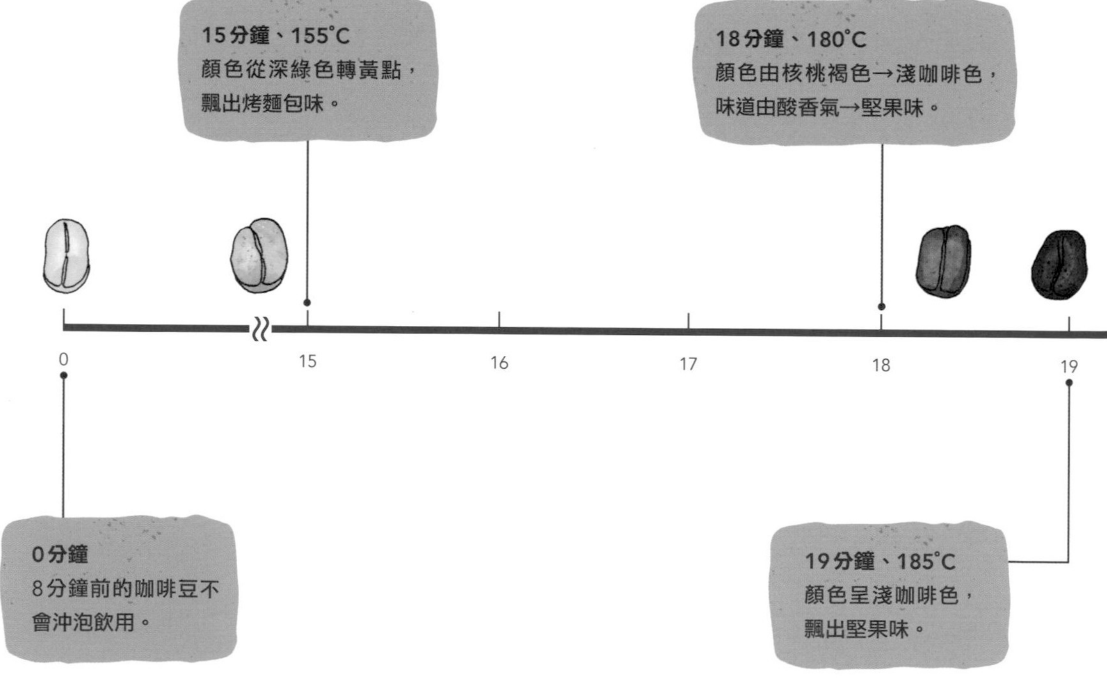

「最好的炒豆風味是淺中烘焙度，呈咖啡色，
飄出糖炒栗子、烤地瓜味時，關火。
沖泡的口感為酸值平衡、甜感較強、層次豐富。」

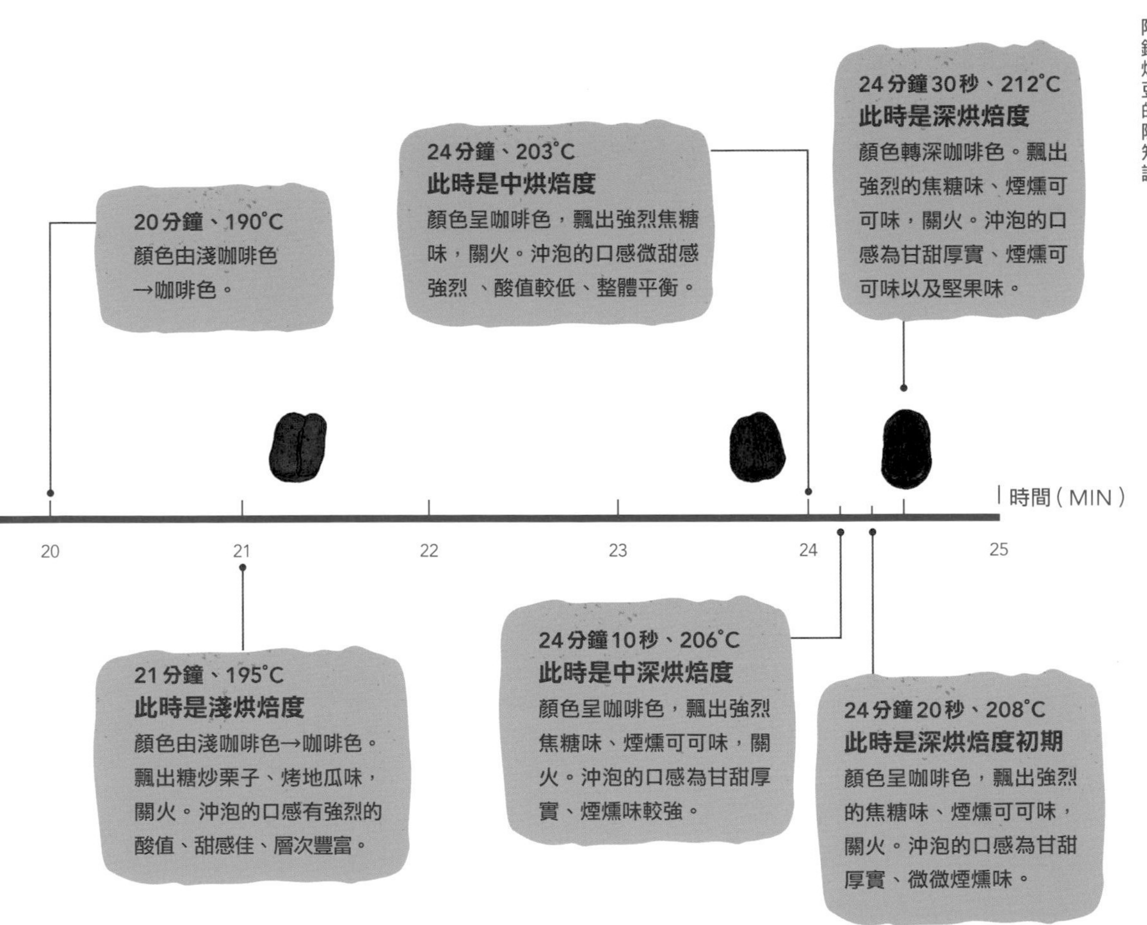

Photo by Diego Catto on Unsplash

CHAPTER 3

認識咖啡生豆

時至今日，咖啡是非洲、亞洲和拉丁美洲部分地區重要的經濟作物。即使有些是非生產國，但是每天以銷售咖啡飲品為生，也是喝最多咖啡的國家。

由於氣候、土壤、栽種方式及生豆處理方法，對於炒焙咖啡豆的成果有一定程度影響 ，所以了解每一款咖啡豆的成長過程是基本功課，就像我們慢慢的去認識一個朋友，關心她、喜歡她、愛慕她，試著了解她的成長過程以及家庭故事。

1 咖啡生豆品種概論

台灣咖啡生豆的起源

台灣咖啡的歷史，可以追溯到1696年，當時荷蘭人將咖啡傳到斯里蘭卡、印尼、菲律賓，再傳到台灣。他們從菲律賓人那裡帶來了咖啡種子，並在台灣一些地區種下，所以有了現今島嶼上盛產的優質咖啡豆。

後來在1884年英國人來到台灣，意識到台灣的地理環境類似於中美洲和南美洲，適合種植咖啡，於是從菲律賓引進100多株阿拉比卡咖啡幼苗，並希望在台北地區種植。然而運輸幼苗途中有許多人死亡，咖啡幼苗也僅剩下一些。但是英國人沒有因此放棄，再次嘗試將咖啡幼苗運送到台北市附近的文山地區，這次種植終於成功，總共種植了3000多棵咖啡樹。不幸的是，數年後因一場大火燒毀了大部分的咖啡植物。

到了日本殖民時期，日本人也意識到台灣部分地區擁有種植咖啡植物的理想環境，他們開始振興咖啡農場，並著重於一些獨特的種植區域，例如雲林古坑、阿里山、台南東山和台東。由於生產的咖啡豆具有獨特的香氣和風味，日本人會將這些咖啡豆出口回日本。

世界各地咖啡生豆的起源

當您聽到「咖啡」一詞時，會想到哪個國家或地區？哥倫比亞、巴西或印度尼西亞？實際上，咖啡起源於衣索比亞（Ethiopiau），1450年以前是見不到咖啡和咖啡樹的。

紅櫻桃是指成熟的咖啡果實。

要了解咖啡生豆的品種之前，必須先認識「咖啡帶」(Coffee Belt)。咖啡帶是指種植區域，在南北回歸線23.5度之間，有穩定的溫度、適度的降雨和豐富的土壤，為咖啡樹提供了理想的生長條件。早在14世紀，野生的咖啡樹種，從衣索比亞出口到阿拉伯半島。到了17世紀末，咖啡豆已經傳播到爪哇和蘇門答臘，之後咖啡文化又進入了新世界國家，並且在巴西、瓜地馬拉、哥斯達黎加、牙買加和古巴紮根。直到19世紀初，幾個世紀以來，已遍及歐洲、中東以及全球各地。

咖啡生豆的栽培條件

一般咖啡樹可以存活多久呢？如果要保持每年多產量，大約10～15年就會年華老去。也有以經濟考量種植幾十年的老樹，一樣可以生出咖啡豆，但是產量不佳。咖啡樹的排水設備要良好，肥沃土壤呈弱酸性，種植順利約3年就會開花，可以聞到如同茉莉花的香味。

2 世界主要咖啡種類

第一大種類：羅布斯塔(Canephora Robusta)

我曾經在墨西哥喝到好喝的羅布斯塔。當時我在當地的塔帕丘拉(Tapachula)城市作客時，他們告訴我，可以喝到一種非常清爽乾淨的咖啡，而且具有明亮的酸度。

羅布斯塔是1680年左右在烏干達發現的，是阿拉比卡咖啡的起源(屬於Coffea Canephora和Coffea Eugenoides之間的雜交)。阿拉比卡咖啡經常被誤認為是較舊的咖啡類型，容易與摩卡咖啡(Coffea Mokka)混淆，後來摩卡咖啡被歸類為阿拉比卡咖啡的一個品種系列。

羅布斯塔來自西非國家，不幸的是，耕種方面的知識很少，西非國家的產品質量很低。想像一下羅布斯塔的種植者，使用最好的技術，遵循最佳的農業規則，投資他所擁有的一切來生產咖啡豆，然後專業的烘豆師會說：太棒了，我應該試著烘焙好她。遺憾的是，羅布斯塔大多數只能被視為配角。到目前為止，甚至原產地的出口商也拒絕多採購羅布斯塔，僅考慮阿拉比卡。因此不能責怪種植者沒有改善作物，因為他們生產的豆子永遠都無法進入精品咖啡的行列，進而無法得到更高的收益去提升種植品質，以及高規格的處理方法。

☞羅布斯塔的風味較不受到市場青睞，常用於配豆

在風味和香氣方面，阿拉比卡咖啡比羅布斯塔咖啡更複雜，阿拉比卡咖啡的咖啡因、氨基酸和綠原酸含量較低，但總油脂含量卻高出60%。眾所周知，許多芳香揮發性化合物會溶解在油脂中，並在萃取的沖煮過程中釋放，因此在杯測品質方面，阿拉比卡咖啡容易受到青睞，特別是在濃縮咖啡中。另外，阿拉比卡的綠原酸較低，有助於減低咖啡的澀味，因此在杯測過程中經常勝於羅布斯塔。

羅布斯塔的風味被批評為橡膠味和苦味，可能與咖啡因含量高有關，它通常被用於低價市場的混合配豆。咖啡的品質不僅取決於咖啡豆本身的自然特性，還取決於人類的選擇。我們喝的阿拉比卡咖啡，不僅是大自然的禮物，還是幾個世紀以來品種的選擇結果，然後進行生產、加工、烘焙和沖煮。

事實上在整個供應鏈中，阿拉比卡咖啡在時間和資源上的關注，比羅布斯塔更多，這對於最終杯測所得到的結果產生重大影響。

☞重新思考羅布斯塔的品質優勢

如果羅布斯塔得到與阿拉比卡作物同樣的照顧和關注，可能會提高杯測意願，以及會更加尊重該物種。但是，如果我們對優質羅布斯塔沒有市場需求，那麼農民就沒有動力在農場生產上提高質量。

將阿拉比卡咖啡和羅布斯塔咖啡的質量進行比較是不公平的，它們是同一屬的兩個物種，例如鍋鏟與鍋子都是人類文明寶貴的資源，在人類世界扮演不同角色，炒菜的時候鍋鏟都是相當的要角。

羅布斯塔比阿拉比卡咖啡更健壯，它更容易成長，成本更低。生產者可以在比阿拉比卡更低的海拔高度種植它，並且由於咖啡因含量較高（它是天然農藥），不易得到病蟲害。羅布斯塔還更能夠抵抗不穩定的天氣條件，生產速度也比阿拉比卡快得多，不過缺點是市場價格比阿拉比卡低。

咖啡樹園。

☞**生產加工**

不良的採摘和不正確的儲存，以及許多農民沒有將咖啡生豆完全乾燥至水分含量為11～13%，所有這些不良做法都會影響杯測風味，導致酸味、泥土味，以及發霉等等負面評價。

可以通過一些簡單的措施來提高羅布斯塔的品質，例如僅採摘成熟的紅櫻桃（成熟的咖啡果實），立即進行加工，並且以離地網架存放於適當的乾燥區域。

第二大種類：阿拉比卡（Arabica）

全世界的咖啡品種，阿拉比卡占了80%，常見的類型如下：

☞**鐵比卡（Typica）**

是所有阿拉比卡變種與基因篩選的原型，像所有阿拉比卡咖啡一樣，應該起源於衣索比亞西南部。在15或16世紀的某個時候，它被帶到葉門。之後葉門的咖啡種子已在印度種植。在1696年和1699年，咖啡種子從印度的馬拉巴爾海岸發送到了巴達維亞島。這幾粒種子就是現在稱為鐵比卡的獨特品種。 1706年，鐵比卡咖啡廠從爪哇（Java）搬到阿姆斯特丹，並種在植物園中。1714年傳到法國。

鐵比卡於1719年，從荷蘭經殖民貿易路線，送往荷蘭的圭亞那（Guiana），即現在的蘇利南（Suriname）。然後於1727年到達巴西北部。1760年到達巴西南部。1770年和1723年，咖啡植物從巴黎被送到西印度群島的馬提尼克島。1730年英國將馬提尼克島的鐵比卡咖啡引入牙買加。1735年，它到達聖多明哥。1748年，種子從聖多明哥被送到古巴。後來，到達哥斯大黎加（1779年）和薩爾瓦多（1840年）。

到了18世紀後期，種植擴散到了加勒比海（古巴、波多黎各、聖多明各）、墨西哥和哥倫比亞，並從那裡橫跨整個中美洲（早在1740年就在薩爾瓦多種植了）。直到1940年代，南美和中美洲的大多數咖啡種植園都種植了鐵比卡。由於鐵比卡既低產，又對主要的咖啡疾病高度敏感，因此已逐漸被美洲大部分地區取代，但仍在秘魯、多米尼加共和國和牙買加廣泛種植，這裡被稱為牙買加藍山。

☞波旁（BOURON）

法國傳教士在1700年代初，將波旁從葉門引入波旁島，即現今的留尼旺島（LaRéunion），並以今天的名字命名，直到19世紀中葉，離開該島不再種植。但是從1800年代中期開始，隨著傳教士開始在非洲和美洲建立信仰據點，這一品種又傳播到世界的新地區。

波旁品種於1860年左右引入巴西，並從那裡迅速向北傳播到南美洲和中美洲的其他地區，至今仍在種植。在這裡，它與其他從印度引進的波旁相關品種以及衣索比亞的地方品種混合在一起。如今，在東非發現了許多類似波旁的品種，但沒有一個能與拉丁美洲發現的獨特波旁品種媲美。

在拉丁美洲，儘管大部分波旁仍在薩爾瓦多、瓜地馬拉、宏都拉斯和秘魯種植及外銷，但是波旁已被其後代，尤其是包括卡杜拉（Caturra）、卡度艾（Catuai）和蒙多諾沃（Mundo Novo）取代。

☞卡杜拉（CATURRA）

卡杜拉是波旁品種的自然變異。它是1915～1918年之間，在巴西米納斯吉拉斯州的一個種植園中發現的。

卡杜拉因為品質優異而被重點栽培，這意味著根據其出色的基因表現，特選指定它的種子為新一代，然後重複該過程。該品種當時從未在巴西正式發表過，但在中美洲已經很普遍。

它是在1940年代進入瓜地馬拉，但是在之後的三十年裡，並沒有得到商業上的廣泛採用。它從瓜地馬拉傳入哥斯大黎加、洪都拉斯和巴拿馬，如今已成為中美洲最重要的經濟作物之一。

☞卡杜艾（CATUAI）

該品種於1949年由黃色的卡杜拉（Caturra）和蒙多諾沃（Mundo Novo）雜交而成，最初稱為H-2077，於1972年在巴西發布，並在那裡廣泛種植。在巴西，有很多卡杜艾可供選擇，有些以高生產率著稱。

之後轉移到中美洲似乎生產力較低，它於1979年首次在洪都拉斯推出，並由洪都拉斯IHCAFÉ進行了測試。由IHCAFÉ選擇兩個品系進行種植後，於1983年公開。在今天的洪都拉斯，卡杜艾的種植面積佔阿拉比卡總面積將近一半。

在哥斯大黎加，這個咖啡品種在經濟上也很重要，1985年引進了黃色卡杜艾，其後代在全國各地廣泛傳播。1970年被引進瓜地馬拉。

卡杜艾的身材矮小，可以密集地種植和更有效地收穫，部分原因是在1970年代和1980年代，加強了全日光咖啡的種植。

墨西哥咖啡研究所（INMECAFÉ）在1960～1961年間，通過將蒙多諾沃（Mundo Novo）與黃卡杜艾（Caturra Amarillo）雜交，開發了類似的名為加爾尼察（Garnica）的變種。

☞馬拉戈希貝（MARAGOGIPE）

馬拉戈希貝是鐵比卡（Typica）的自然突變，是1870年在巴西城市馬拉戈希貝附近發現的。馬拉戈希貝是帕卡瑪拉（Pacamara）與馬拉卡杜拉（Maracaturra）結交生下的孩子。

☞SL-28

SL28是非洲最著名的品種之一。因此，最初在1930年代，選擇從肯亞地區傳播到非洲的其他地區（特別是在烏干達的阿拉比卡種植地區很重要），現在又傳播到了拉丁美洲。該品種適合中高海拔地區，對乾旱具有抵抗力，但易患主要咖啡病。SL28以質樸著稱，其咖啡樹可以一次無損使用數年，甚至數十年。肯亞許多地方都有SL28咖啡樹，這些樹已有60～80年的歷史，但仍然有生產力。

1935～1939年期間，在斯科特實驗室進行的個別樹選擇，以SL開頭（Scott Labs）命名。他們選擇來自不同來源的42棵樹，並對其產量、品質以及對抗乾旱和抗葉鏽病性進行了研究。1935年，SL28從名為Tanganyika抗旱植物種群中的一棵樹中選定。1931年，Scott Agricultural實驗室（Scott Labs）根據歷史文獻，注意到喬治亞巴統（Moduli）地區，生長著一種似乎可以耐受乾旱和病蟲害的品種，收集種子並將其送回實驗室，在那裡確認其抗旱性。之後它廣泛分佈，直到被其後代SL28取代。最近的基因測試已經證實，SL28與波旁基因組有關。

☞SL-34

SL34最初於1930年代末，在肯亞的斯科特農業實驗室被選中。1935～1939年間，從肯亞卡貝特（Kabete)的洛雷肖（Loresho）莊園的一棵樹中挑選出來的。

法國聖靈傳教士（Spiritans）於1893年，在布拉（Bura，即肯亞泰塔山）建立了一個傳教團，其中種植了源自留尼旺島的波旁咖啡種子。1899年，來自布拉的種苗被帶到另一個在聖奧斯丁（即內羅畢附近）的法國使團，並從那裡將種子分發給願意種咖啡的定居者，這就是法國傳教士咖啡的起源。

☞藝妓(GEISHA)

該品種最初於1930年代，從衣索比亞的咖啡林中採收。它從那裡被送到坦桑尼亞的利安德(Lyamungu)研究站，然後於1953年被帶到中美洲的農藝學熱帶植物研究與保護中心（CATIE），並在這裡登記為保藏號T2722。在人們公認它具有耐咖啡鏽葉病之後，它於1960年代，通過熱帶植物研究與保護中心在整個巴拿馬傳開。但是，該植物的樹枝很脆弱，沒有受到農民的青睞，因此沒有被廣泛種植。世界咖啡研究公司（World Coffee Research）最近進行的遺傳多樣性分析證實，T2722巴拿馬藝妓咖啡豆是獨特而統一的，它具有精緻的花香，以茉莉花和桃子般的香氣而聞名。

Geisha和Gesha的拼寫經常互換使用。咖啡研究人員在幾十年中一直堅持這種拼寫，導致該拼寫在咖啡行業中首先得到推廣和使用。這種咖啡最初是在衣索比亞附近山區收集的，該地區最常用的英文名稱是Gesha，因此咖啡行業中的許多人都希望以這個名字來命名。

☞帕卡斯（PACAS）

帕卡斯是波旁的自然突變，類似於巴西的卡杜拉（Caturra）和哥斯大黎加的維拉薩奇（Villa Sarchi）。帕卡斯與其他廣泛栽培的波旁突變體相似，具有單基因突變，可使植物變小（矮化）。它的主要優點是，小尺寸的植株可以提高潛在的產量，並且可以將植株靠近放置在一起，以增加農場的咖啡果實總產量。該品種於1949年，在薩爾瓦多聖安娜地區的帕卡斯（Pacas）家族農場裡發現的。1960年，薩爾瓦多咖啡研究所（ISIC）開始為帕卡斯進行系譜選擇計劃。它在該國仍然廣泛種植，約佔該國咖啡產量的25%。它也生長在洪都拉斯，1974年由IHCAFE引入。

☞帕卡瑪拉（PACAMARA）

起源於帕卡斯（Pacas）和馬拉戈比（Maragogipe）之間的交雜品種，不過瓦多咖啡研究所（ISIC）進行的譜系選擇不完整。它主要生長在薩爾瓦多，在薩爾瓦多經常以很高評價贏得杯測比賽。

相似的變種馬拉卡杜拉（Maracaturra），很可能來自尼加拉瓜卡杜拉（Caturra）和馬拉戈比（Maragogipe）之間的自然雜交。中美洲的私人生產商進行了進一步的選擇，但該品種從未穩定過。

3 咖啡生豆處理法的基本知識

通過良好的、因地制宜的妥善處哩，可以使咖啡細微的差別變得更加明顯。比如說，可以品嚐到帶有水果味的咖啡，也可以品嚐到帶有葡萄酒味的咖啡。

「如果咖啡生豆質地很好，經過烘焙過程，對於風味的表現有事半功倍的效果。」

另一方面，發酵過度的咖啡生豆，可能會讓一杯咖啡出現不良的味道。一般會在炒焙完成後出現碘味。

咖啡生豆的處理法通常有三種：水洗處理法、日曬處理法和蜜處理法。它們的基本風味差異如下：

☞**水洗咖啡豆的風味：**具有花香或果香的風味，偏清爽而乾淨。

☞**日曬咖啡豆的風味：**具有泥土味與陽光的風味，偏強烈而濃厚。

☞**蜜處理咖啡豆的風味：**具有水果風味與蜜桃的風味。

用手抓取生豆，聞生豆味道，確認發酵風味。

日曬處理法（Dry process）

☞過程

採收→手工揀選未成熟果實→鋪平成熟果實進行曝曬，人工翻面保持空氣流動→裝袋休眠30～60天（等待出口）→脫殼→咖啡生豆揀選分級→裝袋→運送

非洲國家大多是採取日曬處理法，也是至今最古老的處理法，因為水是很重要的資源，日曬是比較省水的方式。主要原因是非洲太陽很充足，有些地方很少下雨。近期是在架高式的黑網棚架上鋪平曝曬，讓更多空氣對流，避免漿果發霉、過度發酵或是腐爛。日曬的作用是刻意增加咖啡豆的風味。

★陶鍋炒豆重點

日曬豆具有泥土味與陽光的風味，偏強烈而濃厚，所以不需要深烘焙，為了呈現咖啡豆原始的果香。也不適合淺烘焙，因為炒出來的風味太淡而不像咖啡。最佳的焙度是中烘焙。

（上圖）在太陽下曝曬咖啡生豆，使生豆均勻乾燥。
（下圖）水洗豆品種。

水洗處理法（Wet process）

☞過程

採收→手工揀選未成熟果實→除去果皮（機械式剝皮機depulper）→發酵咖啡生豆，帶著果膠靜置於發酵池中→清洗→鋪平於地板或加高式棚架進行曝曬→裝袋休眠30～60天（等待出口）→脫殼→咖啡生豆揀選分級→裝袋→運送

水洗處理法，是在乾燥程序中，為了避免多數發酵變因而先去除咖啡生豆的果肉。水洗處理法顯然成本較高，工序繁複，難度也較高。每個生產者有自己的處理方式，例如在發酵池待上24～36小時，因人而異。當然發酵時間過長，咖啡豆的品質受影響的風險越高，負面風味也會提高。大部分生產者會用手抓取豆子確認發酵的風味，再用雙手搓揉咖啡豆檢視果膠脫落的程度。

用雙手搓揉咖啡豆，檢視果膠脫落的程度。

使用生豆烘乾機烘豆，含水率可降到11~12%。

發酵完成後，使用大量的水把附著在外殼上的殘留果膠洗乾淨，接下來也是在地上曝曬乾燥，工作者會拿耙子在曬豆場來回翻動，確認每批豆子均勻乾燥。

當然不是天天都艷陽高照，濕度過高也要改變乾燥方式，例如，使用機械式烘乾機將含水率降到11～12%。許多農民認為，日曬乾燥優於機械式乾燥的風味。

★陶鍋炒豆重點

水洗豆具有花香或果香的風味，偏清爽而乾淨。不適合深度烘焙，以免將花果香味覆蓋而僅留下焦香味。最佳的焙度是淺烘焙或中烘焙。

蜜處理法（Honey Process）

☞過程

採收→手工揀選未成熟果實→除去果皮（機械式剝皮機depulper）→刮除部分果肉→鋪平於地板或加高式棚架進行曝曬→裝袋休眠30～60天（等待出口）→脫殼→咖啡生豆揀選分級→裝袋→運送

不少中美洲國家會採用蜜處理法，哥斯大黎加與薩爾瓦多比較常見。乾燥方式與日曬豆大同小異，為休眠→脫殼→運送，不同的是，在曝曬前先去除果皮和果肉。休眠期為30～60天。為甚麼要休眠？記得瓜地馬拉莊園主說：「一百二十年來，我們將處理完的咖啡生豆，裝袋休眠後，風味較豐富。」這就是一個生產者與自然共存的生命經驗。

★陶鍋炒豆重點

蜜處理咖啡豆有水果與蜜桃的風味，偏強烈而濃厚，所以不需要深烘焙，以保留咖啡豆原始的果香。也不適合淺烘焙，炒出來的風味太淡而不像咖啡。最佳的焙度是中烘焙。

結論

要購買咖啡生豆，可以聯絡貿易商，也可以在網路上購買，或是有較熟的咖啡店老闆願意讓你一起團購。選購咖啡生豆時，建議買自己常喝的咖啡品項來練習炒豆。

CAMEC
Tel.: 2363-325

休眠咖啡。

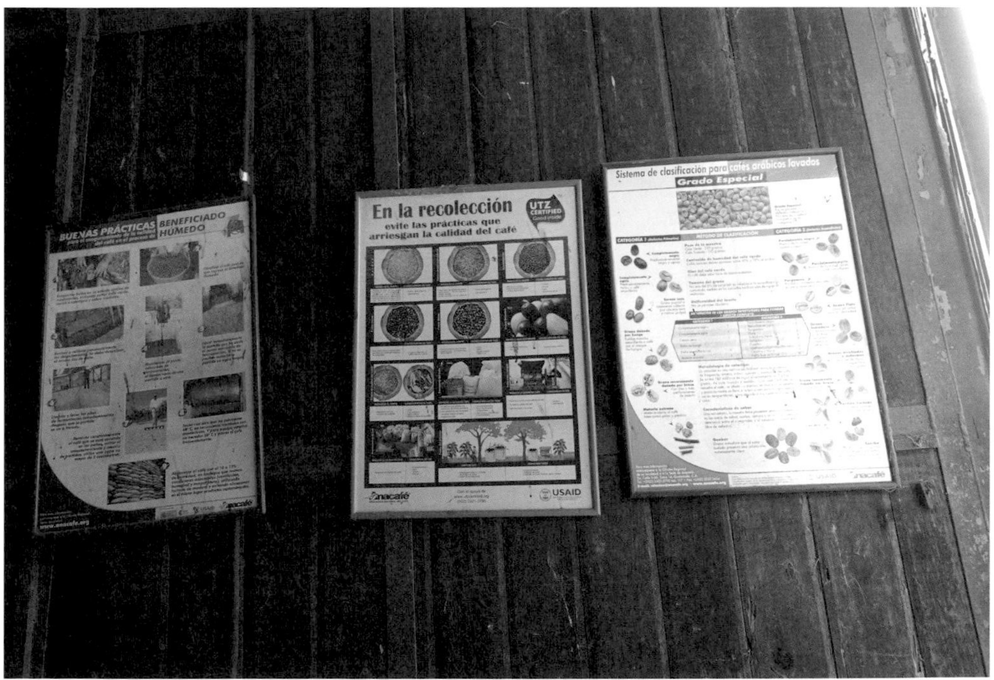
BUENAS PRÁCTICAS
BENEFICIADO HÚMEDO
En la recolección
evite las prácticas que arriesgan la calidad del café
UTZ CERTIFIED
USAID
Sistema de clasificación para cafés arábicos lavados
Grado Especial

瑕疵豆標示。

Driver

CHAPTER 4

陶鍋炒豆與沖泡器具

陶鍋炒豆的器具很簡單，最主要是陶鍋與木匙。市面上有各種品牌可以選購，是最家常的料理器具。以下是選購的訣竅，以及其他炒豆用具的說明，用對器具，炒豆過程才會順暢，才能達到完美的成果。準備齊全後就可以開始炒豆了。

炒豆器具

1 陶鍋

最好使用特製的陶鍋，因為使用特殊的陶土製作，經得起長時間乾燒，導熱快，蓄熱性好，也比較容易掌控咖啡豆的熟度。使用一般陶鍋也可以，但要選擇耐熱度高的類型，因為一般家用陶鍋不可以空燒鍋子，會有爆裂的危險性。選好陶鍋之後，在常溫下倒入生豆即可開始炒豆。

另外，平底鍋和鑄鐵鍋也可以炒咖啡豆。這兩種鍋傳熱快，能快速炒好。但是，也因為傳熱太快，不容易掌控溫度，偶爾會產生焦味。

■手炒陶鍋與一般陶鍋比較

	手炒咖啡陶鍋	市售一般陶鍋
專業功能	• 炒焙咖啡豆、花生、煮飯煲湯 • 煎、炒、悶、蒸、煨等烹飪方式皆宜 • 所有明火熱源爐具皆適用（除電磁爐以外）	• 燉煮功能單一
高新技術	• 進口高純度的鋰晶石和精選高嶺土 • 可承受600℃～20℃的急遽溫差變化 • 適合乾燒經久耐用，安全有保障 • 經過高溫1280℃燒製、無毒	• 純度低原礦和雜質多，熱穩定性差 • 急冷急熱易龜裂，安全性低 • 不適合乾燒，容易炸鍋 • 壽命低
環保節能	• 導熱快、續熱佳，用中小火即可烹飪，節能低碳 • 陶鍋99%以上釉面，好清洗、易保養	• 導熱快，散熱快，耗能受熱不均 • 釉面燒結低，易卡垢串味，不易養護
材質	• 高純度鋰晶石（鍋底白色） • 原料天然，價格是一般陶鍋的10倍	• 鋰輝石（鍋底橘紅色） • 原料人造，成本低
厚度	• 1～1.2 cm	• 0.5～0.8 cm

2 木匙

準備1支木匙，約45公分長。使用木匙比較安全，不會因傳熱高而燙傷手掌。建議選購有斜度的木匙，操作比較順手。

3 紅外線溫度槍

用感應的溫度槍比較準確。如果用一般烘焙用的長型電子探針溫度計，在炒製過程中要測量豆子的溫度會比較麻煩，手會很忙碌。

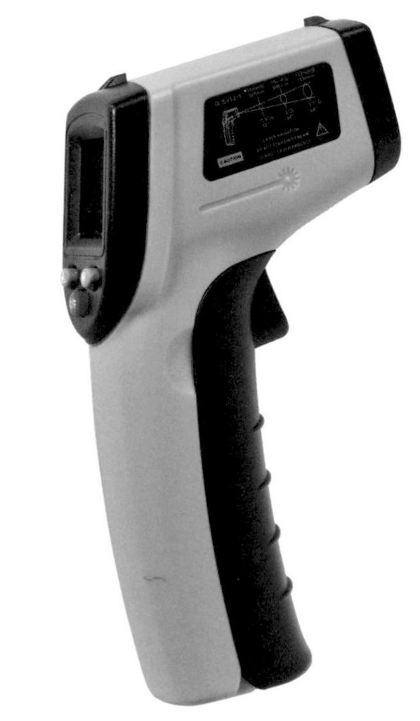

4 挑豆盤

用藍色的盤子挑豆，眼睛比較不容易疲勞，而且可以讓有瑕疵的生豆迅速被挑出來。

5 竹簍

竹簍材質比較輕巧美觀，也方便。把豆子攤平後容易散熱。在傳統市場的器物店購買即可，如新竹的中央路、台北的迪化街。

6 白色抹布

用處是在炒豆完畢時，以雙手抓握住鍋子的耳朵，以防燙傷。建議使用白色抹布，因為美觀衛生，有髒汙容易辨識。

7 計時器

應該放在安全視線所及的地方，約一臂長的距離。計時器是炒豆的重要工具，再次提醒，紅外線溫度槍與計時器是缺一不可的。任何人的體感時間都不一樣，所以炒豆子不可以使用錯誤的計時方式。

沖泡一杯咖啡，決定風味好壞的因素比重是：農場種植的咖啡豆品質佔50%、炒豆技術佔30%、沖泡技術佔20%。咖啡生豆在產地已經決定先天的風味，炒豆師藉火力動能激發出咖啡的風味，再藉著萃取的方式，呈現咖啡本身的層次與韻味。所以咖啡不好喝，不要太驚訝，也不要責怪自己，有一半的因素是先天注定的，可以回過頭檢視哪個環節失誤而造成的。

沖泡器具

1 電子秤

用途是秤咖啡豆的重量。用法是將電子秤放置於穩固平坦的桌面上，使電子秤保持平穩。打開電源時，秤盤上請勿放置任何東西，先行歸零。

2 磨豆機

用途是將咖啡豆磨成粉末，以方便沖煮。工業革命以前，以手工打碎豆子或磨碎豆子。而手動磨豆機和機器磨豆機的差別是，磨豆機比較省時、省力、快速。至於磨豆機的選擇，首先不建議刀片式的磨豆機，因為其用途是針對穀物研磨，磨出來的咖啡粉勻稱度不好，萃取出來的咖啡口感不佳。

3 濾杯

用途是萃取咖啡。V60濾杯是我個人比較喜歡的濾杯，萃取的咖啡香氣比較強烈，因流速比較快，所以表現性強烈。Kono濾杯能萃取出濃郁厚實的風味感受，也相當推薦。建議初學者使用蛋糕杯，萃取的風味較均衡。Kalita 梯形濾杯是濾杯的始祖，流速均衡快速，很適合趕時間的上班族，對於想喝咖啡又不想有太多計算數據的人來說是首選。

4 濾紙

濾紙會吸附部分的咖啡油脂，讓咖啡喝起來清爽。有分錐形（V60、Kono）、梯形（Kalita）、蛋糕形（Kalita），視濾杯的形狀而定。

5 燒杯

用途是盛裝咖啡，比濾杯口大就好。可以選擇其他杯子來替代，如馬克杯、咖啡壺、陶杯。

6 手沖壺

神燈壺的水流固定，比較適合初學者。Kalita的鵝頸形壺嘴設計，在靠近尖嘴處會逐漸變細，方便以小水流操控沖泡的速度。

基礎烘焙概論

CHAPTER 5

手炒咖啡時，有一爆初期（淺烘焙）、一爆密集（淺中烘焙）、二爆（中深度烘焙）、二爆密集（深度烘焙）的語詞，實際上就是指咖啡豆經過炒焙產生的變化。基本上，陶鍋手炒和機器烘焙的過程與反應狀態是一樣的。

開始炒焙咖啡時，經常會出現一些疑惑與錯誤，怎樣的炒焙程度才正確而恰當？如前面強調過，實際上沒有一條烘焙曲線是完全正確與不容許改變的。

「而用手炒焙的風味很獨特。
陶鍋炒豆與機械烘豆的風味最大的差別在於，
陶鍋炒豆的焦糖化相當充足，
因此回甘度比機械烘焙來得強烈。」

咖啡豆的七個烘焙度

不論是陶鍋手炒，還是機器烘焙，一般咖啡豆的烘焙度，粗略分為三大類：淺烘焙、中烘焙、深烘焙，其中又可細分七個階段：

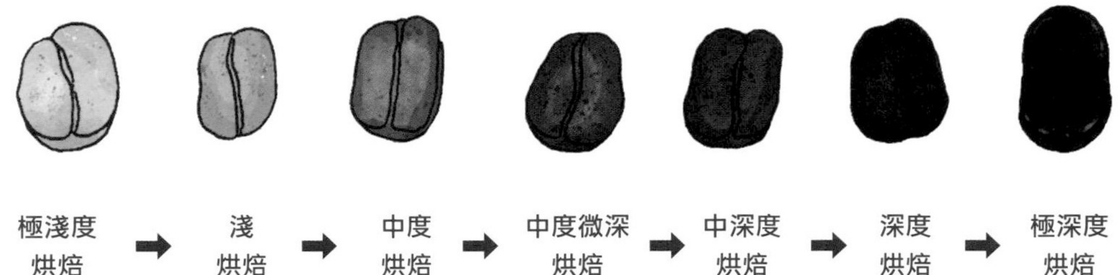

01 極淺度烘焙，又稱「肉桂烘焙」（Cinnamon Roast）

這個時間點炒焙完成的咖啡，也有部分人喜歡，喜歡它的水果風味與強烈明亮的酸香氣，所以可以自行決定在這個階段結束炒焙。如果不追求這階段的風味，可以繼續往下一個階段炒下去。

風味　濃濃的青草味，口感與香氣貧乏，一般用於杯測練習，很少品嚐。

聽　一爆開始前後。可以聽到一些質量較輕的豆子已經出現零星的爆裂聲　，接下來進入一爆的聲音，是接近連續性的鞭炮聲或爆米花的聲音。

看　豆表呈淡肉桂色。

聞　在這一爆之前，要注意聞咖啡豆的味道，這時候會飄出微微的酸香氣和淡淡的香草味。

02 淺度烘焙，又稱「淺烘焙」（Light Roast）

這個時間點炒焙完成的咖啡，也有極少部分的人喜歡，喜歡它的水果風味與強烈明亮的酸香氣，所以在這個階段結束可以自行決定。如果不追求這階段的風味，可以繼續往下個階段炒下去。和前一焙度只相差30秒，少了青草味，並且出現濃郁的莓果香氣。

風味　酸質強烈、略帶香氣。

聽　一爆開始至密集。

看　豆表呈肉桂色。

聞　此時的青草味已消失，酸質強烈、略帶香氣。

03 中度烘焙，又稱「中烘焙」（Medium Roast）

這個階段可以呈現咖啡的各種面貌，是我個人比較推薦的烘焙度。

風味　口感偏酸帶苦、香氣適中，保留咖啡豆的原始風味。甚至表現出更加均衡的香氣和酸度。

聽　一爆密集。用陶鍋炒豆比較常把咖啡豆炒到一爆密集，但是與機械烘焙的一爆密集有些許的差異性，因陶鍋量到的是豆表溫度，但機器量到的是整體鍋爐和豆子的溫度。

看　咖啡豆裡的顏色為中褐色，豆表呈栗子色。豆表面也沒有油。

聞　比淺度烘焙的咖啡有更多的香氣。這時候可以聞到接近糖炒栗子或是烤地瓜的味道，飄出一陣濃濃的甜味。

04 中度微深烘焙，又稱「淺中烘焙」（City Roast）

這個階段炒焙完成的咖啡，是大多數咖啡飲用者喜歡的風味，因為風味全然展開，辨識度高。前段風味清晰，中段回甜，尾段酸值平衡、甜感較強。

風味　口感清爽豐富，酸苦均衡不刺激，且略帶甜味，香氣風味平衡。

聽　第一次爆裂結束。

看　豆表呈淺紅褐色，如炒栗子外殼顏色。

聞　糖炒栗子、烤地瓜味。

05 中深度烘焙，又稱「城市烘焙」（Full City Roast）

為標準的烘焙程度，也是大眾最喜愛的烘焙程度。在西方國家的美洲和中南美洲，多數人喜歡這樣的烘焙風味。

風味　口感明亮活潑，酸苦平衡之間的酸質又偏淡，而且釋放咖啡中優質的風味。

聽 第一次爆裂後到一、二爆中間。

看 豆表呈淺棕色。

聞 糖炒栗子、烤地瓜、焦糖味。

06 深度烘焙，又稱「法式烘焙」（French Roast）

此階段的咖啡豆非常黑，與其他咖啡相比它有多黑？將咖啡豆與巧克力棒進行比較就可以更清楚顏色的深度。法國人喜歡這樣的焙度，所以又稱法式烘焙。

風味 口感強勁濃烈，苦味較濃，酸味近乎無感，有巧克力與煙燻香氣。

聽 二爆密集到二爆結束。

看 豆表呈深褐色帶黑。

聞 焦香烤肉味、可可味。

07 極深度烘焙，又稱「義式烘焙」（Italian Roast）

義大利人喜歡極深度的風味，喝起來有濃厚的焦香味，所以又稱義式烘焙。

風味 咖啡豆纖維在碳化之前，口感強烈複雜，苦味強勁，有濃厚的煎焙與焦香。

聽 二爆結束至豆表轉黑出油。

看 豆表呈黑色油光。

聞 焦香、苦味。

CHAPTER 6

陶鍋炒豆操作重點

使用陶鍋炒咖啡，是屬於直火炒焙，能量來源就是鍋子下方的瓦斯爐火焰，就是所謂的熱能傳導，透過熱能傳導把豆子炒熟。

炒咖啡豆前要先了解咖啡烘焙的基礎原理，才能明白加熱咖啡豆時，溫度所對應出來的味道。在炒焙過程中，咖啡豆會形成特有的香氣成分，炒焙後會得到棕色咖啡豆。目前已經知道有1000多種咖啡香氣成分。可以根據喜好而改變炒焙條件，實現最終特定的風味。

咖啡的水溶性成分，包括多聚酚、多糖、綠原酸、礦物質、水、咖啡因、脂類羥基酸和酚類，它們之間互相作用，約130～170°C時產生梅納反應，形成特有的香氣，與烤麵包、烤牛排、炸薯條的風味轉變過程很雷同。

將咖啡生豆加熱到180～240°C之間時，需要的時間約15～20分鐘。此時較強烈的炒焙會產生較深的顏色，並產生更強烈的香氣和風味。

掌握看、聽、聞原則

看

沒有風門可調整的陶鍋炒豆，可不可以不調火，一次炒到底？當然是可以的，只要注意一些秘訣。因為陶鍋是靠鍋底接觸熱源炒熟豆子，而陶鍋鍋體的熱是會累積的，鍋中的豆子無法完全吸走爐火帶給鍋體的熱能，鍋底溫度會越來越高，但同時間豆子的含水量會越來越少，越來越容易焦。這時候也是初學者最容易緊張的時刻，可說是十萬火急啊！通常都要觀察豆子著色的程度，進行降火，甚至熄火，或者維持相同火力，攪拌的動作就要更加規律及專心。不能讓豆子接觸鍋底的時間過長，而手所感受到的熱度也會相對高，換手換鏟的動作也必須更有律動。最好還是搭配感官聞香、看色澤、聽爆裂聲去掌握豆子的狀態。

聽

耳朵的聽覺，在炒焙咖啡的階段裡扮演重要角色，像是一場戰役裡的指揮官，必須全神貫注，注意每一個細微的爆裂聲。當溫度慢慢升高至185～195°C，豆子開始漸漸膨脹，從零星的爆裂逐漸轉為密集的爆裂聲。溫度慢慢升高，手心開始感受到熱度，同時間豆子發出爆裂聲音，此時要注意手撥動的頻率，依然要一致，千萬不要因為不確定的因素或是緊張而加快撥動的速度。

聞

前期炒焙會影響後續風味的發展方向。在我的經驗中，是以溫度與味道來判斷咖啡豆的炒焙度，依序是味道、顏色，最後才是以溫度作為輔助。溫度上升快慢與火力有相對關係，但是，當溫度到達而味道還沒有出現，可能是鼻子還沒有聞到對應的味道，此時不要輕易加火。

炒焙過程中，時間與味道是一起伴隨而來的。一般味道轉變的過程為：脫水期間有青草味。當漸漸進入梅納反應中期，則會有接近蛋糕烤焙的風味。進入一爆前期時，有一股煙燻梅子的酸香氣，隨著時間推移最後會進入焦糖化反應，出現甜香的味道，如烤地瓜、糖炒栗子、微微可可的味道。

完成炒豆必須經過四個階段

第一階段：去除水分

咖啡生豆含有7～11%的水分，均勻分布於整顆咖啡豆中。水分較多時，脫水的時間會稍微延長，經過炒焙也不會變成褐色，所以這階段的主要目的是去除豆中的水分。將咖啡生豆倒入鍋中，讓咖啡豆吸收足夠的熱量去蒸發多餘的水分。一般停留在鍋中的6～7分鐘內，咖啡豆的外觀以及氣味沒有什麼顯著變化。

第二階段：轉黃褐化反應

轉黃褐化反應的第一階段開始了。這個階段的咖啡豆結構仍然非常緊實，而且帶有烤麵包的香氣，咖啡豆開始膨脹，表層銀皮開始脫落。

◑ 第三階段：劇烈褐化反應

此時咖啡豆開始膨脹，並且產生大量的氣體（大部分為二氧化碳）及少量的水蒸氣。咖啡豆內部壓力上升，出現了連續性的爆裂聲。

◑ 第四階段：風味發展期

■**前段時期**——青草味、燒稻草味（130～145°C），就是轉黃點時期所出現的味道。炒咖啡豆第一階段的要務是找尋前段的味道，所以這就是為何我一直強調用味道來判斷熟度的原因。我曾經使用容易調整溫度的烘豆機，的確比較能準確的判斷味道。陶鍋炒豆要克服找尋前段味道的問題，真的需要經常練習，掌握好溫度，並且與有經驗的人討論。

■**中段時期**——從燒稻草味轉向烤麵包味、烤地瓜味、雞蛋糕及鬆餅的味道（145～155°C），這時期轉黃點明確。

■**後段時期**——可以決定整杯咖啡的味道表現。後段的前期會有酸香味或是水果風味，末期會有糖炒栗子的香氣（185～200°C）。

炒豆過程常見的錯誤

錯誤 1　火力一次到底，會造成大部分的豆子焦黑：顯然是一路開快車，想把豆子炒熟就完成的狀態。炒咖啡需要耐心與專心，應該把節奏與速度調整好，視狀況降火或熄火，重新再練習一次。

錯誤 2　攪拌沒有規律，會造成咖啡豆成色不均勻：因為攪拌的速度快慢不一致，導致咖啡豆受熱不完全。當味道還沒出現，只靠溫度計的升溫曲線就輕易將火力加大，也會導致成色不均勻的狀況。

錯誤3 火力過小，容易出現炒焙時間過長的未熟豆：當咖啡豆加熱時間太長而未達到一爆時，它的風味平淡無奇，幾乎沒有甜味，味道像是生花生米或是麵茶味。 初次炒咖啡豆的朋友最常出現的錯誤，就是害怕炒到燒焦，他們希望咖啡豆的色澤一致勻稱，所以使用非常小的火力來炒咖啡，雖然咖啡炒熟了，上色也均勻，但是當咖啡豆送進磨豆機，按下開關磨出來的咖啡粉末，聞起來只有堅果味或米香的味道 ，而且沖煮出來的咖啡混濁不透亮，喝起來的風味顯得貧乏，有無糖豆漿的豆渣味 ，或者只有一個風味而感覺單調。

錯誤4 誤判下豆時機，造成未熟豆機率最高：並不是整鍋咖啡豆都沒有熟，而是裡面摻雜著未上色的瑕疵豆、未上色的咖啡豆以及部分有熟的咖啡豆。沒有完全炒熟的咖啡豆，除了呈現出淺烘焙、中烘焙和深烘焙的色度之外，還有只烘熟輪廓的情形。那麼在怎樣的情況下會炒出微焦的咖啡豆或有點焦苦味的咖啡豆？炒豆子的過程有時因為太過於急躁，急於達到一爆的階段，就容易炒出微焦的咖啡豆，也就是豆心沒有熟透的情形。

1
準備工作

空間配置

炒豆的準備工作，包括器具備好，炒咖啡豆的空間配置已經事先規劃好，只要在家中的爐台上就可以操作。

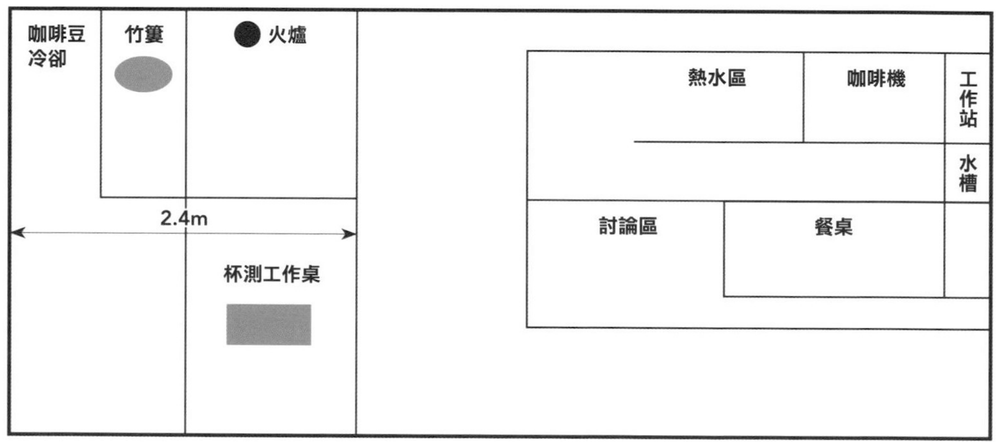

★說明：簡易規劃一個工作區塊，是為了讓工作更加流暢，因為在炒咖啡過程中有25～30分鐘不能離開爐火。接下來因為完成炒豆時，需要迅速將炒好的咖啡豆，從高溫的鍋子裡倒入竹簍裡，準備冷卻，所以竹簍放在火爐左方最順手，事先安排好作業流程能預防自己手忙腳亂。而配置杯測工作桌的用意，是將炒好的咖啡豆冷卻後，磨成粉沖泡，再進行杯測，然後寫下風味筆記，檢視此批咖啡是否呈現預期中的風味。

炒豆前的

準備

●**安全檢查**：瓦斯桶的安全性及存量至少半桶以上。

●**檢視裝備**：

木匙：1支（45cm）。炒豆攪拌時的必備工具。

竹簍：2個。炒完咖啡倒入竹簍裡降溫，並且篩去銀皮。

收納罐：保存炒完的咖啡豆，在罐上貼上完成炒焙的日期。

熟豆紀錄卡：紀錄炒好的咖啡資訊，包含炒焙日期、產區、品種、莊園名稱、處理法、備註等欄位。

熟豆紀錄卡	年　月　日
產區	
品種	
莊園名稱	備註 Note
處理法	

風扇：炒完冷卻咖啡豆時使用。

計時器：炒咖啡豆時必備的一項工具，需要定位在眼睛容易看到的地方。

紅外線溫度槍：紀錄炒咖啡過程中豆表的溫度。

白色抹布：炒豆完成後的下豆時使用，避免陶鍋邊緣高溫燙傷手掌。

挑豆盤：一大兩小，共3個。炒豆前的挑豆時使用，炒完咖啡後也需要使用挑豆盤，檢視瑕疵豆並挑除。

挑豆

挑豆就是「手選」的過程，這個過程相當重要。因為生豆在處理廠挑選的過程中，使用電眼紅外線機器揀選，難免有漏網之魚，必須再經過一次手工挑選。通常會出現石頭、麥稈和玉米，我稱它們為當地的禮物，有時作為收藏。當然還有其他不良的生豆，必須挑除才不會影響炒豆的成果。

小石頭

因為咖啡豆收成後的曝曬過程中，混合了地上的小石頭，會導致陶鍋被刮傷。

全黑豆

全黑豆是主要缺陷，而部分黑豆是次要缺陷。豆表是棕色或黑色，呈乾縮狀態，並且裂縫太開。這些缺陷的原因包括發酵過度、櫻桃（成熟的咖啡果實）過度成熟以及櫻桃發育過程中水分不足，會導致炒豆有酸、澀、苦味。

全酸豆

全酸豆是主要缺陷，部分酸豆是次要缺陷。豆表是淺棕色至深棕色。這些缺陷是由於採摘和脫漿之間的等待時間過長、發酵過程過長，或水分含量過高才儲存起來而引起的。通常有股臭水溝味。

破碎豆

破碎豆大多數是人為因素所造成的，例如腳踩碎、搬運摔碎、機器輾碎。破碎豆容易在炒咖啡豆過程中燒焦。

發霉豆

不適當的保存方式，如濕氣太重、通風不良的場所，會造成咖啡豆發霉。

蟲蛀豆

通風不良、陰暗、潮濕的儲存空間，容易生成咖啡蟲、白莖蟲、象鼻蟲等害蟲而破壞生豆。聞起來傾向於酸味和泥土味。

未脫殼豆

未脫殼的豆，會導致沖泡後的咖啡喝起來澀澀的。

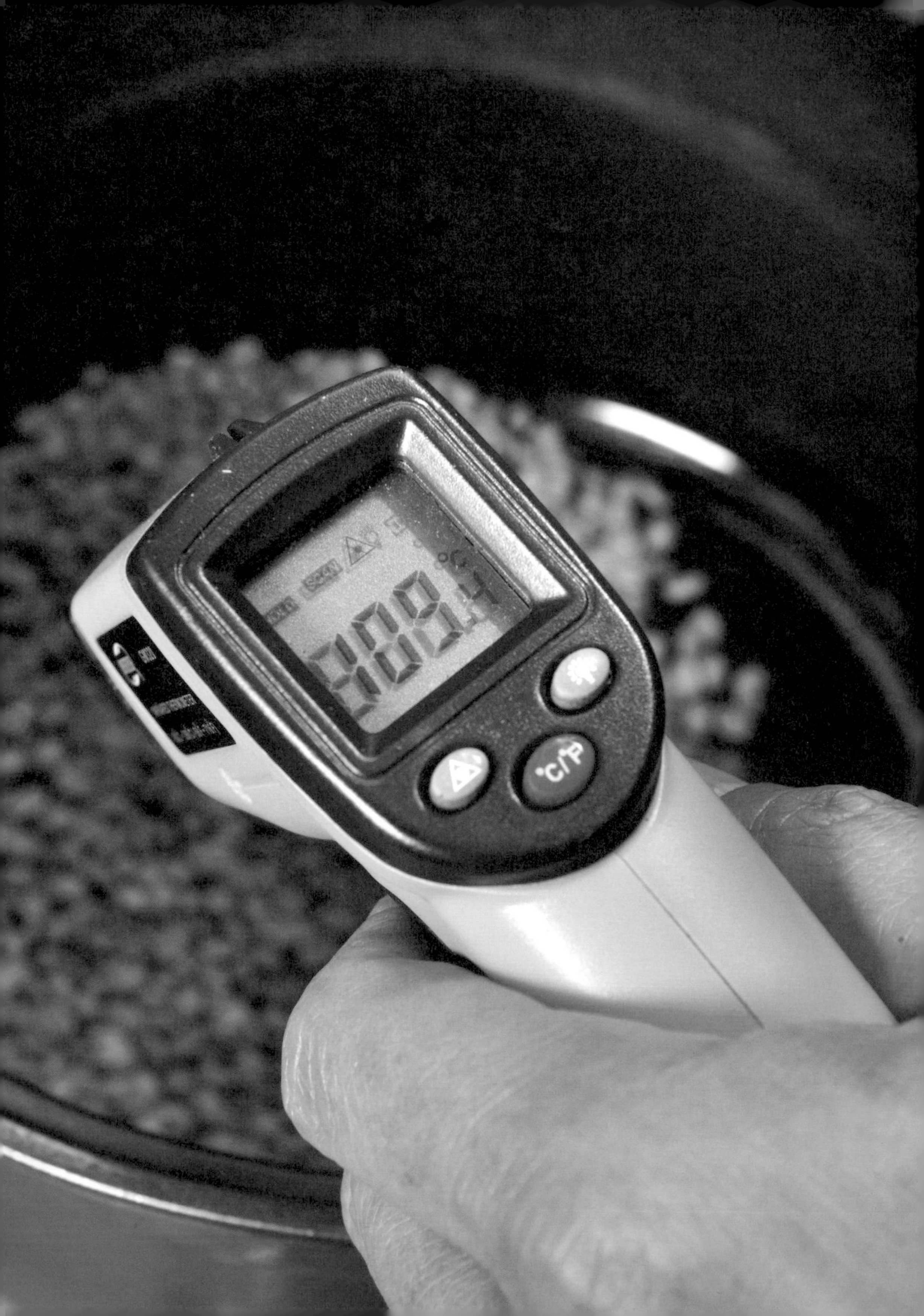

2
炒豆步驟

炒豆前，挑豆要確實，將瑕疵豆撿拾乾淨，否則有臭水溝味道的瑕疵豆，會影響一鍋咖啡的風味。

炒豆的基本步驟是：**開啟瓦斯爐→前期火力保持中火→炒咖啡→降火→熄火→開火→一爆前加大火→後期漸漸降火→微火→滑行→下豆**

一次炒豆的最佳份量

炒豆的份量越準確，風味越好。例如將500公克的咖啡生豆，平鋪於直徑26公分的陶鍋底部，大約0.5～0.8公分的厚度，最多不能超過1.5～2公分。就像煮飯有一定的原則與步驟，煮一杯米與煮三杯米的口感也會不一樣。

所以，無論鍋子大小，基本原則是生豆平鋪於鍋底大約0.5～0.8公分的厚度，咖啡豆必須肩靠著肩互相幫忙，才能將熱能平均傳到每一顆咖啡豆裡。如果豆量太厚太多，手會很酸，接著會炒不動，而且也無法把咖啡炒熟；如果豆量太少，未布滿鍋面，炒豆子的熱能都散失了，容易炒出色澤不均的咖啡豆，咖啡也不容易熟透，會影響炒焙的風味。

右手炒豆畫八（∞）

左手炒豆畫同心圓（○）

炒豆手法

炒豆的手勢是無限記號的畫法，以右手畫八（∞）並且保持規律，左手畫同心圓（○），兩手可以交換。一開始手很酸，注意手挽不要過度用力，以免造成手挽傷害。炒豆握鏟的手勢是，將拇指與食指握住木鏟炳，其他的食指、中指、無名指和小指併攏，抓住木鏟的下方1/3處。將木鏟接觸鍋底的咖啡豆，運用手腕轉動的力量，以畫八字（∞）的路徑，規律地翻炒。要特別注意，炒焙前抓住木鏟下方1/3處，炒焙後段溫度漸高時，要往上抓取，而且速度要加快。

炒豆示範

準備材料

- 使用陶鍋尺寸：直徑27公分、高度17公分
- 咖啡豆量：800公克
- 木匙：1支（45公分長）

STEP 1 生豆期

溫度：19°C

時間：0分0秒

狀態：豆色深綠，沒有爆聲，味道不明顯，是生豆本身的味道。

5分43秒

STEP 2 脫水完畢，轉黃點

溫度：130 ～ 140°C

時間：5分43秒

狀態：豆子顏色從深綠→黃點，爆聲不會出現，此時飄出青草味，微甜。

STEP 3 梅納反應前期

溫度：150°C

時間：08分52秒

狀態：豆子顏色從 黃點 →核桃褐色，此時飄出微微烤麵包味。

STEP 4 梅納反應中期

溫度：150～160°C

時間：09分52秒

狀態：豆子顏色從黃點→核桃褐色，此時飄出烤麵包味和雞蛋糕味。

★注意：此階段與前一階段只差1分鐘，主要是多了雞蛋糕味。可以將爐火關掉1分鐘，為了上色均勻，也為了更準確的預測是否出現雞蛋糕味。

STEP 5 銀皮脫落，累積能量

溫度：170～180°C

時間：12分39秒

狀態：豆子顏色從核桃褐色→淺咖啡色，此時飄出酸香氣，轉成堅果味。

★注意：當溫度超過180°C，在181～183°C之間時，關火1分鐘，為了累積為整體能量，也為了引發一爆之前做準備。

15分10秒

STEP 6　一爆前準備

溫度：190°C

時間：15分10秒

狀態：豆子顏色從淺咖啡 →咖啡色，豆子開始漸漸膨脹，從零星的爆裂聲逐漸轉為密集。溫度慢慢升高，手心開始感受到熱度，同時發出爆裂聲音。這時要注意手撥動的頻率，依然要一致，此時飄出糖炒栗子和烤地瓜味。

STEP 7　一爆初期，密集階段

溫度：193°C

時間：15分30秒

狀態：豆子顏色從淺咖啡→咖啡色，開始膨脹快速，爆裂聲轉為密集。這時要注意手撥動的頻率，依然要一致，此時飄出糖炒栗子和烤地瓜味，此階段為淺烘焙。

★注意：此階段與前 一階段只差了2°C，主要是聽爆裂聲變大變密集。

17分0秒

STEP 8　一爆密集

溫度：200°C

時間：17分0秒

狀態：豆子顏色呈咖啡色，此時飄出糖炒栗子和烤地瓜味。用陶鍋炒豆比較常把咖啡豆炒到一爆密集，此階段為中度烘焙。

STEP 9　完成下豆

溫度：210°C

時間：18分30秒

狀態：豆色呈酒紅咖啡色，爆聲平緩，味道為烤地瓜味、炒栗子味、甜感堅果味。

去銀皮

STEP 10　冷卻，去銀皮

炒豆完成，盡快倒入左手邊備用的竹簍中。

STEP 11　冷卻，挑除瑕疵豆

利用風扇或自然風，快速的翻動竹簍，將脫落的銀皮去除。銀皮（Silver Skin），是指在羊皮紙內部還有一層更薄的薄膜包裹著咖啡豆。由於顏色富有光澤，而且泛著亮亮的銀色，稱之為「銀皮」。

STEP 12 成品

完成陶鍋炒豆。

3

炒好後的挑豆

判斷各種炒焙 不良咖啡豆狀態

我們將咖啡豆炒完後，會出現：烘焙時間過長的咖啡豆、未上色的瑕疵豆、未熟豆、微焦豆、燒焦豆、出油豆等七種不良的咖啡豆狀態，主要會影響一杯咖啡風味的完整性，所以炒焙後要先挑除。

炒焙時間過長的咖啡豆（Baked Coffee）

當咖啡豆加熱時間太長而未達到一爆時，就會發生此種缺陷，妳可能曾經聽說它被稱為「烘焙」咖啡。不幸的是，這種烘焙缺陷是看不見的。它的風味平淡無奇，幾乎沒有甜味，味道像是生花生米或是麵茶味。

如果因為害怕炒到燒焦，所以用非常小的火力來炒咖啡豆，會造成咖啡豆炒熟了，上色也均勻，但是磨出來的咖啡粉末，聞起來只有堅果味或米香的味道，而且沖煮出來的咖啡混濁不透亮，喝起來的風味顯得貧乏，有無糖豆漿的豆渣味，或者只有一個風味，口感偏向單調。

初次體驗陶鍋炒咖啡豆時，經常遇到的問題是忘了按下計時器，所以無法正確計算時間。必須在出現微酸香氣時調整瓦斯爐開關，以提高火力來增加應有的層次風味。第一次炒咖啡豆時，會將注意力集中在手炒的速度及手勢，忘記注意風味的變化，因此錯過掌握咖啡風味的極佳時刻 。

未上色的瑕疵豆（Quakers）

未成熟的咖啡豆，在手工分揀和生豆檢查期間很難識別。它們通常是由惡劣的土壤條件造成的，因而限制了糖和澱粉的吸收而影響發育。從技術上講，這不是炒咖啡豆的缺陷，而是咖啡生豆先天就沒有成熟，但通常在炒完咖啡豆後才能發現。 如果不取出來，在咖啡測試中會帶有紙質味和穀物味，那是一種令人難以下嚥的味道。

舉例來說，無論是使用機械或是陶鍋炒焙咖啡，都會出現上色不完全的情形。未上色的瑕疵豆，要在完成整個烘焙過程後，才能在一大批的咖啡豆中明顯地被看見。

實際上，炒咖啡豆的過程中，面對未上色的咖啡豆是一門重要的課題，因為當我們在挑選生豆時，很難仔細挑出瑕疵豆以及未成熟的咖啡豆，由於色差很細微，肉眼下不容易發現，只能等到炒完咖啡後，把熟豆放在竹簍裡冷卻，未上色的咖啡豆才會顯現出來而被看見。尤其蜜處理及日曬豆最容易出現未上色的烘焙瑕疵豆。

未熟豆（Underdevelopment）

未熟豆並不是整鍋咖啡豆都沒有熟，而是裏面摻著未上色的瑕疵豆、未上色的咖啡豆以及部分有熟的咖啡豆。沒有完全炒熟的咖啡豆，除了呈現出淺烘焙、中烘焙和深烘焙的色度之外，還有只炒熟輪廓的情形。以前我經常在185°C時忘記將火力加大，只是讓溫度順利地到達所謂的爆點，即191～193°C，就認為已完成自己想像的有熟咖啡豆。

即使使用正確的溫度炒焙，一旦減少熱量或增加熱量時，不管保持該溫度水平有多長時間，都會影響咖啡的最終風味。要特別注意的是，炒熟的咖啡在185～195°C時一定要將瓦斯爐的火力加大，讓熱能穿越咖啡豆心，才會產生有層次的風味。

那麼在怎樣的情況下會炒出微焦的咖啡豆或有點焦苦味的咖啡豆？炒豆子的過程有時因為太過於急躁，急於達到一爆的階段，就容易炒出微焦的咖啡豆，也就是豆心沒有熟透的情形。

微焦豆（Overdevelopment）

微焦豆是指炒出來的豆子，雖然有點焦，但不是失敗品。就好像烤土司時，外表不小心烤焦了，但裡面是熟的，只要用麵包刀刮除微焦的部分就能食用，相同地，只要把部分燒焦的豆子挑掉就可以使用了。這時候的咖啡豆狀態雖然是超出預期的烘焙程度，但不至於毀掉一鍋咖啡。一般是因為雙手炒豆亂了節奏，失去規律性而炒出微焦豆。

第二種容易發生微焦豆的情形，是大約在185°C加大火催熟階段，忘了慢慢降火，讓溫度緩緩上升而漸漸出現焦糖香氣，有點接近糖炒栗子或是烤地瓜的甜香風味。

燒焦豆（Scorching）

將咖啡豆炒得比預期的深色是一個錯誤，這就是燒焦豆，很多專業的烘豆者都不喜歡這樣的烘焙結局。豆子看起來很油膩，有時甚至接近黑色。沖泡飲用時，會留下燒焦和苦澀味，以及帶有煙燻或煤炭的味道。質量較輕與未上色的咖啡豆，因為火力過猛，攪拌速度跟不上陶鍋升溫的節奏，因此容易產生燒焦豆。

出油豆（Tipps）

出油的咖啡豆，通常是因為火力過猛的關係，未能掌握到炒焙奧義，即規律性和穩定度。有時因為想盡快完成炒焙的過程，忘記等待是為了堅持品質的重要關鍵。一般來說，出油豆有以下兩種常見的狀況 ，一種是豆子邊緣出現油點，另一種是上色不均勻，咖啡豆的正面與背面呈現出油的狀態。

4
成品保存方式

炒好的咖啡豆必須等待冷卻後，再放入保存罐中，並貼上「熟豆紀錄卡」。放置於乾燥涼爽的地方保存，並於三十天期限內使用完畢。

重點 1　隔絕空氣

家庭中最佳的保存方式，是使用單向透氣筏密封袋或密封罐。由於每一次打開袋子，咖啡豆的味道就會散失一些，如果密封程度不佳，更有可能讓咖啡豆加速變質，所以盡可能找到咖啡豆專用的密封罐或袋子。

重點 2　避免陽光直射（存放在陰涼處）

陽光直射咖啡豆，會加速咖啡豆的老化及風味的流失，記得放在通風的陰涼處。因為台灣是亞熱帶氣候，陽光充足，一定要找到陰涼地方存放。

重點 3　切記不要放在冰箱

一般人都認為冰箱最能保鮮食物及咖啡。

許多婆婆媽媽們常以為冰箱萬能，食物只要在冰箱裡，放上幾年都不用擔心變質腐敗。事實上，低溫雖然能夠延緩微生物生長，讓食物保鮮更久，但是，把食物丟進冰箱並非一勞永逸的保存方式，錯誤使用冰箱保存食物，更可能引起食物中毒。

如果冰箱裡堆滿食物而產生「冰箱味」，再將咖啡豆放入冰箱內保存，頓時咖啡豆就成為最佳除味劑，而且咖啡豆在那一刻開始已經無法回到原來的樣子了。

CHAPTER 7

陶鍋炒豆 成果沖泡教學

萃取咖啡，是利用熱水沖煮已經炒焙和磨碎的咖啡粉，從中萃取出芳香物質和其他成分。沖煮咖啡時，數百種化合物會從咖啡粉裡溶解到水中，成為我們日常喝的咖啡。

從咖啡粉裡萃取的化合物，會直接影響咖啡的風味和香氣。水溶性化合物包括：咖啡因（苦味）、綠原酸（其中一些會產生酸味或甜味）、脂質（粘度）、多糖（甜度）、碳水化合物（苦味）。

沖泡秘訣

悶蒸時，會讓咖啡粉膨脹鼓起約 2 倍高。

「悶蒸」的步驟不可少

沖煮出一杯美味的咖啡，悶蒸步驟不可少。所謂「悶蒸」，是先將少量（約20cc）的熱開水輕輕注入咖啡粉中，使咖啡粉（1杯份量約10～12g）浸於熱水中，約20～30秒。此悶蒸動作可使咖啡粉中所含的氣體釋出，更易與熱開水溶合，引出咖啡的芳香物質。

悶蒸過程中，因為排出咖啡粉中的二氧化碳（CO_2），所以會讓咖啡粉膨脹鼓起約2倍的高度。如果咖啡豆不新鮮，或水溫低於70°C，就不會膨脹鼓起，沖泡出來的味道比較呆板單調。有時候悶蒸的咖啡粉表面會出現孔洞，也是因為咖啡豆不新鮮的緣故，但對風味的影響不大。

沖泡手法

❶ 畫「同心圓」的沖泡手法

悶蒸之後，從咖啡粉的中心點，以畫「同心圓」的手法向外畫圈，逐次沖泡完畢。如果沖泡時間過長，又不以畫同心圓的方式沖泡，將導致咖啡苦澀。

以畫同心圓方式沖泡咖啡。

沖泡咖啡要呈90度

要注意的是，咖啡粉表面與熱水注入的角度需呈「90度」，如果不呈90度，沖泡的咖啡粉不容易呈現甜甜圈狀，熱水也不容易經過咖啡粉，會堵塞萃取通道，咖啡就會變難喝。不建議將熱開水從濾紙邊緣流下，如此無法將咖啡的全部香味引出來。也不要將所有熱開水一次注入完畢，而是配合咖啡液的流出量，注入同量的熱開水，如此才能將全部咖啡粉的香味萃取出來。

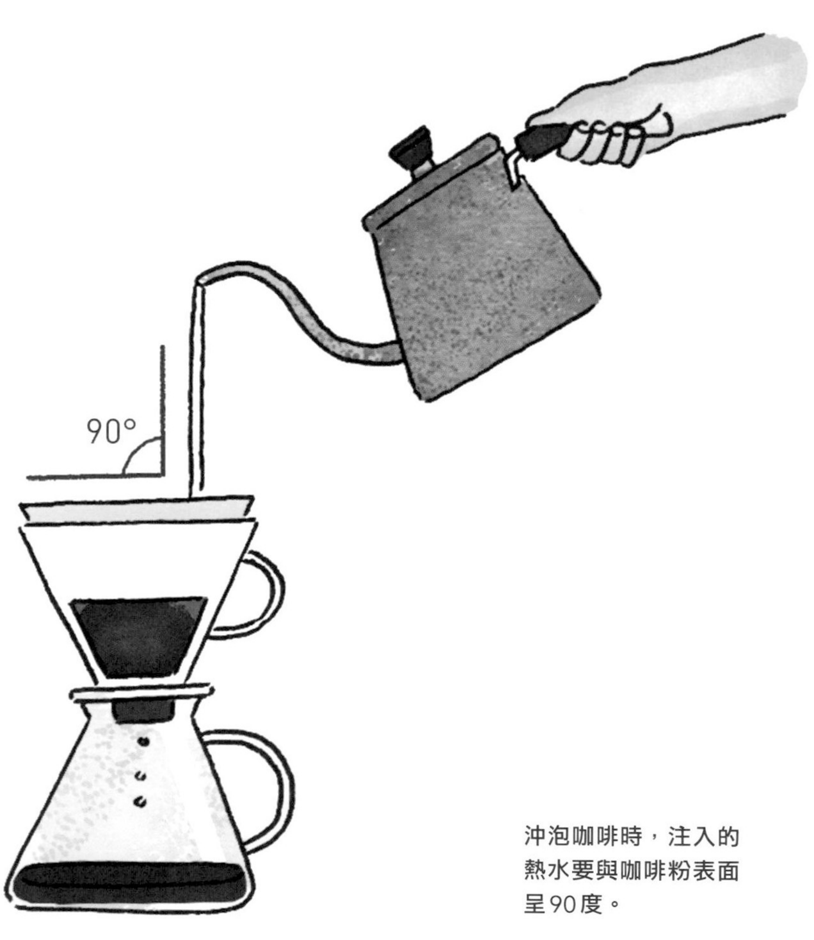

沖泡咖啡時，注入的熱水要與咖啡粉表面呈90度。

1
手沖咖啡
時間、溫度、粉水比
的關係

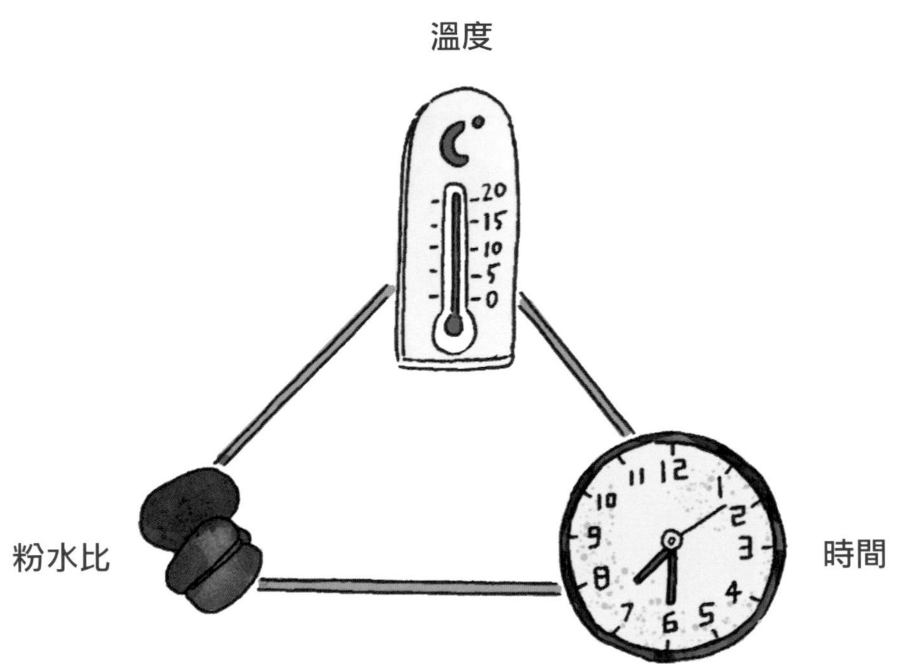

沖泡咖啡時，務必掌握「一變兩不變」的原則。也就是時間、溫度、粉水比這三個變因，在練習過程中只能變動一個，其他兩個必須固定，這樣沖出來的咖啡風味，才能將差異性表現出來。

☞**基本沖煮方式（以不同的粉水比來舉例）：**

- 沖煮單品：衣索比亞水洗西達摩20公克
- 沖煮總時間：1分30秒
- 熱水：87°C
- 粉水比：1：12（240ml）和1：15（300ml）

結論

通常我會以粉和水的比例為1：12為主來沖泡，泡出來的整體風味，是飽滿平衡的水果味。如果以粉水比1：15沖泡，水果香氣明顯，風格特殊，全然像是一壺水果茶的風味，但飽滿度降低不少。手沖咖啡非常適合突顯咖啡的複雜性，並傾向於強調精緻的風味和香氣。

240ml水

粉水比1：12，
風味飽滿平衡。

300ml水

粉水比1：15，
風味飽滿度降低。

自由人

2

沖泡步驟

最佳手沖

步驟示範

器具

- 手沖壺：Kalita 神燈壺 1 只
- 濾杯：HarioV60 1 個
- 咖啡壺：1 只
- 溫度計：1 支
- Hario 電子磅秤：1 個

材料

- 咖啡粉：衣索比亞水洗西達摩 20 公克
- 熱水：87°C、300ml
- 粉水比：1：13
- 沖煮總時間：1 分 15 秒

★**注意：**先將咖啡豆放進磨豆機磨成粉末。細顆粉末，適合義式咖啡、摩卡壺；中度顆粒粉末，適合手沖咖啡、虹吸壺；粗顆粒粉末，適合法式濾壓壺。

STEP 1 秤粉量

秤量中度顆粒粉末20公克。

STEP 2 浸潤濾紙

以95°C熱水沖洗濾紙（去除紙漿味），避免萃取出有濾紙雜味咖啡。

STEP 3 鋪粉

將濾紙放入濾杯裡鋪好。倒入咖啡粉，將咖啡粉中間戳出凹槽。之後再以凹槽為中心點，用畫「同心圓」的手法，慢慢向外畫圈至沖泡完畢。

STEP 4 悶蒸

潤濕粉末→悶蒸時，以畫「同心圓」的手法，向外畫圈至沖泡完畢。

注水45ml，悶蒸25秒。

STEP 5 萃取1——酸味

第一次以畫「同心圓」的手法，向外畫圈至沖泡完畢，注水60ml。

STEP 6　萃取2——甜味

第二次以畫「同心圓」的手法，向外畫圈至沖泡完畢，注水100ml。

STEP 7　萃取3—苦味

第三次以畫「同心圓」的手法，向外畫圈至沖泡完畢，注水80ml。

結論

再次強調咖啡粉表面與熱水注入的角度呈「90度」。不建議將熱開水從濾紙邊緣流下，如此無法將全部咖啡的香味引出來。也不要將所有熱開水一次注入完畢，而是配合咖啡液的流出量，分次注入同量的熱開水，如此才能將全部咖啡的香味呈現出來。沖泡步驟依序是：悶蒸→分三次注水，注意水量控制和同心圓沖泡手法(不需要沖到濾杯外緣)。

TEST 1 為什麼咖啡沖出來酸酸的？

沖煮咖啡時，如果萃取度不足，咖啡容易呈現偏酸的現象。或是沖煮時間過短，咖啡的酸味便開始上升，因此沖出一杯偏酸的咖啡。首先注水第一段會萃取出水果味和酸味，第二段是甜味和平衡感，第三段是苦味。萃取不足的咖啡，不具有平衡感所需要的甜味和微苦味，而且會有酸味。萃取過度則會產生苦味及瑕疵口感。

☞以悶蒸時間太短來舉例

器具

- 手沖壺：Kalita 神燈壺1只
- 濾杯：HarioV60 1個
- 咖啡壺：1只
- 溫度計：1支
- Hario 電子磅秤：1個

材料

- 咖啡粉：衣索比亞西達摩桃可可20公克
- 熱水：87°C、280ml

•**粉水比**：1：12

•**沖煮總時間：1分30秒**

步驟

1 先潤濕粉末→悶蒸時，以畫「同心圓」的手法，向外畫圈至沖泡完畢，注水45ml，悶蒸10秒。

2 第一次以畫「同心圓」的手法，向外畫圈至沖泡完畢，注水 60ml。

3 第二次以畫「同心圓」的手法，向外畫圈至沖泡完畢，注水100ml。

4 第三次以畫「同心圓」的手法，向外畫圈至沖泡完畢，注水75ml。

結論

首先以45ml的熱水悶蒸10秒，有助於二氧化碳排出。第一次注水60ml，萃取較短的酸值；第二次注水100ml，萃取較長的甜味；第三次注水75ml，萃取較短的苦味。所以總沖煮時間太短，萃取時間不足，沖泡出來的酸值偏高。

TEST 2 為何沖出的咖啡苦味較濃？

因為萃取的時間過長了。當咖啡浸泡時間過長，溶出的化合物越多，咖啡複雜度越高，苦味也相對提高了。

☞悶蒸時間太長來舉例

器具

•**手沖壺**：Kalita 神燈壺1只

•**濾杯**：HarioV60 1個

- 咖啡壺：1只
- 溫度計：1支
- Hario 電子磅秤：1個

材料

- 咖啡粉：衣索比亞西達摩桃可可20公克
- 熱水：87°C、280ml
- 粉水比：1：12
- **沖煮總時間：2分10秒**

步驟

1 先潤濕粉末→悶蒸時，以畫「同心圓」的手法，向外畫圈至沖泡完畢，注水45ml，悶蒸10秒。

2 第一次以畫「同心圓」的手法，向外畫圈至沖泡完畢，注水 60ml。

3 第二次以畫「同心圓」的手法，向外畫圈至沖泡完畢，注水100ml。

4 第三次以畫「同心圓」的手法，向外畫圈至沖泡完畢，注水75ml。

結論

總沖煮時間太長，萃取時間過長，所以沖泡出來的雜味過多，喝起來也較苦。

3 練習品嚐咖啡的風味

由於每個人的生活經驗不同，所以對咖啡的風味感受與形容也不一樣，例如有些人吃過的水果種類有限，就無法聯想更多的水果風味。只要多嘗試各類食物，得到的咖啡品飲感受一定會更加豐富。至少先學會以下咖啡品嚐的專有名詞，有助於精確的表達感受，與朋友分享喝咖啡的樂趣。

酸度（acidity）

喝咖啡時，舌頭兩側感受到的酸味。和檸檬汁那種酸不一樣，而是類似蘋果的酸香，這是由咖啡裡的綠原酸所展現出來的韻味，又被稱為明亮度（brightness）。蘋果酸度是咖啡很重要的一個特質，不帶點酸度的咖啡沒有韻味。

香氣（aroma）

咖啡沖煮後的香味，在鼻腔裡感受的味道，會比舌頭能感受到的更為豐富而多樣化。咖啡沖煮後產生香氣的形容詞，常見的有果香、花香、莓果香、煙燻烤地瓜、堅果、爆米花等。

厚實感（body）

咖啡在口中的厚實感，在日常生活中要如何體驗？可以到超商購賣全脂牛奶、低脂牛奶、脫脂牛奶，分別倒入小試飲杯裡品嚐比較，有些像水一樣的清爽感，有些像絲絨般的滑順感，有些是明顯的澀感，藉由舌頭的繞動更能明顯感受。

尾韻(aftertaste)

咖啡喝下去後，在嘴巴裡與喉頭殘留的味道就稱為尾韻。最常見的有堅果、巧克力、焦糖的味道，有些是莓果、芒果等水果的味道。

平衡感(balance)

是指咖啡整體味道的評價。品質好、表現性佳的咖啡豆，味道均衡、有層次，並且香氣柔和。而品質較差、特色不明顯的咖啡豆，通常只呈現單一味道。

甘醇(mellow)

酸度適中、平衡感均衡的咖啡就有甘醇的口感。中美洲及南美洲的水洗豆有這樣的特質。

溫潤(mild)

是指咖啡細膩的口感，有如焦糖回甘的風味，如瓜地馬拉、哥倫比亞。

柔和(soft)

低酸度的咖啡具有這項特性，屬於口感溫和，帶點甜味的咖啡，如拉丁美洲咖啡豆。

CHAPTER 8

成為炒豆師的條件

成為玩家級或專業級炒豆師之間的差異，在於玩家自由自在沒有專業的約束，可以更自由的進行炒咖啡實驗，玩久了也會變成專家。而專業級的咖啡師、炒焙師、尋豆獵人有各自的任務要進行，最主要是職業別的差異而已。在成為炒豆師之前，我們可能都是上班族、家庭主婦，或者只是消費者。每天清晨為自己煮一杯咖啡，為一天的開始做準備，這樣的日常對於愛好者來說，是增加風味感受度和描述能力的基本功夫。

可以從日常生活中多留心食物的味道，如葡萄、蘋果、芒果、烤地瓜、核桃、杏仁……等，也需留心花果的香氣，如柑橘類水果的白花香。最直接的方法是多去花市逛逛。

咖啡還是要多喝，不要拒絕任何一次可以嘗試的機會。常常與人討論風味上的描述和看法，並且寫下來，也是一個好辦法。我的經驗是加上拍照、寫筆記、錄影來提醒自己，要經常記錄每一次的工作心得。

炒豆前的味覺訓練

位處亞熱帶的台灣一直都是「水果王國」，這些水果的風味都可以在咖啡裡找到對應。例如草莓、芒果、李子、洛神花、百香果、木瓜、哈密瓜、香蕉、芒果、火龍果、蘋果、山楂、橘子、桂圓、葡萄、荔枝、龍眼。水果及食物的記憶可以慢慢從生活中累積起來，每一個食物風味會在大腦裡保留記憶區塊。例如喝咖啡的過程中，就能直接將記憶中的檸檬和柚子味道差異說出來，用這種方法開始品嚐咖啡就是最好的訓練。另外，還需要加強熟悉基本風味的自主訓練，如甜、酸、苦、鹹和鮮味，可以透過以下方法加強自我練習。

獨立自主的味覺練習法

- **甜味（Sweet）**：冷水1000ml+蔗糖24克→用舌尖去感受
- **酸味（Sour）**：冷水1000ml+檸檬酸1.2克→用舌頭前端兩側去感受
- **鹹味（Salty）**：冷水1000ml+鹽4克→用舌根前方兩側去感受

- **苦味(Bitter):**冷水1000ml+咖啡因0.54克→用舌根去感受
- **鮮味(Umami):**冷水1000ml+味精2克→用舌面中心去感受

成為炒豆師的注意事項

任何人都可以成為炒豆師，不需要考試和證照，只要不斷的進取學習，並且保持熱情與追求新知的好奇心即可。炒咖啡是一種技藝，也是一種生活態度，與有經驗的炒豆師多分享交流，充實咖啡相關的知識與常識，並提升沖煮咖啡的技巧、炒咖啡的技巧以及杯測能力，就能漸漸地往炒豆師方向前進。

要到甚麼程度才能當炒豆師？先決條件要喜歡咖啡，對於咖啡品嚐有基本的認知。認知是指對品嚐咖啡的風味描述和炒咖啡豆的過程有初步的了解，味覺判斷也是一項養成關鍵，可以透過在家杯測來增加這些基本常識。

◐ 咖啡生豆和熟豆的基本辨別法

☞**生豆的視覺與嗅覺：**練習認識咖啡生豆，辨別咖啡的品種，如阿拉比卡品項應該是我們比較常見的，不同國家生產的阿拉比卡豆，其特徵和色澤也不一樣。

- **亞洲豆：**蘇門答臘。豆形貌似貝殼微凹，豆身長，豆子中心線普遍夾著銀皮，顏色深綠，聞起來有濃濃的下過雨的青草味。
- **非洲豆：**衣索比亞。豆身外型頭尖尾尖，豆子中心線呈現S型，外型貌似柳葉狀，顏色綠裡帶灰，聞起來有點水果味。
- **中南美洲：**巴西、瓜地馬拉。豆形有點橢圓平面，中心線彎曲，豆子中等大小，顏色淡綠，聞起來生豆味道不濃郁。

☞**熟豆的嗅覺與味覺：**藉由「磨」、「聞」、「喝」，從咖啡的乾香氣來感受嗅覺與味覺。

- **日曬豆、水洗豆的基本差異：**日曬豆普遍會有發酵味 。
- **亞洲豆：**產於蘇門達臘，帶有草味、甘草味、煙燻味。
- **非洲豆：**產於衣索比亞、肯亞，帶有花香、香草、煙燻、烏梅的味道，奔放狂野。
- **中南美洲豆：**產於瓜地馬拉、巴西，味道輕盈，呈現堅果的調性。

☞**觸覺**：購買生豆時，藉由觸摸與嗅聞來辨別咖啡豆的差異性。豆子的大小、型體，可以用手掌抓起來的觸覺，去感受它們之間的差異性。

咖啡炒焙後，各烘焙程度所代表的意義

淺烘焙度→口感稍微強烈酸值，甜感佳，層次豐富。

淺中烘焙→口感酸值平衡，甜感較強，層次多樣。

中度烘焙→口感甜感強烈，酸值較低，整體平衡。

中深度烘焙→口感甘甜厚實，煙燻味較強。

中深度烘焙轉深→口感甘甜厚實，呈現煙燻味、可可味、堅果味的調性。

深度烘焙→口感甘甜厚實，呈現煙燻味、可可味、堅果味的調性。

炒豆前的預備

☞沒有打擾

炒咖啡分心，是一個非常重大的損失。因為那是一個寧靜的時刻，專屬於你個人的時刻，也是開始與自己說話的沉澱時刻。以往的經驗是，前一天準時下班休息睡覺，保持精神飽滿，隔天早晨喝一杯溫開水，為自己煮杯咖啡，準備好開始炒咖啡心情。炒咖啡的前置工作是先檢查器具，包括抹布、鍋鏟和瓦斯。而且炒咖啡的過程中不播放音樂，盡量減少噪音干擾。

☞禁止吸煙

吸菸會影響炒豆師對於風味的判斷能力。我們的鼻口是相通的，吸菸時，尼古丁會暫時讓舌頭麻痺，影響我們對於味覺的判斷，鼻腔也會吸附菸的焦油而引導做出錯誤的判斷。

☞不噴香水、古龍水，起床盥洗後

味覺方面是影響風味判斷的重點。一般在工作時，手上不會抹護手霜，身上不會噴香水及古龍水，因為那些外加的香氣，與炒焙咖啡時的風味相互重疊，會影響工作時對於咖啡風味的判斷。

☞無體臭，注意身體清潔

個人清潔度，對於專業咖啡師尤其重要。炒咖啡豆也是食品相關行業，衛生清潔是基本條件，必需洗手、清潔、消毒、戴口罩。炒豆時因為有煙塵，為了長期身體健康，一定要戴口罩。

☞炒豆前一天不要熬夜

一般在醒後2～3小時進行炒豆工作最好。前一天熬夜、喝酒或看電視、睡眠時間過短會影響精神狀態，在精神狀況不集中的情況下容易分神，會毀掉一鍋咖啡的風味，就像是精神不濟開車上路，相當危險。

☞飯後不要立即去炒豆

飯後，因為身上、口腔與鼻腔裡還殘留各種食物的香氣，特別是刺激性的洋蔥、辣椒、蒜頭等香料要避免，最好立即漱口或清潔臉部與手部，再開始炒豆。

☞刷牙或漱口後不可立即杯測

牙膏及漱口水的薄荷味，會暫時讓舌頭的味覺模糊不清。

☞在準備炒咖啡期間，禁止使用鼻腔薄荷條或吃口香糖

口香糖及薄荷鼻條的味道，會混淆鼻腔與口腔的交互味覺感受。

☞杯測與炒豆期間不說話，不互相影響工作夥伴

主動集中您的感官。

☞積極爭取從一個杯測到下一個杯測的一致性

在家杯測的基本常識

在家杯測是為了選出自己喜歡的咖啡，也能培養風味的認知度。杯測也是沖泡咖啡的一種方式（浸泡法），當我們不想動用任何手沖咖啡的器具時，就可以將杯測應用於日常生活中。

一般進行杯測訓練，家中需準備一至二周的咖啡庫存量，基本上是2磅咖啡，大約900公克，也就是一周可以炒出兩款咖啡的分量，依我個人經驗其實不只兩款，或許可以炒三至四款，因為經過多次練習後，會想要多嘗試幾種不同國家的咖啡，此刻杯測就更加需要了。

杯測步驟

☞材料清單

- **熱水**：93°C、大壺水2000ml
- **研磨機**：1台
- **杯子**：5～6盎司（150ml）
- **咖啡豆**：8.5克
- **磅秤**：1台
- **杯測匙**：1支
- **標籤紙**：1張
- **紙鉛筆**：1支
- **計時器**：1個
- **紙杯**：1個

☞步驟1：專業杯測法

1 準備咖啡豆8.5克。

2 15分鐘內研磨好咖啡豆（評估香氣）。

3 將標準125～175ppm TDS的熱水（93.33°C），倒入150ml的杯子中至滿杯。

4 浸泡3～5分鐘。

7

5-6

8

5 破渣、攪拌3次（評估香氣）。

6 撈起咖啡渣。

7 等待咖啡降溫到70°C。

8 啜飲、品嚐、記錄，重複記錄咖啡，冷卻至20°C。

☞**步驟2：應用於日常生活中的杯測法**

1 準備咖啡豆12克。

2 將240ml的熱水（93.33°C），倒入馬克杯中。

3 浸泡4分鐘。

4 攪拌，撈起表面咖啡渣。

5 準備一個小濾網，放置在馬克杯上，透過小濾網過濾多餘的咖啡渣。

6 開始品嚐咖啡。

★品嚐重點：主要是方便，一樣可以嚐到咖啡的好味道，各國咖啡的風味如實呈現。

家用平底鍋炒豆

CHAPTER 9

平底鍋是每個家庭容易取得的用具，如果家裡找不到陶鍋，用平底鍋炒咖啡豆也是一個好方法。不過要注意的是，大部分的平底鍋是薄底，因為鐵的導熱速度快，可以很快速得炒完一鍋咖啡，但也是因為溫度上升迅速的優點，相對容易變成缺點，造成攪拌速度過慢，使咖啡豆還未炒熟就已經有一部分變成焦黑了。對於剛開始練習炒豆的人來說，用平底鍋炒豆更需要專注力。

平底鍋材質有影響？其實沒有特定的規範，只要家中使用的一般平底鍋即可，大小沒有硬性的規定，倒是要注意火源加熱的過程，切勿升溫過快，否則雙手攪拌的速度會跟不上升溫速率。

用平底鍋炒咖啡豆，咖啡豆的品質會有影響？只有在風味上的表現會有差異性。也可以自由的決定用哪一種器具來炒咖啡，例如手網、鑄鐵鍋、陶壺。炒豆過程味道的變化大致相同，從最初到最後的風味依序是：青草味→烤麵包味→酸香氣→堅果味、焦糖味→糖炒栗子味、烤地瓜味。平底鍋炒豆的味道，與陶鍋炒豆一樣是重要的參考因素。

平底鍋炒豆的風味特性

「用平底鍋炒豆時，
每3～4分鐘會有一個顏色轉化的過程，
炒出來咖啡豆風味普遍保留較強的煙燻感，酸值較低。
而用陶鍋炒的咖啡豆風味比較溫和、酸值較高。」

☞**顏色變化：**淺綠色→深綠色→黃點色→核桃褐色→淺咖啡色→咖啡色。

☞**味道變化：**青草味→烤麵包味→酸香氣味→堅果味、焦糖味→糖炒栗子味、烤地瓜味。

平底鍋炒豆法

☞**材料**

- 咖啡生豆：500公克
- 瓦斯爐：1只（卡式爐也可以）
- 木鏟：1支（45公分）
- 紅外線溫度槍：1支

☞**注意事項（掌握好這三個原則，可以確保炒豆的穩定度）**

1 每次炒咖啡都要使用紅外線溫度槍測量溫度並且記錄。

2 時間也要掌握在19～21分鐘以內完成全部的炒咖啡過程。

3 以八字炒法（∞）規律性的翻炒。

☞**步驟（觀察顏色與風味的變化）**

- 0**分鐘**、0～100°C：淺綠→深綠。15分鐘前的咖啡不會拿來飲用品嘗。
- 5**分鐘**、130°C：深綠→黃點，飄出青草味。
- 8**分鐘**、155°C：黃點→核桃褐色，飄出烤麵包味。
- 18**分鐘**、180°C：核桃褐色→淺咖啡酸香氣，飄出堅果味。
- 19**分鐘**、185°C：淺咖啡色，飄出堅果味。
- 20**分鐘**、190°C：淺咖啡色→咖啡色。
- 21**分鐘**、195°C：淺咖啡色→咖啡色，飄出糖炒栗子味、烤地瓜味後，關火。此階段為淺烘焙度，口感稍微偏強烈的酸值、甜感佳、層次豐富。
- 22**分鐘**、200°C：咖啡色→糖炒栗子，飄出烤地瓜味。
- 22**分**30**秒**、203°C：咖啡色。

結論

發揮豆子本身的特性需注意火力，控制在150～155°C時，關火2分鐘。計時2分鐘後再開火，讓溫度保持平均上升。170～180°C時，關火1分鐘。在185～195°C之間，再加一次火。這次加火的步驟是一個關鍵，為了讓咖啡豆有足夠能量往下一個階段前進，即進入一爆階段。（另一個目的是為了讓咖啡豆有足夠時間焦糖化，如此炒完的咖啡會更有層次感。）

附錄1 炒焙記錄表

炒焙記錄表，是為了記錄每次炒咖啡的時間與溫度對應的關係。記錄每分鐘咖啡豆表顯示的溫度，藉由溫差可以檢視攪拌的規律性以及控制火力的方法。

■**日期**：炒豆的日期，標註年月日。

■**編號**：一般指的是炒焙的批次（可以自行編碼）。

■**豆子品項**：是生豆的產地和品名。

■**入豆量**：是指當次炒豆的生豆重量。

■**出豆量**：是指炒焙完畢的熟豆重量。

■**失重比**：一般咖啡生豆含水率10 ～12%，炒咖啡豆過程中會將水分蒸發掉，失重率會控制在12 ～15%，炒咖啡豆時間過長也會提高失重比。例如：入豆重量1000 公克，出豆重量870 公克，所以失重為130 公克。其失重率為：（130÷1000）×100%=13%。

■**含水量**：基本上咖啡生豆的含水率約10～12%。

■**密度**：是指咖啡豆密度。基本上可以使用水分密度測量儀，一般推斷海拔較高的咖啡密度比較高。

■**濕度**：測量室內的濕度。

■**室溫**：測量烘焙室內的氣溫。

■**氣候**：晴天、雨天或陰天。雨天濕氣高，非必要，雨天不炒焙。

■**氣壓**：一般在平地為一大氣壓，所以在低氣壓的數值下，火力可以稍微調整大一些。

■**時間**：炒豆的每分鐘時段。

■**一爆初、二爆初**：將一爆時間、二爆時間點紀錄下來，有助於火力大小的判斷與控制。如果同一批次豆子一爆時間點相近，代表火力控制正確。

■**出爐**：是指下豆點，即炒咖啡結束的時間。

■**進豆溫**：紀錄常溫下的生豆起始溫度。

■**溫度**：紀錄炒焙過程中，每分鐘豆表的溫度。

■**火力**：是指各分鐘區間，使用火力的大小。

■**備忘錄**：紀錄採收的季節，或生豆的狀態、味道、色澤和形狀。

炒焙記錄表

（每爐最大烘培量2.5KG）

日期			
編號			
豆子品項			
入豆重（Kg）		密度	
出豆重（Kg）		濕度	
失重比（%）		室溫	
含水量		氣候	
		氣壓	

紀錄對應時間點

時間（分）	1	2	3	4	5	6	7	8	9	10	11	12	13	14	15	16	17	18	19	20	21	22	23	24	25
一爆初																									
二爆初																									
出爐																									
進豆溫																									
溫度																									
火力																									

備忘錄

附錄2 生豆紀錄卡

生豆紀錄卡，主要是為了保存樣品生豆，做為下一批同種咖啡生豆狀態的比較參考。基本上會寫上烘焙過的日期，將以下資料填入表格內，方便記得咖啡豆的條件，有助於觀察風味的變化，以及提醒在保存期限300天內使用完畢。

■**年月日**：是指炒豆日期。

■**產區**：如Ethiopia Oromia Region Sidama（衣索比亞 西達摩）。

■**品種**：如Heirloom（阿拉比卡 原生種）。

■**莊園名稱**：Ethiopia。

■**備註Note**：記錄風味、瑕疵率、豆子特徵、賞味期限。

■**處理法** ：如Natural（日曬）。

生豆紀錄卡	年　月　日
產區	
品種	
莊園名稱	備註Note
處理法	

生豆紀錄保存(罐子裡裝的是生豆紀錄卡)

樣品豆烘焙機

附錄3 本書參考資料

《15至18世紀的物質文明、經濟和資本主義（卷一）日常生活的結構：可能與不可能》

p40～47
https://varieties.worldcoffeeresearch.org/

p20、p21
https://www.baristahustle.com/

p07
https://perfectdailygrind.com

p124～127
https://www.cafeimports.com/europe

飲食區Food&Wine　013

陶鍋炒豆學

烘豆無法取代的咖啡風味

作　者　潘佳霖
責任編輯　梁淑玲
攝影　吳金石
美術設計　TODAY STUDIO
插畫　rabbit44
感謝贈品贊助　憩陶 CHI TAO

出版總監　黃文慧
副總編　梁淑玲、林麗文
主編　蕭歆儀、黃佳燕、賴秉薇
行銷總監　祝子慧
行銷企劃　林彥伶、朱妍靜
印務　黃禮賢、李孟儒

社長　郭重興
發行人兼出版總監　曾大福

出版　幸福文化／遠足文化事業股份有限公司
地址　231新北市新店區民權路108-1號8樓
粉絲團　Happyhappybooks
電話　(02)2218-1417
傳真　(02)2218-8057

發行　遠足文化事業股份有限公司
地址　231新北市新店區民權路108-2號9樓
電話　(02)2218-1417
傳真　(02)2218-8057
電郵　service@bookrep.com.tw
郵撥帳號　19504465
客服專線　0800-221-029
網址　www.bookrep.com.tw

印刷　通南彩色印刷有限公司
電話　(02)2221-3532
法律顧問　華洋法律事務所 蘇文生律師
初版一刷　2020年6月
定價　399元

國家圖書館出版品預行編目(CIP)資料

陶鍋炒豆學：烘豆無法取代的咖啡風味／潘佳霖著. -- 初版. -- 新北市：幸福文化，遠足文化，2020.06
160面；17×23公分. --（飲食區Food&wine；13）
ISBN 987-957-8683-94-5（平裝）1.咖啡

427.42　　109005032

請沿虛線剪下，黏貼好後，直接投入郵筒寄回

廣　告　回　信
臺灣北區郵政管理局登記證
第 1 4 4 3 7 號

請直接投郵，郵資由本公司負擔

讀者回函

23141
新北市新店區民權路108-1號8樓
遠足文化事業股份有限公司　收

幸·福·文·化

書名　陶鍋炒豆學

書號　0HFW0013

讀者回函卡

感謝您購買本公司出版的書籍，您的建議就是幸福文化前進的原動力。請撥冗填寫此卡，我們將不定期提供您最新的出版訊息與優惠活動。您的支持與鼓勵，將使我們更加努力製作出更好的作品。

讀者資料

●**姓名：**＿＿＿＿＿＿＿＿ ●**性別：**□男　□女　●**出生年月日：**民國＿＿年＿＿月＿＿日

●**Email：**＿＿＿＿＿＿＿＿＿＿＿＿＿＿＿＿

●**地址：**□□□□□＿＿＿＿＿＿＿＿＿＿＿＿＿＿＿＿

●**電話：**＿＿＿＿＿＿＿＿ ●**手機：**＿＿＿＿＿＿＿＿ ●**傳真：**＿＿＿＿＿＿＿＿

●**職業：**□學生　□生產/製造　□金融/商業　□傳播/廣告　□軍警/公務員　□教育/文化
□旅遊/運輸　□醫療/保健　□仲介/服務□自由/家管　□其他

購書資料

1. 您如何購買本書？□一般書店（　　　縣市　　　　書店）
□網路書店（　　　　　書店）　□量販店　□郵購　□其他

2. 您從何處知道本書？□一般書店　□網路書店（　　　　書店）　□量販店
□報紙　□廣播　□電視　□朋友介紹　□其他＿＿＿＿＿＿

3. 您通常以何種方式購書？（可複選）
□逛書店　□逛量販店　□網路　□郵購　□信用卡傳真
□其他＿＿＿＿＿＿

4. 您購買本書的原因？□喜歡作者　□對內容感興趣　□工作需要　□其他＿＿＿＿＿＿

5. 您對本書的評價：（請填代號，1. 非常滿意　2. 滿意　3. 尚可　4. 待改進）
□定價　□內容　□版面編排　□印刷　□整體評價

6. 您的閱讀習慣：
□生活風格　□休閒娛樂　□健康醫療　□美容造型　□兩性　□文史哲　□藝術
□百科　□圖鑑　□其他＿＿＿＿＿＿＿＿

7. 您對本書或本公司的建議：

＿＿＿＿＿＿＿＿＿＿＿＿＿＿＿＿＿＿＿＿

＿＿＿＿＿＿＿＿＿＿＿＿＿＿＿＿＿＿＿＿

＿＿＿＿＿＿＿＿＿＿＿＿＿＿＿＿＿＿＿＿

＿＿＿＿＿＿＿＿＿＿＿＿＿＿＿＿＿＿＿＿

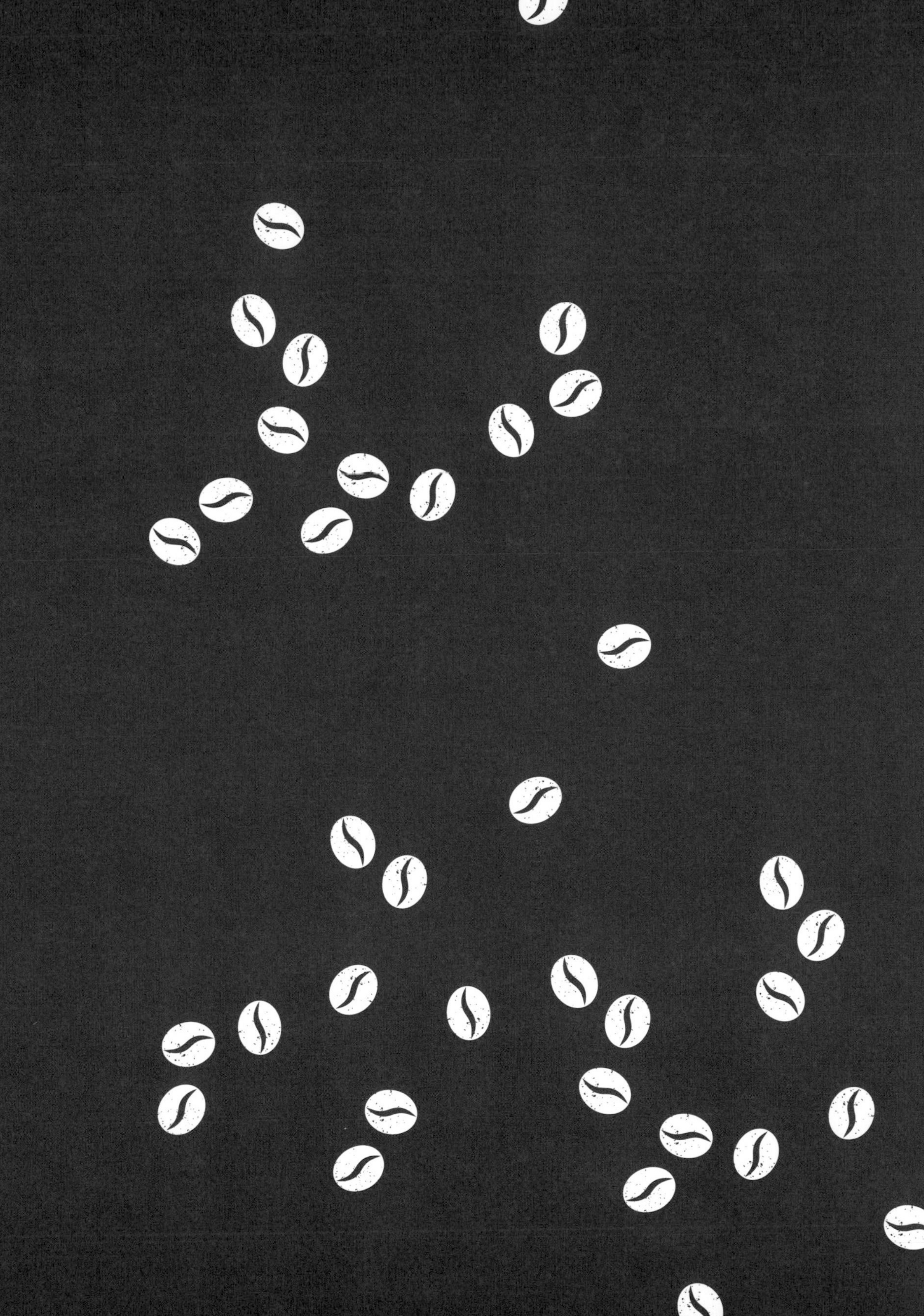

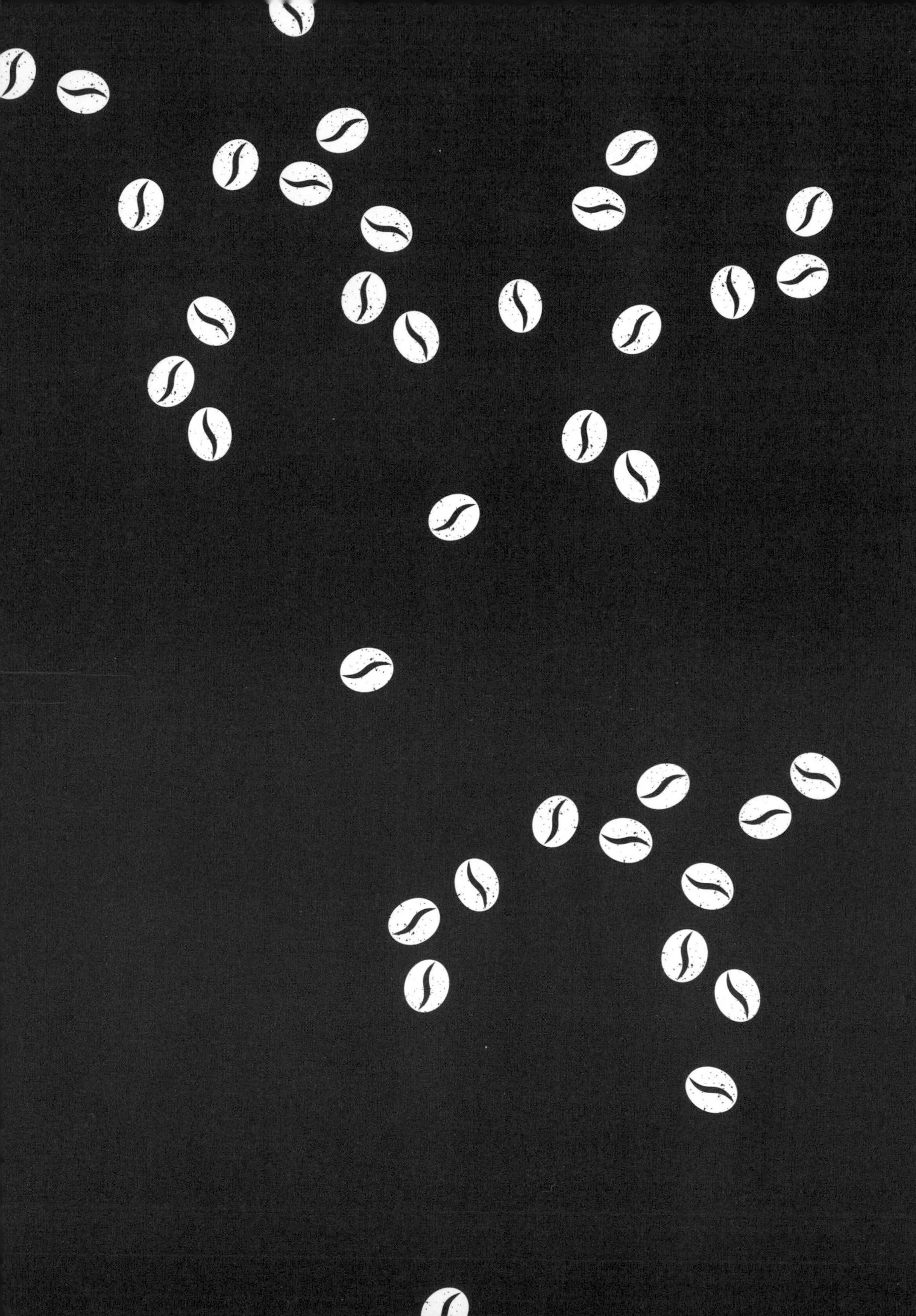

噓，木頭人

Can we Stop?

晨羽

暖淚系
青春愛情天

出・版・緣・起

三百六十度全媒體出版

城邦原創創辦人　何飛鵬

當數位變革浪潮風起雲湧之際，做爲一個紙本出版人，我就開始預想會不會有數位原生內容出版社出現？如果會的話，數位原生出版會以什麼樣貌出現？而我又將如何面對這種數位原生出版行爲？

就在這個時候，我看到了大陸的起點網，這個線上創作平台，聚集了無數的寫手，形成數量龐大的創作內容，無數的素人作家在此找到了夢許之地，也成就了一個創作與閱讀的交流平台，而手機付費閱讀的習慣養成，更讓起點網成爲全世界獨一無二、有生意模式的創作閱讀平台。

基於這樣的想像，我們決定在繁體中文世界打造另一個線上創作平台，這就是POPO原創網誕生的背景。

做爲一個後進者，再加上我們源自紙本出版工作者，因此我們在POPO上增加了許多的新功能，除了必備的創作機制之外，專業編輯的協助必不可少，因此我們保留了實體出版的編輯角色，讓有心成爲專業作家的人，能夠得到編輯的協助，我們會觀察寫作者的內容、進度，選擇有潛力的創作者，給予意見，並在正式收費出版之前，進行最終的包裝，並適當的加入行銷概念，讓讀者能快速認識作者與作品。這就是ＰＯＰＯ原創平台，一個集全素人創作、編輯、公開發行、閱讀、收費與互動的一條龍全數位的價值鏈。

經過這些年的實驗之後，ＰＯＰＯ已成功的培養出一些線上原創作者，也擁有部分對新生事物好奇的讀者，不過我們也看到其中的不足—我們並未提供紙本出版服務。眞實世界中，仍有許多作家用紙寫作，還有更多讀者習慣紙本閱讀，如果我們只提供線上服務，似乎仍有缺憾。

爲此我們決定拼上最後一塊全媒體出版的拼圖，爲創作者再提供紙本出版的服務，讓所有在線上創作的作家、作品，有機會用紙本媒介與讀者溝通，這是ＰＯＰＯ原創紙本出版品的由來。

如果說線上創作是無門檻的出版行爲，而紙本則有門檻的限制，線上世界寫作只要有心，就能上網、就可露出，就有人會閱讀，沒有印刷成本的門檻限制。可是回到紙本，門檻限制依舊在。因此，我們會針對ＰＯＰＯ原創網上適合紙本出版的作品，提供紙本出版的服務，我們無法讓所有線上作品都有線下紙本出版品，但我們開啓一種可能，也讓ＰＯＰＯ原創網完成了「三百六十度全媒體出版」的完整產業及閱讀鏈。

不過我們的紙本出版服務，與線下出版社仍有不同，我們提供了不同規格的紙本出版服務：（一）符合紙本出版規格的大眾出版品，門檻在三千本以上。（二）印刷規格在五百到二千本之間的試驗型出版品。（三）五百本以下，少量的限量出版品。

我們的宗旨是：「替作者圓夢，替讀者服務」，在作者與讀者之間搭起一座無障礙橋梁。

我們的信念是：「一日出版人，終生出版人」、「內容永有、書本不死、只是轉型、只是改變」。

我們更相信：知識是改變一個人、一個組織、一個社會、一個國家的起點。讓想像實現、讓創意露出、讓經驗傳承、讓知識留存。我手寫我思，我手寫我見，我手寫我知，我手寫我創，變成一本本的書，這是人類持續向前的動力。

我們永遠是「讀書花園的園丁」，不論實體或虛擬、線上或線下、紙本或數位，我們永遠在，城邦、ＰＯＰＯ原創永遠是閱讀世界的一顆螺絲釘。

楔子

我有一個人人稱羨的美滿家庭。

但我心中的英雄蝦米，在寄住我家一年之後決定離開。

蝦米在他十七歲生日那一晚消失，辜負我們對他的好，毫無眷戀地離開這個對他而言應該是最溫暖、永遠都不想離開的家。

直到兩年後他回來，與十七歲的我重逢，他看著我的眼神，已不再是當年拋下我們時的冷漠絕情，而是深深的歉疚，以及發現再也無法挽回的沉痛。

「對不起，當初應該帶你一起逃。」

第一章

「賤人。」

我的腦袋像是由成千上萬個抽屜組成。

許多進到我耳裡的話語，都會一字不漏地被收進一個抽屜裡，不隨時光而模糊半分。

我很早以前就記得住很多很多的事。四歲生日時，爸媽因為工作，無暇為我慶生，親口保證明年生日會帶我去兒童樂園玩，但是一年後他們爽約了，我哭鬧不休，爸媽認為我在無理取鬧，早已忘記去年的約定，也不相信自己曾說過那樣的話。

擅長跑步的二哥，某次受不了我的一再要求，終於答應跟我比賽跑步，只是他堅持必須等到三年後再進行。也許誰都聽得出二哥是在敷衍我，我卻還是信了，也記住了。

二哥是在他十一歲那年的七月二十三日答應了我，因此我在三年後的七月二十三日提醒他，要他兌現當時的承諾。

那時已是國中生的二哥冷冷回我：「你眞的很噁心。」

結果他還是沒有跟我比賽。

因為總是記住一般人不會放在心上，也不容易記得的事，從小就有人說我是天才、難得一見的神童，只是日子一久，他們發現這種天賦其實沒太大用處。記得誰在什麼時候說過什麼話，並沒什麼了不起，除了會讓自己不斷失望，也會在不自覺的狀況下得罪了人，經常招惹上麻煩。

「我當時只是隨便講講，你幹麼當眞？不要把我說的每一句話都記住好不好？很恐怖耶！」

「這麼久以前的事誰還會記得？記憶力好了不起喔？你煩死了！」

「都是你跟我媽說我上次月考的分數，她才會知道這次我的數學退步兩分，都是你害我被打，我不要跟你玩了啦！」

曾經被拱得高高的「天才神童」，在一個個朋友的埋怨下，逐漸變成最惹人嫌的對象，從此無人欣羨、無人希罕，甚至有人這麼對我說：

「記性好根本是只對自己有益的才能，對別人一點幫助也沒有。」

若是所謂的天賦無法幫助到誰，反而還害得別人痛苦不堪，那已經不是無不無能的問題，而是一個貨眞價實的瘟神。

◆

「鞦韆來了——」

正在玩耍的幾個小孩發出怪叫後立刻鳥獸散。

百年大榕樹前的寬闊地面上，轉眼間只剩下一堆歪歪斜斜的鞋印，還有一隻小麻雀站在閃閃發亮的陽光裡。

明明我什麼也沒做，那些人看到我卻馬上拔腿就跑，帶頭的小威還邊跑邊繼續朝我喊：「大家快逃，鞦韆要帶烏雲來了，趕快回家收衣服！」

我沒有要帶烏雲來，我只是去買醬油而已。

默默在心中嘀咕了句，我捧著沉重的醬油瓶回家。

媽媽給了我十塊錢讓我去買糖吃，我卻只是坐在客廳把玩著銅板，直到有人從二樓跑下來。

如旋風般的身影一從眼前掠過，我馬上跳起來喊：「二哥，你要去哪裡？」

「打電動。」他一邊穿鞋，一邊踉蹌地用單腳往大門跳去。

「我也要去！」

「不可以，你要是敢跟來，我就揍你喔！」他吼道，鞋子穿好便迅速跑走。

媽媽發現二哥出門，問我：「你二哥又去打電動了？怎麼沒一起去呢？」

「他不讓我跟。」我委屈地回。

「那要不要去找炘瑞玩？」

「她今天要上鋼琴課。」

「喔，對耶，鋼琴比賽快到了。」媽想了想，從圍裙口袋裡掏出一枚銅板，「沒關係，媽媽再給你十元拿去買冰，你不是最喜歡吃邱奶奶家的花生冰嗎？」

我對著桌上的兩枚銅板悶悶不樂，忽然門口傳來聲響，只見一名頭髮凌亂、身著黑背心的男孩，抓著另一名面色惶恐的小男生站在門口。

「蝦米，你爲什麼要這樣抓著小威？」媽媽詫異。

「莙莙阿姨，我帶小威來向鞦韆道歉。」他用力拉小威進屋，氣呼呼地說：「我剛才看到小威在欺負鞦韆，不讓鞦韆跟他們玩！」

「我沒有不讓他跟我們玩！」

「你明明就有！」

「蝦米，先放開他吧，應該是你誤會了，剛才鞦韆是出去幫忙阿姨買醬油，沒有要去玩喔。」媽媽解釋。

蝦米仍瞪著小威，「可是我親眼看見小威帶著大家跑開，還吆喝大家趕快回家收衣服，這樣不就是故意不讓鞦韆一起玩嗎？」

媽媽聽完臉上依舊不見慍容，俯身對小威說：「小威，阿姨相信你沒有惡意，你以前不是常跟鞦韆玩嗎？你們可以好好相處的，對不對？」

蒼白著一張臉的小威，在媽媽的柔聲詢問下溫順點頭。

「小威果然是乖孩子，阿姨請你吃花生冰，你跟鞦韆兩個人一起去吃冰吧。蝦米，你帶他們過去，好嗎？」

「喔，好。」蝦米答應後，不忘再給小威遞過去一記「你下次再試試看」的眼神。

步出家門不久，我依稀聽見一陣微弱的雷聲。

我馬上轉頭望去，後山山頭不知何時竟出現一片小小的烏雲，它躲在陽光照不到的暗處蠢蠢欲動，以極緩慢的速度朝我們前進。

走在前方的蝦米這時冷不防開口：「鞦韆，阿棠咧？」

我微微心驚，匆促回應：「二、二哥去打電動了。」

「那我等等叫我奶奶多裝一碗花生冰，你回去的時候記得拿給他。」

「我也要多一碗！」小威喊。

「休想，你只能吃清冰，而且不可以加料，我還沒打算原諒你！」

蝦米跟我說話的時候始終沒有回頭看我，他對小威的威嚇，讓小威開始不斷向他求情，無暇注意周遭，自然未察覺到那朵烏雲。

本名叫邱夏洺的蝦米，跟二哥是同學，經常跑來找二哥玩。

蝦米的奶奶是他唯一的家人，每年夏天邱奶奶都會製作各種口味的雪花冰來販售。邱奶奶的麥芽糖和花生冰是我的最愛，當沁涼甜膩的花生冰在舌尖上融化，再看到邱奶奶慈祥的笑臉，總能讓我忘記前一秒的不愉快。

這天在蝦米家吃完冰後，邱奶奶多裝了一杯給小威，他開心地捧著花生冰跑回家時，天空依舊陽光普照。

見我惴惴不安地頻往外頭張望，蝦米馬上看穿我的心思，笑著說：「放心，太陽這麼大，不可能會下雨的。」

「但我剛聽見雷聲，也看見了烏雲，明明我去買醬油的時候還沒有的。」

「那只是巧合。我奶奶說，只有神明才能隨心所欲地控制天氣，你又不是神，怎麼可能你一出現就會下雨？」

「可是烏雲眞的在天邊啊！」我焦慮不安。

「哎呀，反正小威沒看見不就好了？要是那些傢伙再欺負你，你就告訴我，我保護你，以後在學校也不分麥芽糖給他們吃了！」他拍胸脯保證。

很久以後，我才明白一件事。那天前往蝦米家的路上，蝦米跟我說話時從沒回頭看我，很有可能是因爲他也聽見了打雷聲，才故意威脅小威，藉此轉移他的注意力，不讓他有機會發現後山的烏雲。

而我就這麼記住了蝦米當時的背影。

連同他對我的承諾，將這段回憶收進名爲一九九一年七月二十一日的抽屜裡。

「著著阿姨，我送藥過來了。」

我的另一個青梅竹馬妡瑞在翌日來到家中。

妡瑞和蝦米一樣，打從出生起就跟我們玩在一起。她比我大一歲，家裡開藥局，她送藥過來給媽媽後，便問媽媽能不能帶我去大榕樹那兒玩。

「當然可以，晚飯前記得回來就好。今天是鞦韆的生日，妡瑞妳也要留下來幫鞦韆慶生喔。」

妡瑞笑了起來，「那是當然的呀，我們會準時回來的。鞦韆，我們走！」

我們手牽手一塊走到大榕樹那裡時，小威他們已經在玩遊戲，妡瑞上前說：「我們也要玩。」

見我出現，小威先抬頭望向萬里無雲的天空，再露出不懷好意的怪笑，正準備揶揄我的時候，二哥和蝦米正好經過。

蝦米目露凶狠地瞪過來，小威立刻機警地閉上嘴。

他們的出現讓我感到雀躍，揮手高喊：「二哥，你們也過來玩嘛！」

「不要，誰想陪你們玩那些幼稚到不行的遊戲？」二哥嫌棄地撇嘴，催促走在他身後的蝦米，「快點走了啦，再不過去，電動機台就要被占走了！」

蝦米臨走前朝小威豎起大拇指，往自己頸前橫劃一線以示威脅，有了他的警告，小威果然乖乖讓我們加入遊戲，但由於我們最晚到，所以必須輪流當鬼。

我們一群人在豔陽下玩起一二三木頭人，負責當鬼的妡瑞一喊出「一二三——」，所有人立即拔腿往榕樹下衝，聽到她喊出「木頭人」後瞬間定住身形。

不帶一絲風的炎炎午後，我的額頭很快滲出汗珠，一顆顆沿著臉龐凝聚在下巴，最後滴落在被太陽晒得發燙的地面。

被汗浸濕的上衣緊緊吸附著我的背，像在啃咬我的皮膚。每到這個時刻，我都覺得這個世界彷彿也跟著靜止，只剩下自己的呼吸與心跳聲在腦中迴盪，我專心注視著大榕樹，以及此時站在樹下，正回頭看向我的妡瑞。

妡瑞知道我最喜歡玩這個遊戲，並且喜歡當木頭人更甚於當鬼，於是輪到我當鬼時，她偶爾會自告奮勇替我當鬼，這次也是如此，她當了兩次鬼，並順利抓到第二個輸掉的木頭人。

「小威，你第一個動，換你當鬼！」

「齁，都是因爲有蚊子停在我臉上啦，而且這次暫停太久，我的汗都流進眼睛裡了！」小威抱怨連連。

「可是鞦韆就完全沒動呀，好像眞的木頭人一樣。」她笑嘻嘻。

「那是因爲他本來就是怪人！」小威冷哼。

我們一直玩到太陽下山才解散，所有人回家吃完晚飯後，接著一窩蜂跑來我家參加我的生日會。

在台中工作的爸爸帶了一大個精緻的生日蛋糕回家，媽媽也準備了各式各樣的點心。大家輪番送上生日禮物時，小威卻拿了一塊還掉著木屑的木頭給我。

「你不是最會當木頭人了嗎？我就送你一塊木頭，這是在我家後面撿到的，是不是超適合你的呀？」小威說完大笑，蝦米聽到立刻發飆，一路追著他追到屋外去。

慶生會結束，我洗完澡從浴室出來，見媽媽獨自坐在客廳揉著肩膀，馬上繞到她身後幫她按摩，「媽媽，這裡又痠了嗎？」

「媽媽剛才已經貼了藥布，不痠了。」她指著桌上今天妡瑞送來的藥袋，而後柔聲問我：「生日會好不好玩？開不開心？」

「很開心。」我注視著她纖細的後頸，「媽媽，謝謝妳今天幫我準備這麼多好吃的東西，也謝謝妳的禮物，我很喜歡。」

她噗哧一聲，「怎麼突然這麼鄭重？像個小大人似的。」

「因爲……我眞的想要謝謝媽媽。」我壓低嗓音，「謝謝妳一直爲我們做這麼多，可以當媽的孩子眞好。」

媽媽愣住了，回頭看我的眼神映著難以置信的愕然。

她轉身擁我入懷，顫抖的雙臂洩漏她此刻的激動，讓我一時有點難以呼吸。

媽媽哽咽回道：「謝謝鞦韆。」

當晚回房整理生日禮物，我的目光不時被小威送的木頭拉去。

旁邊琳琅滿目的精美禮物更加凸顯出這塊木頭的不協調，我拿起木頭左右端詳，思忖這玩意究竟可以用來做什麼的時候，爸爸來到了我的房裡。

他坐到床沿摸摸我的頭，問了跟媽媽一樣的問題：「鞦韆，今天好不好玩？開心嗎？」

「開心。」

「那就好。」他微微一笑，「鞦韆，你剛剛是不是有跟媽媽說了什麼？」

「我謝謝媽媽今天幫我準備好吃的東西，還有禮物。」

「就這樣？」

「……怎麼了？媽媽生氣了嗎？」

「沒有，她非常開心喔，你究竟說了什麼，居然能讓她感動得哭成那樣？」

我沒有作聲。

「呵呵，不好意思說沒關係。爸爸不吵你了，早點睡吧。」

我在爸爸打開房門時叫住了他：「爸，你明天去台中要記得帶傘，不然又下雨的話就糟了。」

一句簡單不過的叮嚀，卻讓爸爸回過頭來，看向我的目光滿是驚訝。

他什麼也沒說，只是注視著我，直到眼眶微紅，才再次莞爾笑道：「好，爸爸會記得，晚安。」

那晚從爸媽的反應中，我發現他們都會因爲我說的那些話而感動，甚至喜極而泣。

九歲生日的這一晚，我把小威送我的木頭擺在書桌上，掛著滿足的笑容進入夢鄉。

當意識逐漸遠去，腦海裡原本開啟的兩個抽屜，同時輕輕關起。

◆

「走開，呆子鞦韆。」二哥的右腳從我後方跨出來，硬是把坐在門口的我擠到另一邊去。

「我不是呆子。」

「你就是，你看，都是因爲你不好好待在家裡，雨才會下得這麼大。」

「才不是，那只是巧合，蝦米也是這麼說的！」

二哥呿一聲，打開雨傘就要往電動玩具店的方向走，正要邁步時，卻被我捉住衣角，「你昨天沒有跟我說生日快樂，也沒有送我生日禮物。」

「你不是有收到一堆禮物？」

「可是你沒送啊，你生日的時候我都有送你。」

他一臉不耐煩，想甩開我卻被我抓得更緊，到後來他生氣地大吼：「你很煩耶！我就是沒有禮物可以送你，你想怎樣啦？」

「那我不要禮物，我要二哥你跟我賽跑。」

他擰眉，「爲什麼？」

「因爲我也想跟二哥比賽一次，如果明天放晴，你就跟我比賽好不好？」

「不好，誰想跟你比賽！」

以往二哥只要厲聲拒絕我，我便不敢再多言，但這次不管他怎麼動手推我打我，我還是不罷休。

二哥最後掙脫了我的手，離去時還氣急敗壞地吼：「你煩死了，等三年後再說啦，你這個呆子矮冬瓜現在想跟我比，還沒那個資格咧！」

「眞的？三年後你就會跟我比賽了？二哥你不可以食言，說好了喔！」我朝拔腿就跑的二哥大聲喊，他的背影迅速消失在滂沱大雨中。

當我開心地跑去廚房時，媽媽問：「阿棠呢？」

「他去打電動。」

「眞是的，明明就要吃飯了，外頭雨這麼大，也不知道他有沒有帶傘。」

「有，二哥有帶。」我望著激烈打在玻璃窗上的雨，「幸好爸爸也有帶傘，不然又要被淋濕了。」

「是啊，爸爸說託你的福，這次他才沒有忘了帶傘，還要我煮你最喜歡的玉米濃湯當獎勵呢。」停頓片刻，她問：「鞦韆，你是爲了想讓爸爸媽媽開心，昨天才故意說那些話嗎？」

我沒有立刻承認，只是沉默不語。

媽媽牽起脣角，「沒事，我們只是很意外，沒想到你會突然說出那些話，所以嚇了一跳。」

「你們生氣了嗎？」

「當然沒有。」她拿著勺子攪拌鍋裡的濃湯，「你一直記得哥哥說過的話？」

「嗯。」

「記得多少呢？」

「全部。」我滿懷自信，「哥哥跟媽媽說過的話，我每一句都記得！」

媽媽停下了手，思緒彷彿飄去別處，眼神失去焦距。

「對耶，媽媽忘了你記性好，什麼事情都記得住……」她喃喃低語，接著忽然伸手將我拉近，俯身與我平視。

「鞦韆，以後可以跟媽媽多說一點嗎？」她目光朦朧，語氣和窗外的雨霧一樣飄渺不定，「只有我們兩人的時候……多說些哥哥講過的話給媽媽聽，好不好？」

媽媽口中提到的哥哥並不是二哥。

她那時的眼神，從此在我的記憶裡揮之不去。無論過了十年還是二十年，只要藏著這句話的抽屜被打開，腦中便會浮現媽媽當時的神情，連玉米濃湯的味道也依舊濃郁香甜，一切清晰得恍如昨日。

我曾經不只一次想過，要是那天沒有答應媽媽就好了。

即使長大成人，我仍然想不透事情爲何會走向那種結果？

究竟是哪一步出了差錯，才讓這一切在不知不覺間失控，甚至連一點點警訊都沒有？

我究竟哪裡做錯了？

◆

我曾經有個大我十一歲的哥哥。

據說哥哥從呱呱墜地的那天起就非常乖巧，晚上睡覺從不哭鬧，看到誰都會開心地咯咯笑，當年患有輕微產後憂鬱症的媽媽，是天天聽著哥哥充滿療癒的笑聲，才漸漸恢復健康。

哥哥是第一個發現我有過人天賦的人，當時他在房間溫習學校抽背的課文，我則在旁邊玩玩具，他背一句，我就跟著念一句。

聽到我嘴裡嘀嘀咕咕，他好奇問我在說什麼，我把他剛才背誦的句子一字不漏地複誦出來，哥哥的笑容一斂，臉上的神情慢慢轉爲驚愕，下一秒便興奮地衝到樓下告訴爸媽，大家才發現我記憶力絕佳，當時我才三歲。

哥哥也是第一個發現二哥擁有跑步的天分，常常跟二哥在家門口賽跑，總是追著他們跑的我，永遠只能遠遠落在他們身後。

哥哥每天放學回來會帶我和二哥去大榕樹下玩，那時我們最常玩的遊戲就是一二三木頭人，即便每次都重複同樣的遊戲，哥哥總能想出更多有趣的變化玩法，讓大家怎麼樣也玩不膩，因此所有小朋友都喜歡跟哥哥玩，連蝦米也愛當他的跟屁蟲。

哥哥的個性討喜，他的伶俐有禮深得長輩的寵愛，朋友更是多到數不清。當爸媽吵架了，善於察言觀色的他甚至能當和事佬，輕鬆化解家裡緊繃的氣氛。

嘴甜與體貼是哥哥征服人心的最大武器，他會在媽媽煮飯的時候悄悄繞到她身邊，對著鍋裡的菜由衷讚歎：「媽炒的菜果然是最香的，只要吃到這些菜，就算有什麼煩惱也都能統統忘記，我是全世界最幸福的小孩。」他撒嬌地靠在媽媽肩上，擁著她說：「謝謝妳一直爲我們做這麼多，可以當媽的孩子眞好。」

哥哥的窩心話，總能讓原本心情不好的媽媽立刻展露笑顏。

他的貼心不僅如此，我們住的地方夏季氣候一向不穩定，常會無預警下起大雨，老是忘記帶傘的爸爸經常被大雨困在車站。

因此每逢下著雨的週末，無論風雨多大，哥哥一定會親自帶傘到車站去接爸爸，也會在他回台中上班的前一晚再三叮嚀：「爸，你明天去台中要記得帶傘，不然又下雨的話就糟了。」

儘管已經囑咐過爸爸，隔天哥哥還是會留意爸爸的包包裡是否有準備雨具，若發現他又忘了，哥哥就會放把傘或塞件雨衣進去。

哥哥的體貼不光是對爸媽，對我也是如此。我五歲那年生日，爸媽原本說好帶我去兒童樂園玩，結果卻失約，期待了一整年的我爲此哭個不停。當晚哥哥神祕兮兮地跑來跟我說，明天他要送一份超級大禮給我，要我好好期待。

隔日他找了幾個同學，合力在家門口前搭建一座用廢棄輪胎製成的單人鞦韆。

我欣喜若狂，在鞦韆完成後立刻跳上去試坐，哥哥在我背後一邊幫我推鞦韆，一邊對我說：「爸爸媽媽是因爲工作太忙了，才會不小心忘記跟你的約定。這座鞦韆送給你，你不要生他們的氣了，好不好？」

「可是他們都說不記得有答應過我，還認爲我在說謊。」我委屈地說出最讓我難過的原因。

「你沒說謊，是他們忘記了，哥哥相信你。只不過兒童樂園離我們家很遠，要坐很久的車才能到，你還太小，出遠門不方便，等你再大一點，哥哥就帶你和阿棠去。」

我嘟嘴，「以後你會不會也跟爸爸媽媽一樣忘了這件事？」

「絕對不會，哥哥向你保證。」

從此我天天黏在哥哥爲我搭建的鞦韆上，捨不得下來，連吃飯、上廁所都恨不得在鞦韆上完成，讓家人哭笑不得，還替我取了一個跟著我一輩子的綽號：鞦韆。

對我來說，這座鞦韆代表哥哥的承諾，只要鞦韆一直在這裡，我就能等到和哥哥去兒童樂園的那一天。

但他最終也跟爸媽一樣失約了。

一年後的某日，哥哥說要去同學家玩，卻在下午發生意外。

噩耗傳來時，我們才知道哥哥原來是和一群同學到溪邊烤肉，一名不諳水性的同學不慎溺水，哥哥爲了救人跳進溪裡，溪流湍急，兩人就此不見蹤影，直到隔天才在溪水下游找到他。

哥哥走了，正值青春燦爛的十七歲，他卻與這個世界說了再見。

哥哥出門的那天早上，還對在門口盪鞦韆的我說，他回來會買邱奶奶家的麥芽糖給我吃。

那時在陽光下對我揮手道別的哥哥，是我對他的最後一段記憶。

失去哥哥的打擊，讓媽媽的身體一夕之間垮下，住進醫院長達兩個多月，同樣傷心欲絕的爸爸不得不暫時放下工作，到醫院照顧她。原本幸福和樂的家庭，在失去哥哥後變得一片慘澹，久久不曾聽見任何笑聲。

或許想彌補對孩子的虧欠，也爲了不再發生憾事，媽媽痊癒後便辭去工作，全心在家照顧我和二哥。只是當我們一家想要振作起來，哥哥送我的那座鞦韆，卻在隔年被強烈颱風刮吹得支離破碎，連充當座椅的那條輪胎都找不到。

爸爸溫柔地問我要不要重新搭一座鞦韆，我沒有回答，只是像個木頭人般怔怔望著鞦韆原本的位置，從此我家門口不再有鞦韆。

等到家裡漸漸重拾失去哥哥前的平靜生活，二哥卻不再跟我玩了，成天與蝦米跑去打電動。也不知道爲什麼，此後跟朋友玩一二三木頭人時，妡瑞總是會在我猜拳輸掉後，主動替我站在大榕樹下當鬼，我從沒問過她原因，想著她大概是不想晒太陽吧。

慢慢地，我很少再想起哥哥的事，直到九歲生日的這天，我看到媽媽揉著肩膀，在幫她搥背時發現她的腰桿已不若從前挺直，白頭髮也多了好幾根，某個來自我腦海深處的聲音驀然出現。

哥哥曾經對媽媽說過的話迴盪在我耳邊，沒有任何前兆，沒有任何原因。

突然一個念頭閃過，讓我忍不住試著用哥哥的口吻，說出他曾經說過的話，我想知道媽媽是否還記得？聽到這句話後，是否會覺得溫暖？會不會露出與以前相同的感動笑容？

最後媽媽的反應證明她果然從未忘記過哥哥。

哥哥逝去的這三年，她和爸爸雖不會在我和二哥面前表現出強烈的悲傷，但我知道他們還沒釋懷。那晚我的無心之舉，讓他們冰冷破碎的心重新有了溫度，也讓好不容易走出傷痛的這個家，再度掀起變化。

「鞦韆，以後可以跟媽媽多說一點嗎？」

我對哥哥的記憶，從此變成媽媽最重要的寄託與支柱。

那時的我單純地相信，只要將哥哥從前說過的每一句話如實重現，便能讓爸媽感到高興，彷彿哥哥還在這個世上一樣。這表示我的記憶其實對他人是有好處的，而非像別人所說的，是只對自己有益的才能。

被媽媽如此託付的那一天，是我第一次打從心底爲自己的天賦感到驕傲。

卻也是此生唯一的一次。

◆

「走開走開，別擋路！」

一個男同學在我收拾書包的時候突然從後方衝了過來，把我的書包和水壺撞落在地，水壺裡的水當場灑了出來。

對方幸災樂禍地回頭看我一眼，什麼都沒說，迅速跑開。

從四年級教室過來找我的姸瑞正好撞見這一幕，回家途中她問我：「剛才他是故意撞你的嗎？怎麼連一句道歉也沒說就跑掉？好過分。」

我囁嚅道：「因爲我好像惹他生氣了。」

「你做了什麼事嗎？」

「放暑假的前一天，他帶他爸爸送的機器人來學校給大家看，還說開學後可以借我帶回家玩一天，可是今天我跟他要，他卻不肯借，我說上學期他明明答應過要借我，結果他就生氣了，說這麼久以前的事他怎麼會記得？還罵我煩死了。」我難過地垂下頭，「妡瑞，我是不是眞的很煩？上次阿森跟胖胖也是因爲這樣而生我的氣，不再跟我玩。」

「不會啦，鞦韆，你一點也不煩。」妡瑞溫柔牽起我的手，「不要難過了，我們一起到大榕樹那裡玩，好不好？」

在妡瑞的安慰下，我稍稍恢復了點精神。

到了大榕樹那兒，小威他們已搶先一步來到。

按照老規矩，先占到地盤的小威可以直接指定我當鬼，當妡瑞這次又自願代替我當鬼時，小威立刻暴怒道：「如果你不當鬼，我們就不要玩了，哪有每次都是別人替你當鬼的，一點也不公平，不玩了啦！」

小威的憤怒讓我們措手不及，見小威離去，其他人也跟著陸續離開，剩下我和妡瑞面面相覷，不知如何是好。

我和妡瑞各自回家，等我吃完飯後再繞去大榕樹，小威他們已經回到那兒繼續玩遊戲，由於沒人肯讓我加入，我只好坐在附近百般無聊地旁觀，直到蝦米經過，好奇問我：「鞦韆，你幹麼一個人坐在這裡？是不是小威那傢伙又不讓你加入了？」

小威一伙人大概是怕蝦米找他們算帳，搶在我回答之前，一群人又馬上鳥獸散。只是小威似乎還在生我的氣，離去前故意朝我做了個鬼臉。

「臭小威，明天他死定了！」蝦米咬牙，卻也不禁無奈，「爲什麼他老是一天到晚欺負你啊？眞奇怪。」

我知道爲什麼。

每次小威只要見妡瑞替我當鬼，就會十分不高興，除了覺得不公平，還有另一個最主要的原因，他喜歡妡瑞。

這個祕密只有我知道，因爲是小威親口告訴我的，在和他的關係變成這樣以前，我們是那種會天天跑去對方家玩的好朋友，只是當他得知妡瑞有了喜歡的對象，就不再找我玩，甚至開始對我惡作劇。

然而妡瑞喜歡的人並不是我，而是二哥。比起蝦米，小威更懼怕二哥，所以他從不敢在二哥面前耍威風，加上妡瑞對我的袒護與關懷，讓他心裡更不是滋味，只好將這份妒意轉移到無辜的我身上。

我是在一年前得知妡瑞喜歡二哥的。

從我上小學開始，時常在學校聽到某班的誰喜歡妡瑞的傳言。妡瑞功課好，心地善良，長得漂亮，又會彈鋼琴，有人暗戀她我一點都不意外。當知道有那麼多人都喜歡妡瑞時，我忍不住好奇妡瑞會不會也有喜歡的對象？

有天放學跟妡瑞走在回家的路上，我直接問她。

妡瑞當下沒有回答。

隔天我們一群人聚在一起玩一二三木頭人，站在榕樹下的妡瑞忽然提議，所有木頭人在暫停不動的時候都要閉上眼睛，看看誰可以在看不見的情況下站得最久最穩，只要動一下或眼睛張開就算輸了。等到遊戲開始，妡瑞一回頭喊完一二三木頭人，大家立即站定，緊閉雙眼。

我一邊在黑暗中努力維持身體平衡，一邊等待妡瑞再次發令，然而妡瑞趁這時神不知鬼不覺繞到我身邊，在我耳畔輕聲說：「我喜歡的人是阿棠喔。」

那一場遊戲我輸了。一聽到那句話，我不由得吃驚地睜開眼睛。

幾天後，小威向我坦白他喜歡妡瑞時，我想也沒想便脫口而出：「可是妡瑞喜歡我二哥耶！」

從此小威對待我的態度驟變，時常有意無意欺負我，我不曉得他究竟是在氣二哥還是在氣我。

後來我從未問妡瑞為何會喜歡二哥，因為我知道這件事已經傷害到小威，我害怕自己的魯莽也會不小心傷到妡瑞。

不管小威再怎麼欺負我，在我心中，仍期待有一天能跟他言歸於好，等他氣消了，我們就能回到從前無話不談的日子。

結果我沒有等到那一天的到來，一年後，小威跟著家人搬到台南去了。

離別那天，小威拚命裝酷，但泛紅的雙眼掩飾不了他眞正的心情。大家和小威玩最後一次的一二三木頭人，等到遊戲結束，小威也要走了，離開前，他沒有去找心儀的妡瑞做最後的道別，而是跑過來塞了張紙條到我手上。

「這是我新家的地址。」他揚起下巴，「以後我每年生日，你都要寄禮物給我，我知道你不會忘記，所以你一定要準時送禮，要不然我們眞的就絕交了！」

我錯愕地盯著手裡的紙條，縱然心中有滿滿的問題想問，卻只能吐出一句：「你會回來嗎？」

「等我長大就會回來啦，到時我們再一起玩，看看誰才是能撐到最後的木頭人，我一定會贏你的！」

我不禁哭了起來。

無法控制眼淚的我，只能努力讓自己不哭出聲音。

那時正值梅雨季，已經下了足足一個月的雨，只有在小威離開的那天是個大晴天。

小威搬走以後，我牢記與他的約定，隔年他生日，我依約寄了一份禮物和卡片給他。

二哥問我：「你幹麼還寄禮物給小威？搞不好人家已經不在乎你了，眞蠢。」

「他才不會！」

「你確定？他轉到新學校會交到新朋友，遲早不把你當一回事。」

「小威不會，他跟我約定過的！」

「他一定會。」

「不會！」

「好了，吃飯時間不可以吵架。」媽媽出聲制止，將菜端到桌上，「鞦韆，你昨天不是說想吃麻婆豆腐？媽媽今天特地爲你煮了這道菜，好不好吃？」

我用力點頭，笑嘻嘻地回：「媽炒的菜果然是最香的，只要吃到這些菜，就算有什麼煩惱也都能統統忘記，我是全世界最幸福的小孩。」

媽媽一聽，揚起欣喜的微笑，看我的眼神滿是溫柔與寵愛，「那你要多吃一點喔。」

「好！」語畢，我發現二哥的目光冷冷地落在我臉上，他飯沒吃幾口便扔下筷子，說他不吃了，逕自起身回房。

我不曉得二哥是不是在生我的氣，如果是，又爲什麼生氣？不過他本來就常對我發脾氣，所以我並沒有想太多，只覺得二哥莫名其妙。

自從答應媽媽要多說些哥哥說過的話給她聽，二哥和爸爸漸漸察覺到我這種行爲。爸爸偷偷問起我這件事，得知是媽媽的要求後，他留意了媽媽好一陣子，確定沒什麼不對勁才安下心，開始跟著我和媽媽一起暢談有關於哥哥的話題。

「如果我是媽，應該不會想嫁給爸，爸實在太粗心了。」

「什麼？你哥說過這句話嗎？什麼時候的事？」爸爸大吃一驚，差點被飯噎到。

「六年前的中秋節，你把外婆留給媽媽的玉鐲子摔碎了，害媽媽氣得大哭，哥哥安慰媽媽的時候就說了這句話。」我回答。

媽媽捧腹笑個不停，爸爸在一陣尷尬後也跟著大笑起來。

但是二哥沒有笑，每次聊到哥哥的事他都會沉著臉不吭聲，吃完飯便迅速離席，看似對哥哥的話題絲毫不感興趣，也拒絕參與。

我感覺得到二哥對我的態度一天比一天冷漠，過去他不是大聲凶我，就是嬉皮笑臉故意鬧我，如今二哥不僅不跟我說笑，也不再罵我，甚至不會主動跟我說話，而我始終不明白二哥為何會有這樣的轉變。

即將升六年級的暑假某日，我站在二哥的房門外，內心忐忑不安，我已經很久沒有跟二哥好好說過話。

我謹慎地輕輕敲門，打開門便看到他躺在床上看漫畫。我怯怯開口：「二哥，我有話跟你說。」

「幹麼？」他冷冷地回我。

「那個……昨天是我生日，我正好滿十二歲了。」

「那又怎樣？」

「你曾經答應過我，等我十二歲，你就會跟我賽跑。」

二哥沉默數秒，反問：「我什麼時候答應過你？」

「在我九歲生日的隔天，三年前的七月二十三號，那時你說我還沒有資格跟你比賽，所以等三年後再說。今天是七月二十三號，剛好滿三年了……」我吞嚥了口口水，「你今天可以跟我比賽了嗎？」

他久久不語，過了一會兒才放下漫畫坐起身，冷冷地看著我，眼裡投射出的森冷光芒讓人不寒而慄。

「你真的很噁心。」他瞪著我，「你是不是以為我會像爸媽一樣被你的話感動得痛哭流涕？像他們一樣高興地告訴你，謝謝你還記得這件事？」

我不由得一愣。

「你現在一天到晚模仿大哥，故意學他說話，討爸媽歡心，這樣很光榮嗎？是不是覺得自己很厲害？很了不起？都是因爲你那高超的記憶力，爸媽才會更疼愛你？」

我被二哥一連串的質問嚇得不知所措。

「什麼『記憶天才』、『超級神童』，最好去死吧！我一點也不想被你那噁心的腦子記住，誰准你記住我說過的話？我有說你可以記住嗎？就算以前眞的答應過你，我現在反悔了，你能拿我怎麼樣？他媽的我根本不想跟你扯上任何關係，我看到你的臉就想吐，哪裡有你哪裡就倒楣。除了爸媽，全世界沒人可以忍受得了你這種人！以後不准再來跟我說話，滾遠一點！」

二哥的咆哮讓我的腦袋空白一片。

當時我完全不懂他爲什麼會這麼生氣，我不斷反芻他的話，判斷出二哥會這麼討厭我，有可能是因爲我學哥哥說話。

可是爲什麼不能學哥哥說話？媽媽想念哥哥，心情不好的時候想聽哥哥的甜言軟語，所以我用這種方式讓媽媽重拾笑容，難道有什麼錯嗎？

二哥居然對我說我最好去死。

大受打擊的我久久無法平復心情，原本想藉此跟二哥重新拉近距離的希望徹底破滅。我體悟到，也許我再也沒有辦法親近二哥，更無法繼續抱持任何期待。

從那時起，我變得不敢跟二哥待在同一處空間，變得比從前更常往妡瑞和蝦米的家裡跑，我只能藉由跟他們相處時的溫暖，來塡補心中的失落與寂寞。

我依然不時重述哥哥說過的話給媽媽聽，我已經完全習慣這麼做了，那時我還沒有察覺到，哥哥彷彿再也離不開我和媽媽之間，我任由哥哥的回憶一點一滴滲進我的意識，化爲我的一言一行。

到後來，我幾乎不必費心回想哥哥在何時何地說過什麼，便能輕易道出哥哥曾說過的話語，我腦子裡的抽屜就像全寫上哥哥的名字，不管打開哪一個，都是他的聲音。

「然後，那個傢伙突然狠狠揍他一拳，看到那裡眞是超級爽的！那混蛋每次都那麼賤，老早就該送他上西天！」蝦米握緊拳頭，一臉熱血澎湃。

「對啊，眞的超爽，我也覺得他早該滾上西天，最好下禮拜就能看到他們全部死光光！」我激動附和。

「沒錯，全部死光光！」

我和蝦米在家門口討論昨晚的卡通劇情，情緒正高昂，媽媽卻突然從屋裡跑出來。她先是驚訝地盯著我們，而後露出一貫的笑臉溫聲說：「蝦米，你們還小，不要說太多粗話，那樣不好聽喔。」

蝦米呆了半晌，尷尬地點點頭，「好……對不起，碁碁阿姨。」

蝦米離開後，我回到屋內，媽媽馬上把我叫到她面前。

「鞦韆，以後不可以再說什麼『超爽』、『滾上西天』、『全部死光光』，這些話非常難聽，絕對不許再說了。」她的雙手用力壓在我兩邊肩膀上，「你哥哥從不會用這種粗魯的口氣說話，每個人都稱讚他禮貌懂事。你要向哥哥看齊，知道嗎？」

有次翻相簿，爸爸指著照片上的哥哥，說他從小就長得白白淨淨，一雙古靈精怪的眼睛又大又明亮，笑起來的時候雙頰會浮現兩個小酒窩，相當討喜；而我在五歲前皮膚黝黑，活像塊小木炭，除了跟哥哥一樣擁有一對酒窩，長相完全看不出有他的影子。

長到了十歲，我的膚色變白了許多，和哥哥相差無幾。

爸爸說我跟哥哥越來越像了。

「等你過了變聲期，說不定連聲音都會跟哥哥一模一樣呢。」爸爸那時這麼說。

◆

十三歲的初春，持續飄著毛毛雨的日子裡，媽媽不小心感冒了，從診所回來後便待在房內休息。

過了半小時，我端了杯溫水上樓探視。

媽媽在我輕推開門時睜開眼睛，目光看了過來，我問：「媽媽妳沒睡嗎？」

「對呀，一直睡不著，不過吃過藥很快就退燒了，喉嚨也不痛了。」她緩緩從床上坐起，接過我手中的溫開水，「你等會兒要去車站接你爸嗎？」

「嗯。」我望向窗外逐漸變大的雨勢。

待媽媽喝完水躺下，我幫她重新蓋好被子，她忽然提議：「鞦韆，你唱歌給媽媽聽吧。媽媽鼻塞，不好入睡，如果你唱歌的話，說不定我很快就能睡著了，如同媽媽以前哄你們睡覺那樣。」

她濃濃的鼻音聽起來有點像是哽咽，眼裡卻是笑盈盈的，「你哥哥以前很喜歡唱歌，你也唱一首給媽媽聽，好不好？」

在媽媽殷殷期盼的目光下，我想了想，清清喉嚨，開口歌唱。

才唱兩句，媽媽就笑得樂不可支，我走音走得太厲害，幾乎沒有一個字唱在音準上，聽起來像在唱另一首歌。

「我們鰍韆眞的不怎麼擅長唱歌呢。」媽媽止住笑，眼皮低垂，彷彿陷入了回憶，「你哥哥唱歌很好聽，嗓音既清亮又乾淨，猶如天使在唱歌。」

她漸漸闔上雙眼，聲音裡添了一份落寞，「媽媽……好想再聽一次你哥哥唱歌……」

我站在床邊，看著她帶著悲傷的表情沉沉入睡。

過了幾個月，我花了三天親手做了一張卡片以及兩朵康乃馨，一朵紅色，一朵粉紅色，準備在母親節送給媽媽。

收到康乃馨的那天，媽媽眼裡堆滿了笑，十分感動，我也爲此覺得欣喜。

這時，媽媽突然問：「鰍韆，明年母親節你可不可以做一朵黃色的康乃馨給我？」

「好哇，媽媽喜歡黃色嗎？」

「是啊，以前你哥哥曾做過一朵黃色的康乃馨給我，非常漂亮，你也跟哥哥一樣，下次做一朵黃色的給媽媽吧？」

我注意到，一旁莞爾聽著我們對話的爸爸，在媽媽提出那個要求後，嘴角笑意微微一滯，他看著媽媽又看向我，似乎想要說些什麼，卻遲遲沒有作聲。

那晚，爸爸主動走進我房裡和我聊天，話題繞了一大圈，他才小心問起媽媽今天的反應會不會讓我難過。

我停頓了幾秒後回答：「不會。」

「那就好，媽媽是因爲思念哥哥才會那麼說，絕不是不喜歡你的禮物，你不要在意喔。」他撫摸我的頭，然而這個舉動，卻讓一個念頭從我腦中閃過。

我是不是做錯了什麼？

老實說，一聽到媽媽提出那個要求，雖然我看不到，但我知道自己的表情很有可能跟爸爸是一樣的。我確實感覺心頭像是被刺了一針，苦澀從胸口湧上喉嚨。

不過爸爸察覺到了我的心情，並爲此前來關心，這讓我驚訝之餘也有些開心。

我想起二哥對我的咆哮，他憤怒的臉，以及爸關切的表情，此時在我眼中重疊。

「你現在一天到晚模仿大哥，故意學他說話，討爸媽歡心，這樣很光榮嗎？」

這樣難道不對嗎？

我錯了嗎？

◆

週六早上，我到妡瑞家開的藥局替媽媽拿藥，順便找妡瑞。

途中看見幾個認識的阿姨提著菜籃，站在街角窸窸窣窣地交談，一副神祕兮兮的模樣。

我從她們身邊經過時，聽見一個熟悉的名字出現在她們的話題裡，不禁停下腳步看著她們，那些阿姨察覺到我投向她們的視線後，立刻停止交談，面色尷尬地對我笑了笑，打過招呼便快速離去。

這天是妡瑞的媽媽在看店，她見我推門進來，露出跟妡瑞極爲相似的美麗笑顏。

「鞦韆，你媽媽的藥在這裡。」她拎起放在櫃臺的藥袋，「這是最近新推出的痠痛貼布，不少人用過都說有效，阿姨多給你媽媽幾片，用完再過來拿。」

「好，謝謝。」我接過藥袋，「阿姨，妡瑞在嗎？」

「妡瑞出去買東西，馬上就回來了。」話音一落，她像是忽然想到什麼，兩手一拍，「對了，鞦韆，你來得正好，幫阿姨一個忙吧！」

不等我回答，她便指著背後那一大座多層抽屜櫃說：「這個櫃子是你羅叔叔剛買的，前陣子不是常有小偷來我們家偷藥嗎？最近居然連店章和他的私章都一併偷走，把他氣炸了，所以特別找人訂做了這座櫃子，一共有三十五個抽屜。」

我朝那座櫃子望去，若不刻意點算，一時還眞數不清有幾個抽屜。

羅阿姨拿出一小包裝著印章的透明塑膠袋，「剛好今天拿到新刻好的印章，我想把印章藏在其中一個抽屜，小偷要是再來，應該一時很難找到。不過抽屜這麼多，我怕我會忘了把印章藏在哪裡。你來幫阿姨記一下，要是哪天我眞的忘了，就打電話問你。」

「好啊。」我微笑。

羅阿姨將印章放入其中一個抽屜並關上，回頭問我：「記住了嗎？」

「記住了。」

「鞦韆眞不愧是天才，果然靠得住。」她燦爛一笑。

我怎樣也沒料到，我為羅阿姨記住這件事竟會造成無比嚴重的後果。

三天後，待吃過晚餐，我去到圻瑞家，見羅阿姨站在那座大櫃子前匆忙打開一個又一個抽屜，拉開抽屜的手微微顫抖。

「羅阿姨，妳在找什麼？」我出聲問。

她嚇了一跳，回過頭才發現我站在店裡。

她面色蒼白，先是呆了半晌，接著焦急張口，似乎想跟我說什麼。

此時，羅叔叔剛好從外頭進來，見到是我便用力拍拍我的肩，聲音粗啞宏亮：「鞦韆，來玩啦？怎麼才幾天不見你好像又長高了？圻瑞在房間練琴，你上去找她吧！」

叔叔說完，我從眼角餘光發現羅阿姨悄悄挪動腳步，從那座抽屜櫃前走開，對我們露出親切的微笑，絲毫不見之前的驚慌。

翌日晚上，我為了替媽媽送東西給羅阿姨，又去了藥局一趟，那時只有羅叔叔在，妡瑞跟同學有約，而羅阿姨還沒下班回家。

我見叔叔在櫃臺東翻西找，好奇問他在找什麼。

他無奈嘆氣：「唉，還不都是你阿姨，不曉得把店章收到哪裡去了，我看得等她回來才能問她了。」

聞言，我目光落向他身後的櫃子，不假思索開口道：「羅叔叔，你要不要打開右邊數來第三排倒數第四個抽屜看看？我前幾天看到阿姨把印章收在那裡。」

羅叔叔馬上扭頭看去，「咦？可是昨天她說她沒放在櫃子裡呀。」

雖然羅叔叔這麼說，但他還是打開我說的那個抽屜，沒多久，他驚喜地笑，「眞的放在這裡，太好了，總算找到了！嗯？這是什麼？」

他從抽屜裡取出一個牛皮紙袋，抽出裡面的東西翻看，身形突然一滯。

我望著他的背影，納悶地喚：「羅叔叔？」

他像是完全沒聽見，低著頭一動也不動。

那日幫羅叔叔找到失蹤的印章後，我將近一個多月沒見到羅阿姨，再次聽聞她的消息，卻是她已經跟羅叔叔簽字離婚。

羅阿姨離開的那天，妡瑞沒去送她，而是和我一塊待在哥哥當年溺水的溪谷。

她蜷縮坐在溪邊的石頭上泣不成聲，瘦弱的肩膀劇烈顫抖。

十一月的刺骨寒風往我臉上陣陣刮來，我不自覺跟著瑟瑟發抖，卻分不清是因爲太冷還是太過悲傷而令我難受。

我無法從爸媽那裡得知眞相，他們不願跟我說太多，只能從炘瑞口中以及鄰居們的謠言裡拼湊出事情的原委。

據說，羅阿姨似乎在幾個月前被別人看見與一名有婦之夫到旅館幽會，這個謠言早已在鄰里之間傳開，但羅叔叔始終不知情。

這也讓我想起自己某次前往炘瑞家的途中，注意到幾個鄰居阿姨聚在一起竊竊私語，我聽見她們提起羅阿姨，並伴隨著「男人」、「已婚」等字詞，只是那時我不懂那些代表著什麼意思。

據說，羅阿姨早已有意與對方遠走高飛，甚至私下簽好離婚協議書，準備找時機交給羅叔叔，或是留下協議書偷偷離去。沒想到她的婚外情對象卻在臨行前一刻反悔，決定回歸家庭，因此她也不打算離婚了，偏偏在她銷毀離婚協議書之前，先被羅叔叔發現了。

炘瑞告訴我，她好幾次在深夜裡聽到羅阿姨哭著向羅叔叔懺悔，但羅叔叔無法原諒妻子的背叛，不管羅阿姨如何動之以情，他終究鐵了心決定離婚，並執意由他撫養炘瑞。

那天我幫羅叔叔順利找到印章，卻也讓他發現阿姨的祕密，那個牛皮紙袋裡裝著的似乎就是那份離婚協議書。

意識到這件事時，我渾身發冷，一股寒意從胸口一路竄升到頭頂。

「咦？可是昨天她說她沒放在櫃子裡呀。」

假如傳言是眞的，那麼羅阿姨說不定是故意將印章與協議書放在一起，打算私奔後讓叔叔自行發現，未料計畫生變，她才急著找出協議書想要銷毀，還被我碰巧撞見了這一幕。甚至有可能，她忘了自己將協議書藏在哪個抽屜，卻沒能有足夠的時間尋找，爲了避免被羅叔叔先發現，她才騙他印章不在櫃子抽屜裡。

這只是我的推測，雖然其中有一些不合理之處，比如阿姨爲何不趁叔叔那晚入睡後再下樓仔細找過，因此我的推論不一定全然正確，但無論怎麼想，最後就是會被導向這個結論，即便我想證明這一切與自己無關也做不到。

若不是我的提醒，羅叔叔那天可能會放棄找尋印章，等阿姨回來再問她印章在哪裡，自然就不會發現那份躺在抽屜裡的離婚協議書。

若不是我多此一舉，羅阿姨現在一定還在這裡，沒有跟叔叔離婚，也沒有離開妡瑞，一家人依然幸福地生活在一起。

發現自己就是造成妡瑞家庭破碎的罪魁禍首，我完全不敢告訴她，只能將這個祕密藏在心底，從此活在後悔與罪惡感中。

「哪裡有你哪裡就倒楣。除了爸媽，全世界沒人可以忍受得了你這種人！」

倘若妡瑞知道眞相，一定也會跟二哥一樣憎恨我。

儘管我很懊悔，可是我更害怕失去妡瑞。在聽到她心碎的哭聲後，我便決定終生守著這個祕密，對誰都不會說。

然而那一年不知怎地，悲傷的事情一件接著一件發生，而且都來得令人措手不及。

妡瑞的爸媽離婚不久，我最喜歡的邱奶奶，在睡夢中安詳離世了。

我再也吃不到邱奶奶手作的花生冰和麥芽糖，也無法再見到她慈祥和藹的笑容。最可憐的是蝦米，邱奶奶一走，他就沒有任何親人，由於他尚未成年，爸媽決定當蝦米的監護人，並將他接回家裡住。

邱奶奶的死令我難過，但蝦米住到我們家卻讓我感到喜悅。他每天和我一起吃早餐，一起等公車上學，放學回家一起說聲我回來了，吃飽飯後再一起看電視、聊天，到了晚上他睡在隔壁的二哥房間，我時時刻刻都能見到他。

爸媽對蝦米視如己出，給予他最好的照顧。

我和二哥的關係依舊沒能改善，不過這絲毫不影響蝦米和我的相處，他依然把我當親弟弟看待，見我碰到麻煩，也會第一個挺身而出。

縱然我失去過一個哥哥，二哥也跟我形同陌路，可是我還有蝦米。

對我而言，蝦米是我現在的英雄，他的存在讓我無比安心，對他的依賴早已遠遠超過死去多年的哥哥，只有和他在一起，我才能忘記所有煩惱，甚至從對妡瑞的愧疚裡暫時獲得解脫，與他一起暢快歡笑。

我相信蝦米也是快樂的，他擁有爸媽無微不至的關懷，以及二哥的信賴，我也早將他視爲最重要的家人，身邊有這麼多人珍惜他，他應該會覺得非常幸福。

他應該沒有理由不快樂才對。

「蝦米，祝你十七歲生日快樂。」

蝦米住到我們家一年後，爸爸在他生日這天送了份大禮給他。

「是電子雞！」我驚呼，那是當時風靡全校的電子寵物玩具。

「爲什麼蝦米有？爸，我也要！」二哥不平。

「下次再買給你們，今天是蝦米生日，所以這個先給他。」

「爸偏心，下禮拜你一定要買一個給我，我要電子恐龍！」二哥說。

我羨慕地盯著蝦米手中的電子雞，蝦米卻沒有像我和二哥那樣興奮激動，他只是靜靜捧著電子雞，露出微笑，「謝謝吳叔叔。」

那晚我在房裡準備即將來臨的段考，平常十點多就寢的我，坐在書桌前不知不覺埋首許久，放下書本時，已經約莫十二點了。

我起身出去上廁所，卻在二樓長廊上瞥見一道漆黑的身影，對方似乎正要下樓。

儘管光線昏暗不明，我仍注意到他肩上背著包包，手上還拿著一個大行李袋，一副要出遠門的模樣，「蝦米，你要去哪裡？」

聽見我的聲音，蝦米先是站在原地一動也不動，沒多久便轉身走過來將我拉回房裡。

我屏息看著被書桌燈光照亮臉龐的蝦米。

他異樣的舉動讓我緊張了起來，忍不住再次問他：「蝦米，你拎著行李要上哪裡去？」

蝦米的目光落向窗邊，「目前還不知道，但只要能離開這裡，去哪都好。」

「你說什麼？」

「我說我要離開你家，鞦韆。」他沒有看我，「我要徹底遠離你家所有的人，包括你。」

聽蝦米這麼說，我幾乎要懷疑自己耳朵有問題，「你要離開我們？為什麼？難道你討厭我們？你在我們家不是一直都過得很開心嗎？」

「開心？只有你這麼覺得吧。」蝦米這時才扭頭朝我看來，嘴角微微下垂，「我不討厭你們，只是沒有辦法繼續在你家生活下去。你已經十五歲，不是小孩子了，所以我就老實跟你說吧。鞦韆，你們全家都有病。」

我完全不認得眼前的這個蝦米。

毫無表情的臉，冷冰冰的生硬語氣，這個人不是一直以來我所熟悉的蝦米，彷彿變成另一個人。

這是怎麼回事？蝦米到底怎麼了？

「之前我聽阿棠說過你們家的狀況，但沒想到會這麼嚴重。小時候我曾把你大哥當自己的哥哥一樣仰慕，不過他終究已經死了，不可能會回來，就像我知道我奶奶走了，我再怎麼想見她，也不會把別人弄成她的樣子，然後把那人當作我奶奶。」

我張了張嘴，什麼話都說不出來。

「從搬進你家那一天起，我時常有種你大哥還活著的錯覺，這才驚覺原來莙莙阿姨眞的把你當作你大哥的替身，要你用他的樣子活下去。我不知道你心裡怎麼想，也不知道你爲什麼從來不反抗？但我最不能理解的，是叔叔和阿棠明明早就察覺到情況不對，卻從沒想過阻止阿姨，放任她越來越不正常。」

聽到這裡，我一陣倉皇，焦急地替媽媽辯解：「蝦米，沒這麼嚴重啦。我媽跟我哥哥感情非常好，所以她才會特別想念他，而且她只是要我說些哥哥講過的話給她聽，這沒什麼大不了……」

見到蝦米的眼神越漸陰沉冷峻，我不禁噤聲。

「你覺得『沒這麼嚴重』，表示你也已經不正常了，活在莙莙阿姨的私欲下還渾然不覺。就是這一句『沒這麼嚴重』，才讓你變成現在這副模樣。」蝦米譏笑，「看來擁有天才般的記憶力也沒什麼了不起，你對你大哥的每件事都記得清清楚楚，反而讓你連一點自我都沒有了。相信我，我也明白與最重要的親人天人永隔的心情，就因爲明白，所以我更不能忍受你們用這種方式去悼念一個人！」

看著蝦米幾近咬牙切齒地說出這番話，我只覺得茫然無措，一時竟無法深思他話裡的含意。

「不管是菪菪阿姨的自私，還是你的遲鈍，甚至是叔叔與阿棠這幾年來的坐視不管，你們所有的行爲都變態到讓我覺得毛骨悚然。我寧可一個人生活，也不想繼續留在這種家庭，慢慢被你們同化，覺得這件事『沒這麼嚴重』。我沒辦法再多等一年，才決定趁半夜偷偷離開。」

我愣愣地與他四目相望，陷入一陣奇異的沉默。

不曉得過了多久，房門傳來一記敲擊聲響，媽媽在門外低聲說：「寶貝，小良，你還沒睡嗎？時間已經很晚了。」

我瞥向緊閉的房門，六神無主，想要叫媽媽阻止蝦米離開，卻怎麼都發不出聲音。最後，我只聽見自己用微弱的聲音硬擠出一句：「……好，我要睡了。」

聽到腳步聲遠去，我幾乎虛脫，蝦米始終定定望著房門，「你有聽到你媽剛才叫你什麼嗎？」

「咦？」

「小良是你大哥的名字啊。」他輕哂，「不只你媽，該不會連你都把自己的名字給忘了吧？」

我啞口無言。

「幸好我不是你，鞦韆。」蝦米用聽不出是悲涼還是鄙夷的語氣對我沉聲說，「你讓我覺得不管是你，還是被你記住一切的人，都很不幸。」

「我沒辦法再照顧你了。」蝦米面無表情地拎起行李，臨走前拋了樣東西過來，「想要的話就給你，我不需要。」

一個白色蛋型電子玩具掉落在床上，是爸爸送給他的電子雞。

只要我現在大叫，爸媽和二哥一定會馬上醒來，不讓蝦米離開。

我明明知道可以這麼做，身體卻宛如被千斤石壓住般動彈不得，嘴巴連張都張不開。

我只能眼睜睜看著蝦米消失在面前。

在床上呆坐一整夜的我，直到天亮都沒等到他回來。

我真的被蝦米徹底拋棄了。

◆

炘瑞在冬日餘暉中快步來到我身邊，橙黃色的碎光灑在她的外套上，宛如無數片閃爍的金葉舞動。

自從她升上高中，我們就沒什麼機會一起回家了。平常下了公車，我會在站牌前稍候片刻，等載著她和蝦米、二哥的公車抵達後，再四個人一起走回去。

現在的我，已經不再等候那班公車。

這天我和炘瑞約好，放學後去學校接她。到的時候，炘瑞還沒下課，於是我坐在附近林蔭步道的長椅上一邊等她，一邊玩著手裡的電子雞。

炘瑞從校門口走出來時，天空晚霞的顏色變得更深了些，行走在路上的學生也只剩零星幾個。

「你怎麼這麼快就到了？我想到你還要坐車過來，所以刻意在教室裡多待一會兒才出來。」䜣瑞見到我很驚訝。

「我最後一堂課騙老師說身體不舒服，他就讓我提早回去家了。」

她噗哧一笑，「鞦韆變壞嘍，居然蹺課，我要跟著著阿姨告狀！」

「好啊，那就走吧。」

「等等，再坐一下，我有帶禮物過來。」她拿出兩罐熱飲，還有一包零食，「我買了熱可可，這包洋芋片是福利社老闆請我的。」

「老闆是男的對不對？長得漂亮果然福利特別好。」

䜣瑞笑瞪我一眼，忽而感慨道：「眞希望時間能過得快一點，等你明年升上高中，我們就能像以前那樣一起結伴回家了。」

「很快啊，不就再一個學期？」我啜了口可可。

「嗯。」她的視線落在我手中的電子雞，神情有些憂愁，「蝦米還是沒有消息嗎？」

我搖頭。

「已經三個禮拜了，他沒有回他家，也沒有來學校上課，究竟跑哪兒去了？」她最初的擔憂已變成深深的悵然，「蝦米到底爲什麼要這樣不告而別？我眞想不明白。」

蝦米離開後，我才知道他有留了一封信給爸媽。

信裡感謝我們全家這一年來的照顧，並保證他會好好照顧自己，要我們別替他擔心，也不要去找他，以後有機會他會回來看我們。

看到媽媽讀完信後為蝦米擔憂掉淚，我仍無法相信那晚他會用如此輕蔑的態度指責媽的不是。明明爸媽對他非常好，蝦米卻選擇用這種方式回報他們，這讓我一度難以接受。

只是日子一長，我漸漸領悟到，蝦米會選擇只對我說出真相，也許是因為讓他興起離開念頭的人是我，他打從心底真正鄙視的人也是我。

我才是讓他對這個家忍無可忍的元兇。

我沒告訴昕瑞蝦米離開的真相，這件事對誰我都無法啟齒。而蝦米留給我的電子雞，我從沒當著家人面前拿出來過，我不敢讓他們知道我是最後一個見到蝦米的人。

喝完可可，我和昕瑞並肩前往公車站途中，她牽起了我的手。

從小昕瑞只要感覺到我在難過，便會用這種方式安慰我，只不過這個習慣到了我升上國中後就停止了。

時隔多年，當她忽然再次給予了我那份熟悉的溫暖，有那麼一瞬間，一股淺淺的酸楚湧上我的鼻腔，眼眶也因隨之湧上的淚意而灼熱刺痛。

儘管如此，我仍感覺到心裡的某處正一點一點凍結，再也沒有一絲溫暖的可能。

「幸好我不是你，鞦韆。」

蝦米離去的一個月後，我收到一份包裹。

在我十歲那年，我曾答應過搬到台南的昔日玩伴小威，以後會在他生日時寄禮物給他，從此我每年都會準備一份生日禮物寄過去，沒有間斷。

第一年寄出禮物不久，我很快就收到小威的回信，只是第二年、第三年過去，我始終沒再收到他的任何回音。儘管如此，我依然信守約定，每年寄送生日賀禮給他。

今年是第五年，我終於收到從台南寄來的回音。

那是今年我寄給小威的禮物，小威直接把包裹退了回來，並在我寫給他的卡片裡，夾了一張像是從筆記本隨便撕下的紙。

紙上大大地寫著一行字：你是誰啊？

「搞不好人家已經不在乎你了，眞蠢。」

「他才不會！」

「你確定？他轉到新學校會交到新朋友，遲早不把你當一回事。」

「小威不會，他跟我約定過的！」

分別後的第五年，小威不是不在乎我，或是不把我當一回事，而是他的記憶裡已經完全沒有了我這個人。

仔細想想，說不定從他不再回覆我那時開始，我對他來說就已經不再重要。既然他連我是誰都不記得，那麼他說長大後會回來找我的承諾，大概也不可能實現了。

「我知道你不會忘記，所以你一定要準時送禮，要不然我們眞的就絕交了！」

他知道我不會忘，卻沒料到有一天忘卻的人是他。

但我清楚這樣才是「正常」的，畢竟沒有誰不曾被時間帶走過些什麼。

因此初見小威寫在紙上的那句話，我腦中第一個浮出的疑問，是上天爲何唯獨忘了把「遺忘」的能力賜予我？

爲什麼祂不讓我當一個正常人？一個會記得，也會遺忘的正常人？

爲什麼祂要把我變成一個連一點點痛苦都無法忘記的人？

「什麼『記憶天才』、『超級神童』，最好去死吧！我一點也不想被你那噁心的腦子記住！」

「你讓我覺得不管是你，還是被你記住一切的人，都很不幸。」

以前我一直認爲，就算身邊有誰會背叛我，那個人也絕不可能是蝦米。

如今蝦米一走，卻讓我眞正醒悟，在這世上最令人無法忍受的，並非總是遺忘的人，而是從來就不曾遺忘的人。

那些不懂得遺忘的人，比起輕易就能遺忘一切的人，還要更可悲、更可恨，更令人無法原諒。

要是眞相信這世界有什麼是絕對不會被遺忘，那才是最傻的人。

◆

一九九八年九月。

我站在鏡子前散漫地打著領帶，身上白到不自然的襯衫不怎麼透氣，漿得過挺的領子顯得僵硬滑稽。

不管是這套全新的制服，還是顏色過於鮮亮的綠書包，都讓我提不起勁來。

「媽，我的襪子在哪裡？」

隔壁房間的高亢喊叫，讓我又添了一絲焦躁。

沒多久，我的房門被粗魯打開，門把狠狠撞上牆壁，發出巨響。

「喂，你這裡還有沒有白襪？」

「你不會敲門嗎？」我不悅地回。

「敲你個頭，有沒有襪子啦？」

「沒有。」我逕自關上門，將他擋在門外，同時上鎖。

二哥氣得狠踹我房門，大吼：「吳仲謙，你踑個屁？他媽的給我小心點！」

聽到他下樓叫喚媽的聲音，我才意識到自己之所以會莫名煩躁，也許是因爲從鏡裡看見自己那一身與二哥相同的裝扮。

新生入學的這一天，妡瑞提早過來我家跟我一起吃早餐，而總算找到襪子的二哥沒吃早餐就先出門了。

妡瑞咬了一口蛋餅，突然說道：「莙莙阿姨，妳不覺得鞦韆穿上高中制服的樣子，跟由良哥哥很像嗎？」

媽很意外，「妳還記得小良的樣子呀？」

「嗯，我家有一張以前與由良哥哥的合照，照片中的他身穿高中制服。我剛才一看到鞦韆，有種由良哥哥從照片裡跑出來的錯覺呢。」

「鞦韆就是小良啊。」媽揚起笑容，看著我的眼神充滿光采，「在阿姨眼中，鞦韆跟他哥哥一樣聰明優秀，果然妡瑞妳也這麼覺得吧？」

「對呀，長相帥氣的由良哥哥從前在學校一定很受女生歡迎吧，說不定鞦韆升上高中後，馬上就會交到女朋友嘍！」

此話一出，媽神色微微一僵，很快又堆起了笑，「那也太快啦，鞦韆現在應該先好好認真念書才對，以後再交女友也不遲。」

「呵呵，說得也是，我會幫阿姨好好盯住鞦韆的。」

「那就麻煩妡瑞嘍。」

我靜靜聽著她們兩人談笑，雖然沒什麼胃口，還是把早餐吃完了。

等公車時，妡瑞忽然出聲：「我剛才只是隨口說說而已。」

「什麼？」

「我是指交女朋友的事，要是鞦韆你眞的遇到喜歡的女孩，想跟她交往，我會幫你保密的。」

扭頭迎向妡瑞含笑的雙眼，我視線一轉，落回前方的馬路，「我沒想過這種事。」

「可是說不定你眞的會遇到喜歡的女孩。」

「不會。」我不想就這個話題多做討論，「先別說我了，妳呢？有沒有喜歡的對象？不可能到現在還喜歡我二哥吧？」

妡瑞的雙頰瞬間染上一片緋紅。

自從國小妡瑞親口告訴我她喜歡二哥後，我從未再問起她這件事。這次也只是隨口一提，想不到她至今對二哥仍懷有那樣的感情。

「在妳交男朋友以前，我不會有女朋友的。」

妡瑞訝異，「爲什麼？」

「沒爲什麼，反正就是這樣。」

「什麼啦……假如我這輩子都不交男友，你也打算不交女友、不結婚嗎？」

「無所謂啊，就算這輩子不結婚，我也不覺得有什麼關係。」

妡瑞擰眉，推了我一下，「幹麼說這種奇怪的話？很可疑喔。你是不是偷偷做了什麼對不起我的事？從實招來！」

我沉默不語。

「好啦，雖然不知道你爲什麼這麼說，不過我還是希望你可以遇到喜歡的女生，要是這個人出現了，你可別眞的因爲我就拒絕對方喔，不然我會生氣的。」

「幹麼開學第一天就說這些有的沒的啦？」

她哈哈大笑，隨即眼中卻迅速覆上一層黯淡，「啾韆，我昨天又收到我媽的信了。」

我一凜，「是喔？她還好嗎？」

「嗯，上次我不是跟你說，她已經有新對象了嗎？這次她告訴我她懷孕了，是女寶寶，還說等小孩出生後，希望我可以去看看她們。」妡瑞苦笑，「她還是一樣，從來不會顧慮別人的心情，她不曉得我到現在還是很難過，也很生她的氣。」

我不敢接話，只是默默聽著妡瑞說。

「對了，她還要我向你問好，也叫萏萏阿姨保重身體。」

「嗯。」一滴冷汗沿著我的額際滑下臉頰，天氣實在太熱，質料粗糙的白襯衫磨得我越發難受，「公車來了。」

我對高中生活其實沒有什麼期待。

數理科是我的強項，在老師及爸媽的期許下，我報名參加這所高中的資優鑑定，並順利通過甄選，被編進一共三十名學生的數理資優班。

數理資優班男女兼收，一走進教室就看見幾個女生聚集在一塊聊天，儘管早上妡瑞說了那番話，我也沒想去留意班上的女生，逕自挑了個空位坐下，不打算主動和別人搭話。

大概是因爲過去我偶爾會來這所高中接妡瑞放學，她也曾多次帶我參觀校園，我對這裡已沒什麼新鮮感，也尚未發現任何引起興趣的事物。

第一天放學，我在校門口等妡瑞，她一看到我就掩嘴笑個不停。

「幹麼？」我有些莫名其妙。

「今天我班上有不少女生議論紛紛，說高一數理資優班有個學弟長得很帥，叫吳仲謙，還爭相吵著要去看看你本人呢！」她用手肘推推我，「我就知道你上了高中會很受歡迎，說不定從明天開始，就會有許多可愛的女生寫情書給你嘍！」

「那又怎樣？在妳交到男朋友前，我收到再多情書也沒用啊。」

「又說這種話，我不理你嘍。」

「欸，妡瑞。」我問她，「為什麼妳從沒想過跟我二哥表白？」

妡瑞落寞一笑，「因爲我知道阿棠不會喜歡上我。我早就看開了，就算現在阿棠交了女朋友，我想我也不會太難過。」

她語氣很輕，聽在我耳裡卻字字沉重，不曉得該說什麼才好。

我其實看得出二哥對待妡瑞的態度，並沒有什麼特別之處，他不常跟妡瑞互動，更不曾將目光多停留在她身上，完完全全對妡瑞沒有半點興趣。

二哥性情懶散，整天遊手好閒，又一副吊兒郎當的模樣，明明已經高三了，脾氣跟個性卻和國中生沒兩樣，有時還會惹出需要爸媽替他擦屁股的禍事。

每次見到這樣的二哥，我都會納悶妡瑞究竟是喜歡他哪裡？

只是現在聽到妡瑞這麼回答，探究那些也沒意義。即便我從來就不認爲二哥配得上妡瑞，但見妡瑞苦戀他這麼多年，還是會爲她感到心酸。

下了公車後，還要走一段路才會到家。途中，我牽起她的手，換來她訝然的眼神。

「今天換我爲妳打氣，等妳有了男友，我就不會這麼做了。」

妡瑞一愣，半晌才似乎明白了些什麼，靦腆地莞爾一笑。

過去她帶給我安慰和力量，此刻輪到我給予她，儘管我可能是最沒資格這麼做的人。

我不確定這份心情是否源自罪惡感，但唯一確定的是，在親眼看到妡瑞得到幸福之前，我必須守護著她。

我今早對她表明的承諾，並不是隨口說說。

◆

高中生活進入第三個月，空氣逐漸從濃濃秋意轉爲初冬特有的沁涼，這是一年當中我最喜歡的時節。

我坐在面對操場的校園一角，有兩個女生踏著略帶慌亂的步伐走來。

其中一個女生把一個繫著蝴蝶結的袋子遞給我，害羞地說：「吳仲謙，這是我在社團活動時烘烤的點心，如果不介意，請你吃吃看。」

「謝謝。」

我在她們雀躍離去後才打開那個袋子，裡面裝著花生餅乾，還有一張小卡片，餅乾隱隱還有幾分熱度，像是剛烤好不久。

我沒有動那些餅乾，卡片也沒讀，只是把袋子上的蝴蝶結重新繫起，便靠在椅背上繼續望著操場發呆。

冬季天色一向暗得快，照亮整座操場的夕陽餘暉不一會兒就消失了一大半。太陽下山的速度之快，彷彿下一個眨眼，天空的燈火便會完全熄滅。

這一段悄無人聲的靜謐，不知爲何讓我想起從前常玩的一二三木頭人遊戲。

聽到當鬼的同伴喊出「一二三木頭人」，身體立即定格不動的那瞬間，是我唯一可以什麼都不想，思緒完全淨空的時刻，等到漸漸長大，身邊朋友不再熱衷於這遊戲，那段只屬於我一個人的神祕時間就不曾再有過了。

我獨自沉浸在靜默的日落時分，有幾道身影慢慢走進我的視線。

距離放學時間已久，偌大遼闊的操場上只有五名女學生，她們一行人經過操場，正朝校門口的方向走去。

其中一個圍著紅圍巾的女生引起我的注意。

那女生一共背了四個書包，懷中抱著第五個。等我注意到其他女生肩上都空無一物，才知道那女生身上扛了所有人的書包。

不曉得是不是負荷過重，她的步伐雖然還算穩當，速度卻跟不太上她們，儘管如此，她還是緊緊跟在那四人之後。那群女生邊走邊聊，不時開懷大笑，她也會看著她們露出笑容，但那些女生卻連一次也沒有回過頭，甚至當那女生向她們搭話時，她們也置若罔聞。

被欺負了吧？

心中迅速有了推斷。

我的目光仍停在紅圍巾女孩身上。

她努力不讓肩上的書包滑落，認眞的模樣，不知怎地吸引我一路看著，直到她們完全消失在暮色中。

不久，有人輕拍了下我的肩，妡瑞來了。

「鞦韆，你以後眞的要在這裡等我嗎？風有點大耶。」她搓了搓手。

「不會啊，待在這裡挺舒服的，離妳社團教室也近，比在校門口等好。」

「那就好。」她探頭朝我手上的袋子看去，「那個袋子是什麼？」

「有個跟妳同社團的女生剛才給我的。」

「誰呀？」

「不知道，裡面有卡片，但我沒看。」

「爲什麼不看？這樣怎麼會知道是誰送的？我幫你看。」她興致勃勃把袋子接過去，拿出小卡片打開，露出了然於心的神情，「原來是學妹，今天她說有事要提前先走，就是爲了這個呀。」

「她怎麼知道我在這裡？」

「喔，剛才聊天的時候，我告訴她你今天會在這邊等我。」她的雙眼微微發亮，「你怎麼知道她和我同個社團？」

「兩個月前，我去社團教室找妳，有看到妳和她同一組。」

「就這樣？不是因爲你對她有好感？所以才特別記得她？」對上我無奈的視線，妡瑞雙肩一垂，惋惜道：「原來是這樣，難得我這學妹長得挺可愛，個性也很討人喜歡呢。雖然鞦韆你的記性很好，但好像從小到大都還沒碰過讓你印象深刻的女生耶。」

妡瑞說完，我腦中忽然浮現那個紅圍巾女生的身影。

方才夕陽餘暉照在她身上，她的側臉正好背光，我看不清她的長相，無法確定之前是否在學校裡見過她。

事實上，我也不是眞的能記住見過的每一張面孔，若是對方與我沒什麼關係，也無法引起我的關心，即便看過幾次也不會留下什麼印象；反之若是對方與我，或者是與我身邊的人有關連，就算只是一面之緣，除非對方後來完全變了個樣，否則不管時間經過多久，再見到面時，我依然有自信能一眼認出。

就像送我餅乾的那個女生，我第一次見到她是兩個月前，之所以能在第二次碰面時認出她來，完全是因爲她是妡瑞的社團學妹。也正因爲如此，我才不好拒絕她的禮物。

讓我意外的是，剛剛從操場經過的那個紅圍巾女生，和我從來沒有過任何交集，卻能在我腦海裡留下如此鮮明的印象，實屬罕見。自從蝦米離開後，我就不曾再特別關注誰，或與誰有過多的接觸，自然更不會注意一個錯身而過的陌生人。

也許是因爲在那種萬分難堪的場面下，她卻能夠露出不知是天眞還是純眞的笑容，讓我覺得匪夷所思，才會一時移不開目光吧。

「嘗一塊花生餅乾吧，很香耶。」妡瑞把袋子遞來，見我搖頭拒絕，咕噥道：「眞是的，每次不怎麼熟的人給你東西，你都不太願意碰，這一點到底是像莙莙阿姨還是吳叔叔啊？」

「像我哥哥吧。」

「你說由良哥哥？他也是這樣？我以爲這種近乎潔癖的毛病只有鞦韆你才有呢。不過你和他各方面都這麼相像，會不會連欣賞的女生類型也一樣？由良哥哥以前有交過女朋友嗎？」

「沒有。」我淡淡地回，「但是有喜歡的人。」

「眞的？誰？」

「他當時的高中同學。」

「你有見過那個女生嗎？」

「見過一次，哥哥去世前，曾帶她到家裡玩。」

「那他們最後沒有在一起？」

我搖頭。

她納悶地追問：「爲什麼呢？」

「因爲那個女生後來跟別人在一起了。」

妡瑞一愣，此時天空忽傳一陣轟隆雷聲，我們不約而同望向天空。

「雨的味道好重，今晚可能會下起很大的雨。」妡瑞說。

聞言，我下意識抬手往書包裡探去，隨即想起今早我已經把自己的傘放進爸的公事包裡。

「我真的不知道該怎麼原諒她。」

腦中某個抽屜冷不防被開啟時，一滴雨正好落在我鼻頭上。刺進心頭的冷冽，與哥哥當年的眼淚是截然不同的溫度。

◆

第一學期即將結束時，媽被二哥的導師請到學校去。

學業成績向來慘不忍睹的二哥，這次被下最後通牒，若下學期成績再沒起色，就必須留級。只是爸媽不管怎麼勸勉二哥，他卻始終不以爲意，一副滿不在乎的樣子。

某天我到廚房倒水，聽到爸媽又在客廳教訓二哥，我端著一杯溫開水悄悄回房繼續溫書。沒過多久，房門突然被人打開。

「喂！」

扭頭見到是二哥，我有些意外。雖然他平時不太會進來我房間，我還是暗自決定今後要隨手鎖門。

「吳仲謙，我有事問你。」他雙手插在口袋，悠閒走來，「你班上是不是有個叫沈曼書的女生？」

我擰眉不答。

「你跟她熟不熟？她沒有男朋友吧？」他難得會主動和我說這麼長一串話，「我想要沈曼書家裡的電話號碼和地址，如果她有B.B.CALL（注1）的話更好，你幫我問問她。」

「你要幹麼？」

「還能幹麼？當然是爲了和她聯絡啊，廢話！」

「你想追她？」

二哥笑而不答。明明不久前才被爸媽訓斥一頓，心情卻絲毫不受影響，臉上盡是藏不住的歡快。

比起自己可能會被留級，他似乎更關心這個女生的事。

「不關你的事，總之下禮拜要幫我問到，聽見沒？」二哥說完便哼起歌，十分愉快地走出我的房間。

隔天站在公車站牌等車，我不時瞥向正與同學大聲聊天的二哥，他朗朗的笑聲讓妡瑞也不禁頻頻望過去。

我看見她對二哥露出甜美的微笑，心裡百感交集。

我該告訴妡瑞嗎？

雖然她曾說自己已經看開，但這份喜歡持續這麼多年，再怎麼釋懷，也不可能心情絲毫不受影響吧？

要是炘瑞知道二哥可能有了喜歡的對象，她會露出什麼樣的表情？她會希望知道這件事嗎？

「鞦韆，我們寒假出去玩好不好？」炘瑞提議。

我回過神，隨口答：「好啊，妳想去哪？」

「我想去找我媽。她最近剛生了小孩，我想去看看她，你可以陪我嗎？」

我遲疑了一下才點頭，「嗯。」

「太好了。」她顯然鬆了口氣，「對了，你今天不用等我放學，我跟同學有約。」

「知道了。」

最後我決定先不將二哥特別關注沈曼書的事告訴她。

「沈曼書，上來解這一題。」

聽到老師的指令，我下意識抬頭望向那個走上講台的女孩。

沈曼書拿起粉筆開始解黑板上的數學題目。她的動作從容不迫，字跡也很漂亮，有一種乾淨俐落的氣質，如同她這個人給我的感覺。

注1：B.B.CALL，傳呼機，是一種可以接收與傳送簡易文字訊息功能的通訊工具，一九九〇年代十分流行，現已式微。

留著短髮的她，向來沉默寡言。我不曾在下課時間見她和女同學聚在一起閒聊，她總是一個人坐在位子上安靜閱讀，只要在教室看見她，她手中永遠都有一本書。

與沈曼書同班這半年，我聽過一些關於她的傳言。她不苟言笑的個性讓班上男同學不敢親近，但秀麗的容貌與孤高的氣質卻廣受高年級學長的欣賞，一直以來都有學長送早餐和禮物給她，收到情書的次數自然不在話下，只不過據說那些信件和禮物最後全被她扔進了垃圾桶。

若不是二哥的委託，我並不會特別注意到沈曼書；即便二哥要我問到沈曼書的聯絡方式，我也沒有太放在心上。

考慮到妡瑞，我在心中評估過沈曼書會注意到二哥，甚至喜歡上二哥的可能性，不過一想起過去那些學長向她示好的舉動，最後都落得不了了之，我就覺得完全沒必要爲此擔心。

沈曼書解完題，步下講台回座，我也隨之將這件事拋到腦後，沒再多想。

這天放學後，妡瑞和別人有約，我便自行去校門口附近的公車站牌等車。

忽然之間，一道混雜在人群中的身影迅速攫住我的目光，那條鮮豔的紅圍巾讓我不必看到對方的臉就能立刻認出她。

她背對著我站在前排，身旁不見上次欺負她的那些女生。

自上個月在操場初次見到她後，我就沒再見過這個圍著紅圍巾的女生，這次無意間碰見，我忍不住又將注意力放在她身上。

這時公車進站，她的腳步向前移動，我也被後方的人群順勢往前推。

前排的學生爭先恐後地上車，車上轉眼間擠滿了人。她一邊前進一邊頻頻往車內張望，彷彿擔心上不了公車，偏偏後方的人不斷插隊，她一次次被擠到旁邊去，等我來到了她的身後，她還杵在車門前。

好不容易她的右腳踏上公車台階，人卻上不去，但她還是奮力往裡頭鑽，待另一隻腳也站定，卻因爲重心不穩差點從車上摔下來。

就在那個瞬間我伸手撐住她的背，順利在車門關閉前一秒將她用力推了進去，貼在門邊的她馬上回頭一探，公車卻剛好駛離，而我由於玻璃門的反光，只匆促看見對方望過來的一雙眼睛。

方才推她上車時，我的手牢牢貼著她的背，意外發現她的背相當單薄，隔著厚外套，仍能感覺到她的弱不禁風。

她究竟是怎麼用這副身軀扛起五個書包的？

◆

傍晚，二哥跑來向我索要沈曼書的聯絡方式。

「我沒要到。」

「爲什麼？」他瞪大眼。

「我忘記問她。」

「當我白痴啊？你這人會知道『忘記』兩個字怎麼寫？你故意不問她的對不對？」

「你幹麼不自己去問？」

「靠！如果問得到，我還需要拜託你嗎？就因爲之前別人怎麼問她都不鳥，我才叫你去啊，不然明知道沒用，我幹麼還要白費力氣？」

「你也知道自己是在白費力氣？」我涼涼一笑。

二哥當場惱羞成怒，若不是媽在廚房，他大概已經掄起拳頭揍我一頓。

「我警告你，這禮拜一定要問到，否則你看著辦！」

二哥平時就愛虛張聲勢，所以我沒把他的威脅當一回事。

剛好緊接著迎來了期末考，我佯裝忙於準備考試，沒空理會他，果然直到考試結束，二哥都沒再跑來煩我。

因此那時我以爲他對沈曼書只是一時興起而已。

放寒假後，我跟妡瑞約好找一天一起去探視她媽媽。

妡瑞沒打算讓羅叔叔知道這件事，跟我約好以「去台北參加明星簽唱會」爲由出門。爲了避免麻煩，我向媽報備時也用了這個說法。

「你要陪妡瑞一起去？」

「嗯，多個人比較安全。」

「當天來回嗎？」見我點頭，媽便同意，「好吧，那你們小心點，別太晚回來。」

於是三天後，我和妡瑞一起去到火車站搭車，但我們的目的地不是台北，而是宜蘭。一抵達宜蘭車站，我們轉搭計程車到羅阿姨的住處。

「妳跟阿姨約幾點？」坐在計程車的後座上，我問妡瑞。

她遲疑半晌，輕輕笑了笑，「就等一會兒。」

計程車停在一處住宅區的巷口，我們下了車，依著門牌號碼一間間找起。

從走進巷子開始，妡瑞就抿住脣沉默不語，彷彿有些緊張。突然之間，她停下腳步拉住我，眼睛直勾勾盯著正前方。

我順著她的視線看過去，一輛白色汽車從對面巷口駛來，停在一間屋子前，一對男女推開車門下車。

男人從後車廂搬出一台折疊式嬰兒推車，而站在一旁的女人懷裡正抱著一個小嬰兒。女人將嬰兒放進推車，我一瞥見她的側臉，立刻認出那個女人就是羅阿姨。

羅阿姨和那個男人並沒有進屋，而是推著嬰兒車往反方向走，妡瑞也隨之邁開腳步走在兩人身後，卻似乎沒打算出聲叫住羅阿姨。

每當有車子靠近，男人就會伸手將羅阿姨拉近自己，一路護著她，舉止體貼。羅阿姨身材豐腴了不少，氣色也不錯，連笑聲都比從前還清亮。男人推著嬰兒車，羅阿姨跟在他身邊親密挽著他，看得出兩人感情很好。

看著他們走進附近一間賣場，我們沒有再跟進去。

我望著炘瑞，「妳要等阿姨出來嗎？」

她搖搖頭。

「可是妳們不是約好……」

她再度搖頭。

「我沒有和她約好，是我自己決定過來的。」她聲音沙啞，「鞦韆，抱歉，我騙了你。」

我不知道該說什麼，只是牽起她的手，目光不自覺往賣場裡張望，卻已找不到羅阿姨的身影。

我們沒有立刻離開，一直在宜蘭待到下午，打算吃過晚餐後去市區逛一會兒，再搭火車回去。

「還好我有事先調查宜蘭有哪些好吃的餐廳，這間有上過電視節目，聽說義大利麵非常好吃。」炘瑞拿著菜單對我微笑，「這一餐我請。」

「不用了啦。」

「讓我請嘛，不然我會很過意不去。」話一說完，她訝異地望向我身後，「鞦韆，下雨了耶！」

我回頭往玻璃窗外望去，外頭真的下起滂沱大雨。

炘瑞忽然噗嗤一笑。

「怎麼了？」我不解地看她。

「小時候每逢重要的日子，阿棠不是都會叫你待在家裡不要出來嗎？他說只要你在場就很容易下雨，還到處宣揚這件事，所以每次學校舉辦校外教學，總會有人叫你不要參加。」

「妳在怪我現在又讓天空下起雨來？」我揚眉。

「沒有啦，我當然知道那只是巧合，我們那裡本來就很常下雨呀。不過對我來說，今天確實是挺重要的日子，畢竟我已經兩年沒見到我媽了嘛。你願意陪我過來，我感激都來不及了，怎麼可能會怪你？」

「那只是巧合。我奶奶說，只有神明才能隨心所欲地控制天氣，你又不是神，怎麼可能你一出現就會下雨？」

腦中冷不防冒出這句話時，我也想起對我說出這句話的人。

但我沒有讓自己繼續沉浸在這段回憶裡，而是問妡瑞：「妳真的不打算跟阿姨見面？」

「嗯，不見了。雖然一開始有這個念頭，但還是算了，今天就當作我們來宜蘭一日遊吧！」

雨勢始終沒有減弱的跡象，等我們吃完晚餐，外面的雨仍像是一盆盆水從天上傾倒下來一樣。頂著這樣的雨勢去市區逛街，實在不是明智之舉。

「我們回去吧。」我提議。

妡瑞專注凝視著窗外的雨，沒有回應。待我從座位上站起身時，她叫住了我。

「今天……」她彷彿在考慮著什麼，「我們乾脆在宜蘭住一晚，明天早上再回去，好不好？」

我一愣，「爲什麼？」

「因爲……」她眼神閃爍，遲疑半晌，嘴角才泛起苦笑，「我怕今天回家一看見我爸，會忍不住哭出來。」

我沒有接話。

「我們隨便找一間民宿或旅館投宿，我身上有錢，住一晚應該沒問題。我會打電話向我爸解釋，而且有你在，我想他也比較不會擔心。」她看著我，聲音微微發顫，「鞦韆，可以再幫我一次嗎？」

面對妡瑞泫然欲泣的臉，我考慮了一陣，點點頭，「嗯，知道了。」

我們順利在餐廳附近找到一間民宿，隨後我買了張電話卡打公共電話回家，是二哥接到電話。

「媽呢？」

「出去了，幹麼？」

「她什麼時候回來？」

「不知道。」

我暗暗嘆了口氣，「那你幫我跟媽說，簽唱會結束的時間很晚，而且台北現在雨下得非常大，行動不便，回到家恐怕已經很晚了，所以我和妡瑞今晚會住在她台北的親戚家，明天一早再回去，叫她不用擔心。」

「喔。」

「你一定要記得告訴媽。」

「知道啦，煩耶！」二哥直接切掉通話。

大雨始終未曾停歇，我跟妡瑞最後哪裡也沒去，只能待在民宿房間裡。

由於預算有限，我們只訂了一間雙人房。儘管我跟妡瑞的感情猶如親姊弟，但和她單獨待在房裡，心中還是略感不自在，幸好房型是兩張單人床，才免去更深一層尷尬。

或許妡瑞也有意識到這點，我們一邊喝著冰箱裡的飲料，一邊看電視閒聊，不約而同都沒打算洗澡，輪流洗完臉後，僅脫下外套便直接躺上床休息。妡瑞不到十點就睡著了，我卻遲遲無法入眠，躺在床上凝視著天花板，伴隨著雨聲陷入沉思。

「鞦韆，謝謝你今天陪我過來。」

妡瑞的聲音輕輕傳來。

我回過神朝她瞥去，她仍背對著我側躺在隔壁床上，一時之間我還以爲她在說夢話。

「不會啦。」

「你知道我最氣我媽什麼嗎？」她低喃，「當初她決定跟另一個男人私奔時，如果不是對方反悔，她一定不會回頭，就是這種把我跟爸當作備胎的心態，讓我沒辦法原諒她。

這次來，其實我是想親眼確認她是不是眞的過得那麼幸福？雖然理智上告訴自己應該要祝福她，但實在太難，我不僅做不到，反而比之前更生她的氣。」

我沒有接話，靜靜地聽圻瑞往下說。

「我眞的不想承認，看到我媽現在過得那麼幸福，我居然會覺得更受傷。原來，我一直認爲她應該要繼續活在愧疚裡，直到我眞的能原諒她爲止，我不能接受她在傷害我和我爸之後還能笑得那麼快樂。可是另一方面，我又會氣自己對媽媽抱有這樣的心情。早知道見了她會更痛苦，今天我就不會過來了。」

圻瑞的語氣從哽咽漸漸回復平穩，「抱歉，讓你聽我發牢騷，可是除了你，我不知道還能對誰說這些話。你不用擔心，明天我就會恢復精神了，晚安。」

我卻遲遲無法回她一句晚安。

聽完圻瑞令人心碎的自白，我不禁爲這天不必跟羅阿姨見面而稍稍鬆了口氣的自己感到羞愧。

我難以成眠，只能在黑暗中等待時間帶走這場不知停歇的雨。

那時的我絲毫未料到，這次與圻瑞的遠行，竟會引發軒然大波。

翌日上午回到家，媽面色憔悴地坐在客廳，像是一夜沒闔眼。

她一見我進家門立刻衝過來質問：「你昨晚到底跑哪裡去了？」

我有些驚愕，「我跟圻瑞去台北了啊。」

「爲什麼昨晚沒有回家？你不是告訴媽媽會當天來回？你怎麼可以擅自待在外頭過夜

卻不通知家裡一聲？你知不知道我們有多擔心？你怎麼會做出這樣的事情？」

面對媽連珠炮般的咆哮，我幾乎傻了，趕緊澄清：「昨晚我有打電話回家啊！」

「你還撒謊，昨晚媽媽根本沒接到你的電話。我一直沒等到你回家，要不是打到妡瑞家去問，我根本不知道你們昨晚住在外面。這麼重要的事，你怎麼可以不事先通知家裡一聲？」

「我昨晚眞的有打電話回家，是二哥接的，我有跟他說活動結束後時間太晚，雨又下很大，所以臨時決定在外面過夜，我還請他一定要轉告妳！」

這時二哥正好從樓上走下來，媽馬上問他：「阿棠，鞦韆說昨晚你有接到他的電話，是眞的嗎？」

二哥露出仔細回想的表情，沒多久才一臉恍然大悟，嘿嘿笑道：「好像有耶，抱歉，昨晚我太忙了，一不小心就忘了告訴媽。」

我不敢置信地瞪他。

聽到二哥這麼說，媽的怒氣雖然消退了些，臉色卻仍難看無比，她繼續追問：「爲什麼會臨時決定在外面住宿？你跟妡瑞昨晚睡在哪裡？你們到底是去參加誰的簽唱會？居然會拖到來不及回來！」

我一時語塞。

見狀，媽一把搶走我的背包，在裡頭東翻西找，最後翻出一張車票票根。

「鞦韆，你明明說要去台北，爲什麼車票上的地點會是宜蘭？」她眼神凌厲，「你們昨天根本不是去台北參加簽唱會對不對？」

我完全不知該如何替自己辯解，二哥斜靠在樓梯扶手上，一副等著看好戲的樣子。

等到媽總算放我離開後，我怒不可遏地闖進二哥房裡，厲聲問：「我昨晚明明再三交代你記得轉告媽，你爲什麼還會忘記？」

「我只是以其人之道還治其人之身。」他回得漫不經心。

「你說什麼？」

「誰叫你之前故意『忘記』去問沈曼書的聯絡方式，這次我也不小心『忘記』告訴媽，不就扯平了？」

我簡直不敢相信自己的耳朵，「就因爲這樣？你明知道媽那麼擔心，卻故意不告訴她？甚至讓她坐在客廳等我一整晚？」

「欸，是你們兩個先說謊騙媽的吧？居然跑去那麼遠的地方幽會，怎麼樣？第一次被最疼你的媽這樣痛罵，覺得很難過嗎？哈哈哈！」

我握緊拳頭，排山倒海的憤怒讓我渾身血液好似沸騰了起來。

這個王八蛋！

聽說炘瑞也被羅叔叔狠狠訓斥了一頓，她得知我媽爲此氣憤不已，當天就到我家裡向媽鄭重道歉。

媽對炘瑞沒有一句責罵，卻也沒有正眼看她，僅淡淡回了一句：「沒事就好，妳回家吧。」

之後妡瑞送東西來家裡，媽對待她的態度不復以往熱絡，一看就知道她還沒有原諒妡瑞。

眼看妡瑞因爲被媽冷落而難過自責，我忍不住對正在客廳摺衣服的媽說：「妳這樣故意不理妡瑞，她會很難過。」

「你擔心妡瑞難過，卻不擔心媽會難過。」媽的口氣冰冷，「我一直認爲妡瑞很乖巧懂事，沒想到她居然會慫恿你說謊騙人，光是這一點，就讓我對她非常失望。」

「妡瑞不是故意說謊的，她去宜蘭是爲了找羅阿姨，但不敢讓羅叔叔知道，才會選擇隱瞞，而且她沒有慫恿我，是我自願陪她去的，這是我的責任！」我脫口而出。

媽停下手上的動作，嚴肅地直視著我，「就算這樣也不應該騙我。你們兩個高中生無故徹夜未歸，要是別人聽到會怎麼想？既然只是去找妡瑞的媽媽，你老實說就好，有什麼不得已的理由必須說謊呢？你又爲什麼有責任必須陪她去？」

因爲是我害妡瑞失去她媽媽的。

這句話硬生生梗在我的喉嚨，說不出口，卻也吞不下去。

媽接著又說：「總之，我暫時沒辦法信任妡瑞，今後她再約你出去，我也不會答應，這陣子就讓她好好反省一下吧。」

「我說了這不是妡瑞一個人的錯，妳爲什麼非要這樣？」

這是我第一次對媽發脾氣，媽驚訝地朝我看來。

「鞦韆，你現在是爲了妡瑞對我生氣嗎？」

她彷彿大受打擊，而我也被自己突如其來的失控嚇了一跳。

「你哥哥他……從來不會故意欺騙媽媽，更不會這樣對媽媽說話。你之前明明跟你哥哥一樣乖巧，什麼都聽媽媽的，爲什麼現在只是說了妡瑞幾句，你就跟我不高興？」

媽受傷的神情讓我不知該如何是好。

她紅著眼睛一邊收拾衣服，一邊喃喃自語：「我就知道，你果然是被帶壞了，不然小良你……不對，鞦韆你根本不會變成這樣。我的小良才不會這樣對我，只有他會替媽媽著想，也只有他眞正懂媽媽的心，相信我所做的一切全是爲了他好！」

見媽這樣，我內心充滿懊悔，沒想到一時沒壓抑住情緒，竟害妡瑞陷入更難堪的處境。

爸爸週末回來得知整起事件經過後，雖沒有像媽一樣生氣，卻也沒有辦法讓媽消氣。只有二哥似乎十分樂見媽跟我冷戰，三不五時就拿這件事開我玩笑。

開學當天，他見我和妡瑞一起等公車，故意出言調侃：「你們最好別靠得太近，要是被我媽看見，又要倒大楣了！」

「就跟你說事情不是你想的那樣，你是吃飽太閒嗎？」我瞪他。

他不屑地擺擺手，「管你們到底是去簽唱會還是去開房間，我才沒興趣知道，只是好心提醒你們一聲而已。」

二哥低俗的言論讓妡瑞的臉色一陣青一陣白，他一走開，我和妡瑞頓時陷入好一陣沉默。

「抱歉，研瑞。」我強忍住將二哥抓過來痛毆一頓的衝動，出聲打破僵局。

她搖頭，啞聲問：「莙莙阿姨到現在都還在生我的氣？」

「不是妳的錯，是我態度不好，傷到我媽的心。如果我沒有頂撞她，事情就不會變得那麼嚴重，對不起。」

「沒關係，我願意等莙莙阿姨消氣，畢竟追根究柢是因爲我才害你跟阿姨吵架。」研瑞對我一笑，便將頭微微別過，而她偷偷拭淚的舉動，讓我的胸口更加沉重。

承受羅阿姨帶給她的傷痛後，如今研瑞又得面臨媽的不諒解，以及喜歡的人對自己做出近乎羞辱的訕笑。

一個個打擊無情地朝向研瑞接踵而來，我卻什麼都無法爲她分擔，不禁對這樣的自己感到既挫敗又憤慨。

縱然研瑞說這一切都是她的錯，然而我不曉得她會不會在心中埋怨媽媽爲何唯獨對她那麼殘酷，爲何在事情過去這麼久之後，依然無法原諒她？

要是研瑞眞的這麼想，我也都不覺得奇怪。

媽現在確實已不再跟我冷戰，對我的態度也一如過往，可是卻再也沒有提過要研瑞來家裡坐坐，也不再關心她的近況。

媽最後一次提起研瑞，是開學前幾天的事。

「鞦韆，你和研瑞在交往嗎？」

我微微一愣，「沒有。」

「那你喜歡她嗎？」

「……我們只是朋友。」

「眞的？」

我馬上點頭。

媽冷靜的語調聽不出情緒，「不可以再說謊騙媽媽，知道嗎？」

此後媽沒有再提起過妡瑞。

那時我無法理解，既然媽都原諒了我，爲何就是不肯原諒她從小看著長大的妡瑞？明明媽一直把妡瑞視爲女兒般疼愛，就算再怎麼失望，也不至於會氣這麼久，我反覆思索，不管怎麼想都覺得不合理。

直到入睡前，我躺在床上沒來由意識到媽那一句「不可以再說謊騙媽媽」，指的究竟是「不可以再有任何欺騙她的行爲」，還是「不可以騙她我沒有跟妡瑞交往、並且喜歡上妡瑞」？

突然間，我腦中好幾個抽屜接連被打開，無數道熟悉的聲音開始四處翻飛。

有些是好幾年前儲存在抽屜裡的，有些則是最近才新放進抽屜的，那些聲音迅速串聯起來，我在電光石火間想明白了一切。

「只有他會替媽媽著想，也只有他眞正懂媽媽的心，相信我所做的一切全是爲了他好！」

這句我曾經無法理解的話，在此時於記憶中被重新翻出，我這才終於懂了當年那個人說出這句話是什麼意思。

正因爲懂了，我的心情更加複雜，也沒辦法繼續怨懟媽。

看向此刻在我身旁紅著眼眶的炘瑞，即使我仍不願意承認，現在媽的確對她抱有那種「敵意」，除此之外，我實在想不出媽之所以待她如此絕情的其他理由。

而這樣的理由，讓我不曉得該如何對炘瑞解釋。

◆

「吳仲謙，請你出來一下。」

開學後的第三個禮拜，極少跟班上同學打交道的沈曼書，突然走過來對我拋下這句話。

我頂著周遭幾道好奇的目光，跟著她到走廊上。

「三年級的吳信棠是你哥哥吧？」

她一開口就讓我啞口無言。

沈曼書將一個小提袋遞給我，「麻煩你幫我把這些還他，並請他以後別再送東西到我家了。」

提袋裡裝著一些未拆封的信件和小禮物，我有些疑惑，「他送這些到妳家？」

「對，我不知道他是怎麼知道我家地址的，這兩個禮拜他陸續將這些信件和禮物塞進我家信箱。聽說他是你哥，所以我才想請你替我把這些東西還給他，並轉告他別再這麼做了，不然我會很困擾。」

沈曼書的態度雖然沉著有禮，目光卻十分清冷，一字一句沒有半點溫度。

班導師曾將全班同學的地址及家裡電話製作成通訊錄，分發給大家，方便彼此之間的聯繫。沈曼書該不會認為是我把她家住址透露給二哥吧？

「那就麻煩你了。」不等我應聲，她便禮貌性地對我點了下頭，轉身走回教室。

那天放學後，我在社團教室附近等妡瑞，等著等著便不自覺發起呆來。

突然肩膀被人一拍，我驚得立刻回頭，對上妡瑞同樣詫異的眼神。

「抱歉，我只是想嚇嚇你，沒想到你的反應會這麼大。」她忍不住笑。

然而，更讓我驚訝的是那個站在妡瑞後方的人。

那人紮著整齊的馬尾，脖間圍著一條眼熟的紅色圍巾。

曾經無意間撞見過兩次的那個女生，此時竟出現在眼前，我克制不住自己，眼睛始終牢牢地盯著她。

她察覺到我毫不遮掩的注視，面容一僵，匆匆別過了臉。

直到現在我才終於看清楚那女生的長相，她的眼睛很亮，臉蛋略顯圓潤，皮膚光潔，也許是因爲天氣冷，雙頰透著淺淺的緋紅。她兩隻手交疊，頭略略低垂，眼睛像是不曉得該往哪裡看，看起來有些緊張無措。

正當我納悶她爲何會和炘瑞一起出現時，炘瑞彷彿看出我的疑問，對我介紹：「她是我同學，也是烹飪社的社員。」

「……我之前沒見過她。」

「她之前是別班的，這學期轉進我們班，最近才加入烹飪社，所以你當然沒有見過。她叫陳南津，東西南北的南，天津的津。」炘瑞注意到我身旁的提袋，「又有女生寫情書給你了？」

我心一驚，不動聲色地將二哥寫給沈曼書的信收起來，「嗯。」

「我就知道。我跟南津約好要去逛夜市，你也一起來吧？」

我遲疑了一會兒，「妳們去就好了。」

「好吧……要是菪菪阿姨發現你又因爲我晚歸，可能會不高興，鞦韆你早點回家吧。」

儘管我不是那個意思，但想到是因爲自己的關係才讓她說出那樣的話，心中的罪惡感又不可抑制地冒了出來。

在校門口道別時，那名叫陳南津的女生，跟著炘瑞一起對我揮了揮手，小小的虎牙，讓她的笑容增添了些許天眞無邪的味道。

目送著她跟圻瑞一起離去的背影，我心中仍覺得不可思議，不曉得該如何形容這種感覺。

大概是因爲我沒想到會以這樣的形式再和她見面。

◆

我把沈曼書交給我的提袋丟到二哥面前。

他打開提袋，發現裡頭全是自己送給沈曼書的東西，瞠目大驚，「這些東西怎麼會在你那裡？」

「沈曼書叫我還你，她要我轉告你，以後別再把這些塞到她家信箱。」

二哥臉色鐵青，目帶殺氣，「你該不會拆來看了吧？」

「誰想看啊？」我擺出嫌惡的神色，「你追女生的技巧能不能高明點？做出這種和跟蹤狂沒兩樣的舉動，連我都替你覺得丟臉。」

「操，關你屁事？給我滾出去！」

二哥惱羞成怒的咆哮引起媽的注意，她在我下樓後問道：「阿棠怎麼啦？」

「不知道。」

「眞不曉得該拿他怎麼辦，都被老師警告可能會要留級了，還成天只想著玩。」媽滿臉無奈，但很快又轉爲欣慰，「幸好，你跟你哥哥一樣聰明，從來都不需要媽媽操心。對了，聽說隔壁家的孩子爲了考大學，高一就去補習班了，如果你也想提前準備，週末可以跟爸爸商量。」

「那要花不少錢吧？請家教說不定還比較省錢。」

「也是。」媽點點頭，又問：「怎麼？你有想請誰來當家教嗎？」

我停頓了一下，試探地問：「姸瑞怎麼樣？」

媽隔了幾秒才出聲，「姸瑞自己也要念書吧？她都高二了，明年一定會更忙碌，況且她平時還要練琴呢，應該沒這麼多時間接家教，媽媽認爲還是不要麻煩她比較好。」

她接著又說：「你再想想有沒有其他人選吧，若眞的找不到合適的家教，乾脆就去補習班吧，補習費你不用擔心。」

果然媽還是對姸瑞存有芥蒂。

雖然她談起姸瑞時，語氣已不再分外冷淡，卻也重拾不了過去的親暱。

先前媽十分介意我和姸瑞之間的關係，所以我只能盡量不在媽面前表現出對姸瑞的在乎及袒護，否則一不小心會再次破壞姸瑞在媽心中早已搖搖欲墜的形象。

我究竟該怎麼扭轉這種局面？

「吳仲謙學弟。」

幾日後的放學時分，有人從身後輕拍我的肩膀，轉頭望去，是陳南津。

我看著她的手，注意到她的手微微輕顫了一下。

「不好意思，剛才我叫過你幾聲，但是你戴著耳機，一直沒聽見。」

「喔，抱歉。」我關掉隨身聽，見只有她一人，便問：「妡瑞呢？」

「妡瑞還在社團，她要我幫忙轉告你，今天她會比較晚回去，叫你別等她了。」

「喔……好。」我注意到陳南津已經穿好外套、背著書包，一副準備回家的樣子，忍不住問：「妳沒去社團？社團活動不是還沒結束？」

「對呀，不過我今天退社了，跟老師打聲招呼就先走了。」

「退社？妳不是才剛入社不久？」

「嗯，家裡臨時有些事要處理……所以沒辦法繼續參加社團，下課後得馬上趕回去。」

我沒再多做探問。就算先前幾次和她、妡瑞三人一起去校門口等公車，但我跟她之間沒有熟到算得上是朋友，今天還是我和她第一次這樣單獨談話。

不過，既然我和她現在都要回家，刻意分開走也很奇怪，於是我主動提議：「那一起走吧。」

「好、好啊。」她驚訝地答應。

走沒幾步，我突然覺得鼻子很癢，停下來打了個噴嚏。

陳南津一瞬也不瞬地盯著我看。

「抱歉。」我尷尬地說，隨即翻開書包想拿衛生紙，沒想到又無預警地打了第二個噴嚏，只好先側過頭用手掩住口鼻。

此時一道鮮明的紅色突地閃過眼簾，脖子頓時感受到一股暖意。

陳南津竟解下她的圍巾圍在我的脖子上。

她有條不紊地迅速替我將圍巾繫好，打上一個整齊的結，端詳了一陣，滿意地點點頭，「這樣就可以了！」

我被她的舉動驚得一時不知該作何反應。

她完全沒察覺出哪裡不對勁，還問我：「這樣不冷了吧？」

正當我想著該怎麼跟她解釋不是這個問題時，我忽然嗅聞到一股濃郁的味道。

「怎麼了？還是很冷嗎？」見我臉色有異，陳南津又問。

「不是，是妳的圍巾……有一股味道。」我微微皺著眉思索，「像是食物，類似滷味的味道。」

陳南津先是愣怔地望著我，接著猛然發出一聲尖叫，衝上來幫我解開圍巾。

「對不起，我現在幫你把圍巾拿下來！」她滿臉通紅，拚命道歉，「天哪，我在幹麼？居然把自己的圍巾圍在你脖子上……學弟，對不起！」

取下圍巾後，陳南津困窘得連脖子都紅了，她一臉難堪地向我賠不是，「眞的很抱歉，我不是故意要把發臭的圍巾圍在你脖子上，請你別生氣，我——」

「我沒生氣，妳要不要先冷靜一下？」我打斷她。

「我……我……那個……」她依然緊張到語無倫次，尷尬地低垂著頭，「我、我看我還是先走好了。學弟，眞的非常對不起！」

陳南津就這麼落荒而逃了。

那天之後，我沒再看見她和妡瑞一起出現。

即便是在沒有社團活動的日子，我也不曾在校門口的公車站牌處遇見陳南津，甚至不曾在校園裡碰到她，彷彿從那天起她就人間蒸發了。

陳南津從我的生活中消失將近一個月後，某個意想不到的人主動與我接觸了。

沈曼書這次不再把我叫到教室外面說話，而是直接將一個青綠色的信封放在我桌上。

信封上的筆跡潦草，我一眼就認出那是誰寫的。

「……他又把信放進妳家信箱？」我問。

沈曼書點頭。

我拿起那封信，竟意外的厚實，「裡面只有信嗎？」

「你可以打開看看。」她說。

我打開信封，裡頭除了卡片，竟還塞了兩張千元紙幣以及十張一百塊小鈔。

「你哥說這些錢隨我怎麼花用都行，如果不夠再跟他說。」沈曼書平靜地說完這串我聽來匪夷所思的話。

我瞠目結舌地讀完卡片，確定對方所言不假，一時之間不曉得該怎麼面對沈曼書。

「我替他向妳道歉。」

「你之前有替我轉告他嗎？」

我點頭，「所以我以爲他不會再這麼做了……」

沈曼書聽完我的回答，什麼也沒有說，面無表情地逕自轉身回座。

從此以後，只要沈曼書收到二哥送的東西，隔天她就會默默轉交給我，一句話也不多說。

我已經沒耐心繼續與冥頑不靈的二哥溝通，那些他給沈曼書的書信都被我收了起來，打算等累積到一定程度再一併退還給他。

我以爲這樣能讓他知難而退。

然而還沒來得及等到二哥放棄，這件事就先傳進了妡瑞耳裡。

早上上學的時候，站在公車站牌處，妡瑞忽然問我：「鞦韆，你認識沈曼書嗎？」

我的呼吸頓時一滯。

「認識啊，她是我同班同學，不過我跟她不怎麼熟。」我低咳一聲，「怎麼了嗎？」

「我昨天從學姊那裡聽到傳言，聽說阿棠正在追那個叫沈曼書的學妹，不但送了許多情書和禮物給她，還會在校門口等她放學。」妡瑞定定地看著我，「你知道這件事嗎？」

她的注視讓我無法閃躲，「嗯。」

「你是顧慮我才沒跟我說嗎？」

我喉嚨發乾，沒有正面回應，「我只是覺得不需要特別跟妳說，據我所知，沈曼書對我二哥根本沒興趣。而且我之所以會知道這件事，是因爲沈曼書曾經託我把二哥寫給她的情書全數退還回去。」

妡瑞的眼中看不出情緒，「所以……阿棠喜歡那學妹是真的？」

我點頭。

「學妹不喜歡阿棠也是真的？」

「嗯，所以妳不用擔心。」

「沒有擔心啊，我不是說過我早就對阿棠死心了嗎？就算他跟學妹交往，我也不會覺得怎樣，只是好奇問問而已。」

雖然妡瑞這麼說，然而到了學校之後，她突然告訴我這禮拜放學後無法跟我一起回家，這個月有教室布置比賽，她得要留校幫忙。

我沒有去證實這句話的真實性。

放學後我直接去校門口等車。公車來了，我卻不想上車，沒來由的煩躁驅使我放棄乘車，決定步行幾站再搭車回家。

我緩緩而行，途中經過一間托兒所，在一群接孩童回家的家長中，我瞥見一個穿著我們學校制服的熟悉身影。

是陳南津。

她蹲在一個哭哭啼啼的小男孩面前，像是在安撫他，但她安慰得越殷切，男孩就哭得越慘烈。

時序進入春天，陳南津已不再圍著那條紅圍巾。

見小男孩不斷哭泣，怎樣都不肯移動腳步，她無奈地將臉埋進膝蓋裡，一副筋疲力盡的樣子。

考慮半晌，我上前輕拍她的肩膀，她抬頭一見到是我，吃驚地瞪大眼睛。

「妳還好吧？怎麼了嗎？」

她連忙站起來，「沒什麼，我來接我表姊的兒子回家，但他說他今天在托兒所摔跤了，腳很痛，不想走路。」

我望著男孩已包紮過的膝蓋，「爲什麼不坐計程車？既然受傷了，直接坐車回去不是比較妥當？」

「我是有這麼想……可是身上的錢不夠。本來要帶他去搭公車，但他就是不肯走路，偏偏我今天很累，沒力氣背他去公車站……」

「我借妳計程車錢。」

「不要，不可以！」陳南津立刻大聲喊了出來。

「沒關係啊，我先借妳，明天妳再把錢交給奷瑞，讓她還給我就行了。」她強烈抗拒的反應令我不解。

陳南津仍然沒有答應，卻陷入了猶豫，低喃道：「……眞的嗎？」

我又是一頭霧水，她這句話是什麼意思？

不等我問出心中的疑惑，陳南津已牽起男孩的手，小聲囁嚅：「那就謝謝你了。」

我提議走到對街會比較好叫車，並且幫忙背起受傷的小男孩穿過馬路，卻注意到緊跟在一旁的陳南津始終沉默不語，面色蒼白。

當我把身上唯一的五百元紙鈔遞給她，她卻沒有接過，反而對著那張鈔票發怔。

正當我想開口問她在想些什麼時，她驀地抬頭看著我，「學弟，你現在急著回家嗎？」

「……還好。」我被她突如其來的發問嚇了一跳。

「那能不能給我一小時……不，三十分鐘就好！請你跟我一起坐計程車回家，拜託你了！」

沒等我答應或拒絕，她已經搶先招了輛計程車停下，主動打開車門，對我露出笑容，「學弟，上車吧。」

她的一切行爲都讓我摸不著頭緒，但我還是上了車。

我坐在車上聽著她跟小男孩有一搭沒一搭地聊天，從兩人的對話裡得知男孩的母親明天就會前來接他下課，不必再由陳南津接送。

我與陳南津的目光一觸，她像是察覺到我的困惑，主動對我解釋：「我表姊一個月前不小心扭傷了腰，行動不便，剛好我外甥的托兒所離我們學校不遠，所以這段期間就由我負責接他回家。」

「喔。」我淡淡應了聲，總算明白爲何這陣子都沒在公車站牌看見她。

但我想問的其實不是這件事，只是還未想到該如何開口，陳南津就指示司機將車停在某條寧靜的小巷旁邊。

陳南津請我在車內稍候片刻，便抱著小男孩匆匆跑向一棟搭有墨綠色遮雨棚的建築物，一樓似乎是賣吃的店面，屋裡和門口都放著幾張桌椅，有人正坐在那兒用餐。

一股濃郁的滷香在我下車後陣陣撲來。

當陳南津以跑百米的氣勢奔回我面前，原本不見血色的臉蛋瞬間添上了幾分驚愕。

「學弟，車子呢？怎麼不見了？」

「我讓司機開走了。」

「所以車錢你也付了？」見我點頭，她急得跳腳，「怎麼這樣！不是叫你等我嗎？我剛衝回家拿錢，結果居然還是讓你破費……沒關係，我現在就把車錢還你，待會你回去的計程車費用也由我來支付！」

我有點意外，沒想到她寧可這番大費周章，也不願欠下半點人情。

我望向遮雨棚下的攤子，「那間店是妳家開的嗎？」

「對呀，我家是賣滷味的。你喜歡吃滷味嗎？」

「嗯。」其實剛才一聞到味道我就餓了。

陳南津眼睛發亮，「那我請你吃吧，不過這樣又會耽誤到你回家的時間……」

「沒關係，能不能讓我借用一下妳家電話？」

「好哇，沒問題。」

我撥了通電話回家，媽一接起，我便以跟同學在外面討論作業爲由，告知她我會晚一點回去，不用等我吃飯。

媽聽完先是安靜了一下，隨即說：「那你大概幾點回來？」

「最晚八點回去。」我隨口說了個時間。

「是嗎？有幾個同學一起討論功課？」

「四個。」我胡謅。

「那些同學是誰？都是男同學嗎？媽媽認識嗎？那些同學裡……」

「媽。」我用極冷靜的語氣打斷她，「那些同學妳全都不認識。」

話筒裡一時沒再傳來聲音，媽最後溫聲說：「好，那你記得吃飯，回來時注意安全。」

結束通話後，我用最輕的力道放下話筒，就怕話筒的沉重，會拉著我整個人一起向下沉。

一轉過身便見到剛才那個小男孩，他被一名叼著菸、穿著清涼的女子抱在懷裡。

女子毫不避諱地打量我，咧嘴一笑，「店裡空間太小，你到外頭坐吧，滷味已經幫你準備好了。南津要我轉告你她暫時離開一會兒，等等就過來了。」

門口一張空桌上放著一份熱騰騰的滷味，份量多得驚人。我扳開竹筷默默開動，約莫十五分鐘過後，眼角餘光瞥見一抹鮮豔的紅色。

抬頭望去，已經換下制服，穿著一件紅色薄毛衣及黑色牛仔褲的陳南津正飛快向我跑來。

大概是因爲紅毛衣的關係，她的氣色乍看之下好了許多，這次她不再紮著馬尾，披散在肩上的頭髮讓她看起來跟平常不太一樣。

「我剛剛去樓上換衣服，要是不馬上把制服換下來，很快會沾上滷味的味道。」

我注意到她的瀏海與髮梢都帶有濕意，「上次妳的圍巾就是這樣？」

「圍巾？喔，對呀。因爲我每天都在家裡幫忙，那味道早已聞習慣了，所以有時候明明身上味道很重，自己卻一點也沒察覺。以前還常被人家取笑是『滷臭王』呢！」

我沒有就這個話題接話，轉而問起在車上很想問她的事：「妳剛才是不是身體不舒服？已經沒事了嗎？」

她不假思索地點頭，語速飛快，「其實我今天肚子超痛的，痛到幾乎站不起來。不過女生嘛，生理期都是這樣。我在樓上吃過止痛藥，現在沒事了。」

「……那就好。」她答得乾脆，我卻聽得尷尬，跟剛才比起來，她現在的精神似乎亢奮到有點異常。

「我有叫我爸多準備些滷味給你，你儘管吃吧。還有，因爲我家這裡有點偏僻，很少有計程車經過，你想回家的時候跟我說，我先幫你叫車。」

「謝謝。」

我想起前一刻和媽的那通電話，意識到自己其實並不想回家。

無論是突然決定留在陳南津家吃滷味，還是無法好好聽完媽說的話，其實都只是一時衝動，但要不是這份衝動，我不會察覺到自己對這種無形的壓力已經難以負荷。

媽日益嚴重的猜疑與控制讓我無法喘息，卻無計可施，不知道這樣的日子究竟到何時才能結束。

「學弟，你和妡瑞是不是吵架了？」陳南津忽然端詳著我的臉，「今天你和妡瑞好像都沒什麼精神……」

「妡瑞今天沒精神嗎？」

「嗯，雖然跟她說話的時候，她也會回應，可是其他時間她一直在發呆，一副心事重重的樣子，還因爲上課不專心，被老師念了幾句。」

我不置一詞。

「雖然這麼說有點自以爲是，但如果妡瑞心情不好的原因，眞的跟你有關的話，我希望這盤滷味可以讓你心情好一點，然後早點跟妡瑞和好。我不想看到妡瑞難過的樣子，拜託你了！」

她認眞爲妡瑞著想的模樣讓我有些欣賞。

「妳沒問妡瑞發生什麼事嗎？」

「我很想問，可是我沒什麼機會和她單獨在一起。今天很多人都看出她狀況不好，主動前去關心她。」她口氣難掩失落，「如果我沒有退出烹飪社，就有更多時間和她相處了。」

「妳當初退社是爲了要接送妳外甥嗎？」

她點頭。

「既然如此，妳明天就可以回去社團了不是嗎？」

她的神情有些無奈，「沒辦法，因爲我——」

這時一陣急促的腳步聲傳來，只見兩個小孩突然從陳南津身後緊緊抱住她的脖子，椅子沒有靠背，重心不穩的她立刻從椅子上往後仰倒，重重摔在地上。

我一呆，還來不及過去扶她，陳南津便迅速站起身來，抬手整理頭髮，卻發現頭髮被地上的泥水弄濕，她氣得回頭朝那兩個罪魁禍首大吼：「你們兩個！我剛剛才洗過頭——」

那兩個闖禍的小孩早已逃之夭夭，她只能狼狽地扶起椅子坐下，察覺到所有客人全盯著她瞧，整張臉立刻變得跟她身上那件毛衣一樣紅。

「……妳沒事吧？」

「沒事。」她應答的音量幾不可聞，頭也低垂得快要貼在桌上。

「那兩個小孩是誰？」

「我弟弟，一個小四，一個小二。」她不肯把臉抬起來，只是用手梳理凌亂的頭髮，「他們很頑皮，經常故意惡作劇惹我生氣。我另外兩個妹妹就乖多了，不會這麼沒禮貌。」

「妳家一共五個小孩？」

「是啊，我是長女，大妹國二，小妹小六，加上我外甥，我家現在一共住著六個小孩。」

聽到這裡，我立刻明白了，「妳說沒辦法回去社團，跟妳弟弟妹妹有關嗎？」

「嗯，我爸忙著開店，我媽要上班，他們就成了我的責任。每天放學我除了幫忙家裡生意，還要抽空照顧他們，根本沒有自己的時間，加上冬天店裡生意特別好，常常忙不過來，很缺人手，所以當我執意加入烹飪社時，還因此跟爸媽有過好幾次爭執。」說到這裡，她淡淡一笑，「我表姊和我外甥搬過來後，我還得幫忙接送外甥，更是分身乏術，就算從明天起不用再去接他放學，但依目前家裡的情況，還是不允許我繼續參加社團。」

「辛苦妳了。」我由衷道。

「嘿嘿，我習慣了。不過這樣就沒能有更多時間和炘瑞相處，這點讓我很難過。」

「妳好像眞的很喜歡炘瑞。」

「當然，我們是好朋友啊！」她的眼睛發亮，「剛從別班轉過來時，老師指派我坐在她隔壁，她每天都會主動找我聊天，還約我去逛街，很少有人像她一樣對我這麼好。」

「眞的？」

「嗯，就算曾經有過這樣的朋友，最後也都沒有了。」陳南津說話的語氣帶著一絲黯然，「不過，炘瑞跟我過去那些朋友不一樣，是個値得信賴，絕不會傷害或背叛朋友的人。所以如果可以，我希望炘瑞有什麼煩惱都能告訴我，就像我信賴她一樣，我也想成爲她最信任的人。」

她燦爛地笑開，「只要是爲了炘瑞好，我願意爲她做任何事。」

我沒有再作聲。

到了七點多，我一說要回去，陳南津立刻要幫我叫車，但我拒絕了，於是她陪著我一起去等公車。

她原本有些濡濕的髮尾已經乾了，隨著微風徐徐飄起，這幕畫面勾起我的好奇心。

「剛才我借用妳家電話時，妳只是去樓上換衣服嗎？」

「呃……其實我去洗澡了。」

「洗澡？包括洗頭？在那個時間？」

「因爲我不想再讓你聞到我一身滷臭味嘛。」她難爲情地說。

果然又是個讓人難以理解的答案。

「學弟，我問你，你眞的沒有和圻瑞交往嗎？」

我擰眉，「沒有，爲什麼這麼問？」

「因爲你和圻瑞感情非常好，又常常一起回家，就算圻瑞宣稱你們只是青梅竹馬，還是有很多人認爲你們在交往。老實說，圻瑞長得那麼漂亮，可是她卻說自己從來沒有交過男朋友，我曾想過她是不是有什麼難言之隱，所以故意隱瞞。」

我一語不發。

「學弟，別告訴圻瑞我問過你這件事，我不想讓圻瑞認爲我在懷疑她說謊。」她的聲音低了下來，像是在喃喃自語，「我要完全相信圻瑞才對。」

這晚陳南津十句話裡有八句都提到圻瑞。

她對圻瑞的重視，遠超乎我的想像。

方才她說，她覺得圻瑞跟她過去的朋友不一樣，圻瑞不是個會傷害或背叛朋友的人，這表示陳南津以前曾經被誰傷害過嗎？

雖然我心中懷著這樣的疑問，卻沒有開口向她證實。

「妳知不知道陳南津爲什麼會轉班？」

隔天和妡瑞一起等公車時，我忍不住問她。

妡瑞馬上反問：「怎麼了嗎？」

「有點好奇而已，我昨天放學在校門口偶然遇到她，突然想到她在二下才轉班，是不是有什麼特別的原因？」我語帶保留。

「嗯……我剛開始也好奇過，在詢問南津之前，我其實已經從別人那裡聽到一些傳言了。」她降低了些許音量，「聽說南津之前在班上好像被人欺負。」

我沒有反應，對於這答案並不意外。

「後來我私底下問過南津，南津坦白告訴我確實是這樣。她說有人偷偷在她的飲料裡放了奇怪的東西，害她上吐下瀉，昏倒在教室裡，被送進醫院住了一個星期。後來查出下藥的人，居然是幾個平時和她頗爲親近的女同學，眞是太過分了！」說著說著，妡瑞忿忿不平了起來。

我立刻想起之前要陳南津獨自扛著五個書包的那幾個女生。

「這場惡作劇差點讓南津送命，所以學校決定讓她轉班。雖然現在她還沒能和我們班上同學有太多互動，可是我跟她處得很好，也覺得她是個很好的女生。」

我點點頭，表示理解，沒再追問下去。

「我有點驚訝耶。」妡瑞忽然說。

「幹麼驚訝？」

「因爲這好像是我第一次聽你主動問起一個女生的事。」

我一時語塞，很快丟給她一記白眼，「就跟妳說只是單純好奇而已，妳又想到哪裡去了？」

「嘻嘻。」她笑得瞇起了雙眼，一點也不像陳南津昨天所形容的那樣無精打采。

這表示妡瑞已經有了連在我面前都無法言說的心事了。

◆

又有學長送早餐到教室給沈曼書。

這是進入五月後的第三次，對此大家都已經習以爲常。

只是有一點讓我覺得困擾，現在只要有追求者跑來向沈曼書獻殷勤，就會有人注意我的反應。

這陣子，沈曼書會在早自習結束後，將二哥的信拿來給我。

沈曼書每次都是默默把信遞過來，而我也只是默默收下，除此之外不再有其他互動，但看在旁人眼中，自是覺得不明所以，甚至匪夷所思。

於是一個新的謠言逐漸在班上悄悄傳開，主角是我和沈曼書。

若不是某個稍有交情的男同學向我探問，我根本不會發現到原來同學們私底下早就在懷疑我和沈曼書之間有什麼祕密。

儘管鮮少人知道我有個在同校就讀三年級的二哥，不過想到二哥至今都還在追求沈曼書，要是這謠言不小心傳入二哥或炘瑞耳中，局面恐怕會更加混亂……

然而我隱約覺得不太對勁。

以我對二哥的了解，這麼多次碰壁，他應該早就放棄沈曼書了才對。

前些日子，待沈曼書退回的情書積累成一小疊後，我一次全數退還給二哥。如我所料，他大發雷霆，臉色非常難看，但隔天依舊使出各種花招，企圖吸引沈曼書的注意。

過去二哥並非沒有追求過其他女生，但這次不一樣。

二哥做事向來都是三分鐘熱度，即便他不甘心被沈曼書拒絕，依他的個性也不可能到現在還堅持不輟。

除非他對沈曼書是認眞的。

我胸口一陣發涼，不曉得該不該去深思這種可能性。

等到早自習結束，沈曼書又向我走來。

她一如往常把信交給我後轉身就走，這次我叫住了她。

「可以跟妳談談嗎？」

沈曼書沒作聲，默默走出教室，站在走廊上。

我跟了過去，把那封信還給她。

「我仔細想過了……這樣繼續把信退回給我哥，似乎也不是辦法。如果妳不打算接受他，是不是當面跟他說清楚比較好？我認爲由妳親口拒絕，會比一直退信來得有用。」

沈曼書不動聲色，「你不能幫我傳話嗎？」

「我是很想幫妳，但坦白說……我跟他的關係不怎麼好，所以我也不知道該怎麼和他把這件事說清楚。抱歉。」

她像是陷入了思考，靜靜地看著我。

「我知道了。」她接過那封信，回到教室。

這樣應該就沒問題了。

既然已經和沈曼書把話說開，從明天起，她不會再託我把信件退還給二哥，我和她不會再有接觸，謠言也許就會跟著慢慢消失。

如此一來，我不必擔心哪天謠言會傳進二哥耳裡，他會過來找我麻煩；也不必擔心他對沈曼書鍥而不捨的追求，會傷害妡瑞的心。

雖然是不得已走到這一步，但綜觀而言，這應該是唯一能有效解決問題的辦法了。

「鞦韆，關於補習班的事，你考慮好了嗎？」媽在餐桌上突然問我。

「幹麼去補習班？他不是天才嗎？」二哥嗤笑。

我沒理他，「我還沒想好，等暑假過後再說吧。」

「嗯，到時候再告訴媽媽喔。阿棠，那你呢？這學期都要過完了，難道你眞的想被留級嗎？」

「留級就留級，又沒什麼大不了的，我本來就不想這麼快離開學校啊，哈哈！」

我拿著筷子的手一頓，腦中冒出一個念頭：二哥不想這麼快畢業，該不會是為了沈曼書吧？

看這傢伙滿臉得意洋洋，沈曼書應該還沒正式拒絕他。那天之後，沈曼書沒有再把二哥寫給她的信退還給我，但我也不確定她是怎麼想的，畢竟我跟沈曼書沒什麼交情，不可能特地跑去問她這種事。

「有人在嗎？」

妡瑞的聲音從大門口傳來，打斷我的思緒。

我和媽站起來走向客廳，見到妡瑞手上捧著一個禮盒。

媽出聲招呼：「妡瑞，有什麼事嗎？」

「親戚寄了幾盒蛋黃酥給我們，我想到菪菪阿姨特別喜歡吃蛋黃酥，所以拿了一盒過來。」妡瑞微笑。

「哎呀，這怎麼好意思？」

「阿姨不用客氣，這家的蛋黃酥很好吃，冷藏過後會更美味喔。」

「謝謝妳，那我先拿去放冰箱。」媽接過禮盒，本要走進廚房，卻突然停下腳步，回過頭熱切地問：「對了，妡瑞，阿姨可不可以問妳一件事？」

聽到媽用久違的親暱語氣與她說話，妡瑞一臉受寵若驚，連連點頭，「當然可以，什麼事？」

「妳現在有沒有喜歡的男生？」

「咦？」

「阿姨沒有別的意思，只是想著妳長得這麼漂亮，在學校應該有很多男生追吧？有沒有想過交個男朋友呢？」

妡瑞嘴角的笑容一僵，顯然很不知所措。

這時人還在廚房的二哥卻高喊：「她不是早就跟鞦韆交往了嗎？都瞞著大家偷偷跑去宜蘭過夜了！」

「別胡說，鞦韆說過他跟妡瑞只是朋友，他不會再欺騙媽媽的！」媽喝斥了二哥一句，繼續笑盈盈地對妡瑞說：「如果妳有喜歡的男生，一定要好好把握，阿姨很期待有天能看到妳帶男朋友來我們家玩。」

我和妡瑞交換一記眼神，在對方眼中瞥見了同樣的震驚。

隔天早上，妡瑞站在我身旁等車，神情茫然。

「莙莙阿姨為什麼要對我說那些話？」她很不安，「她是不是發現了什麼事？莫非阿姨已經察覺到我喜歡阿棠？」

「不是，跟二哥無關。」我沉聲說，「是她誤會我們兩個了。」

「誤會？」

「嗯，自從上次去宜蘭回來以後，我媽一直認為我和妳之間不單純，不管我怎麼解釋，她仍然心存懷疑。」

「那麼阿姨的意思是……她不喜歡我和你在一起？因爲懷疑我們私下交往，所以她昨晚才故意說那些話，要我別再繼續糾纏你？」妡瑞難以置信，「阿姨爲什麼要這樣？難道她就這麼討厭我？爲什麼她不能再相信我一次？我犯的錯，眞的有這麼不可饒恕嗎？」

我看著將臉深埋進手心裡的妡瑞，明知說出眞相不會有任何幫助，可是這一刻我卻還是選擇告訴她實情，卻讓她受到更大的打擊。

說或不說，對妡瑞都只會造成傷害，這並不是光靠釐清眞相就能解決的事。

這種怎麼做都不對的迷惘及罪惡感，幾乎讓我瀕臨崩潰邊緣。

前幾天在學校福利社，我和陳南津不期而遇。

我剛好站在她旁邊挑選飲料，陳南津一見到我，表情先是一僵，隨即匆匆跑開。

這陣子除了妡瑞的事讓我煩心，陳南津也讓我有點在意。

自從上次去她家吃過滷味，她每次在學校一碰見我，就會突然逃走，哪怕只是遠遠四目交會，她也會立刻改往另一處跑去。放學在校門口等公車時，她總是刻意站在距離站牌處約莫五公尺外，很明顯是在躲我。

我把先前關於她的記憶全部翻查過一遍，仍想不出自己究竟是哪裡得罪了她，即便很想當面問清楚，但她老是千方百計躲著我，讓我根本沒這個機會問她。

直到期末考結束，我都沒再跟陳南津說過話。

高一這年，就在充滿煩惱和疑惑的心情中結束了。

◆

今年暑假我和炘瑞只見了五次面。

她歉然地對我說，在媽相信我和她之間沒有其他曖昧情愫之前，若非必要，我們最好先別見面，因此我只有在去炘瑞家買東西的時候才有機會見到她。

我沒有拒絕炘瑞的提議，也沒有試圖說服她不要這麼做，畢竟我找不出其他讓媽得以釋懷的方法，只能消極地同意。

儘管我認爲就算媽繼續這麼誤會下去也無所謂，但那對炘瑞不公平，我知道她不會願意被媽如此看待。

即使她不在乎媽的看法，也還是會在乎二哥的。

到了學期末，二哥的成績依舊慘不忍睹，最後果真「順利」留級。

新學期開學第一天早上，他走過我和炘瑞面前時，嘴裡還哼著歌，看起來神采飛揚。好一陣子沒見到二哥的炘瑞，凝望他的眼神有著藏不住的溫柔笑意，「阿棠心情好像很好耶。」

「嗯。」我沒多做回應。

「對了，鞦韆，有件重要的事得跟你說，我已經退出社團了。從今天起，我放學都會直接去補習班上課，晚上九點才會回去，所以之後你不用再等我嘍！」

「妳要去補習？」

「對呀，除了平日晚上，星期六也要去上課，從早上九點到下午五點。我已經高三了，再不認眞點不行。」她聲調突轉輕快，「還有還有，我爸前幾天買了一支手機給我，以後你可以直接打我手機找我。」

說完，她迅速報出一串手機號碼。

「好啊。」我立刻牢記在心。

「如果你也有手機就好了，這樣我們就可以透過手機聯繫，用不著打電話到你家裡，讓君君阿姨誤會，呵呵。」

妡瑞說完笑了幾聲，我沒有跟著她一塊笑。

到了學校，一踏進教室，我不小心和某個人撞個正著，發現對方是沈曼書時，我先是一愣，隨即向她打招呼。

「嗨。」

「嗨。」她禮貌地應了聲，便拿著空水壺走出教室。

升上二年級，班上同學幾乎都是老面孔，只有幾位授課的老師有所更動。

這學期擔任我們班導的胡老師，是出了名的嚴格，教學方式高壓專制，使得眾多學生敢怒不敢言，在背後叫她「虎姑婆」。

後來我發現她的心思其實很好捉摸，她只討厭「成績不好」以及「反抗她」的學生，只要不踩中這兩個地雷，通常就不會有什麼大問題；反之，對於成績好又聽話的學生，她向來十分照顧，也會在課業上給予幫助，甚至讓那些人享有「特別待遇」。

開學不到一個月，班上已經有人議論，說虎姑婆私下贈送參考書給她特別喜歡的幾個學生，據說沈曼書也是其中之一。

班上女生就屬她成績最好，因此相當得虎姑婆的歡心，也獲得她最多的關照。雖然不確定謠言是眞是假，部分女同學仍爲此心生不滿，加上沈曼書個性孤僻，在班上本來就沒什麼人緣，自然沒人肯出面爲她闢謠，於是有關她的各種閒話，總是不時會傳進我耳裡。

即使如此，她還是很受學長的歡迎，仍有學長特地送早餐過來給她，而她也仍堅持不肯收下。

也許高中這三年，沈曼書都不會接受任何人的心意吧。

當時我是這麼想的。

有天放學後，我碰巧遇見正背著書包要去補習班的妡瑞，只見她一臉疲倦，雙眼無神。

「妳怎麼了嗎？」我關心地問。

「沒什麼啦，只是對今天寫的幾張模擬試題成績不是很滿意……加上昨天從補習回家後，我又熬夜讀書，所以有點睡眠不足。」

「妳要好好休息，黑眼圈都跑出來了。」

「呵呵，我知道啦。」她笑了笑，隨意將視線轉向校門口，笑容忽然一滯。

我順著她的目光望去，看見二哥站在校門口，正在和一個女生說話。

那個女生是沈曼書。

二哥不時比手畫腳，熱切地說個不停。站在他面前的沈曼書，始終專注地凝視著二哥，表情不若以往冰冷，甚至帶著淺淺的笑意，偶爾還會開口回應幾句。

我難以置信地看著這一幕。

沈曼書為什麼會跟二哥在一起？

他們怎麼會相處得這樣融洽，而且還聊得那麼愉快？

「鞦韆，阿棠他還在追那個學妹嗎？」妡瑞問。

我腦中一片紊亂。

「沈曼書……沒有拒絕阿棠嗎？」妡瑞的聲音帶著說不出的乾澀，彷彿說出每一個字都很艱難，「難道……他們開始交往了？」

我答不出話，因為我同樣不知道答案。

我以為沈曼書早已拒絕二哥，然而，眼前所見卻讓我先前的認知產生動搖。她應該還沒跟二哥說清楚吧？還是她不想拒絕二哥了，所以才會願意和他聊天？該不會還漸漸對他有了好感？

這樣的發展完全出乎我的預料。

那晚二哥回到家後，心情相當愉悅，但他越是歡快，我就越是焦躁，恨不得馬上把他抓過來問個清楚，卻又害怕會聽到我最擔心的答案。

那晚我煩惱到幾乎無法入睡。

隔天到了學校，我與許久不見的陳南津不期而遇。

經過一個暑假，她對我的態度依然沒變，還是一見到我就跑，可是這次她跑著跑著卻忽然停下腳步，背對著我站在原地好一會兒，接著像是下了什麼重大決定似的，轉過身大步朝我走來。

「呃……學弟。」她站在我面前，視線飄忽不定，神色緊張，「有件事我不知道該不該告訴你，但我想了很久，覺得還是跟你說比較好。」

我靜靜地等著她繼續往下說。

「妡瑞她……昨天晚上過來找我，她提前從補習班離開，和我約在外頭碰面。她好像出了什麼事，一看到我就哭個不停……」

「妡瑞哭了？」

陳南津用力點頭，「嗯，她哭得很傷心，我從來沒有見過她那樣。雖然我知道這陣子她為了準備模擬考，壓力似乎有點大，不過我不確定她是不是為了這件事而心煩，我問她怎麼了，她不肯多說，只說想找個人發洩一下情緒。」

我很意外，一時不知該作何反應。

「總、總之，我不曉得妡瑞有沒有告訴你她怎麼了，但我認為最好還是跟你說一聲，也許你會知道些什麼。既然妡瑞不肯說，我也不敢追問，只能請你替我多關心她、安慰她……」她慎重地朝我微微鞠躬，「拜託你了！」

陳南津說完便迅速轉身跑開，我根本沒機會問她爲何最近會避我如蛇蠍。

那天放學，我臨時被叫去導師辦公室幫虎姑婆處理一點事，稍晚才回到教室。

教室裡空蕩蕩的，只剩下沈曼書一個人坐在位子上看書。

我好奇地問她：「妳不回去嗎？」

「我爸等等會來接我。」她簡略地回，目光始終落在書頁上。

也許現在是個好時機，問問她到底是怎麼看待二哥的？

我緩步走到她座位旁，瞥見她腳邊有一個紙袋，裡面裝著信件和包裝精美的禮物。

我輕輕拉開她前座的位子坐下。

沈曼書抬起頭，用清澈的眼睛看著我。

我輕咳一聲，沒頭沒腦地解釋：「不是我把妳家地址透露給我哥的。」

「我沒說是你透露的啊。」她的目光又重回書中。

「我只是覺得跟妳澄清一下會比較好。」

我瞄了眼她手中的書，是本科幻小說，不禁有點佩服她總是可以沉浸在書中世界。

「欸，地上那個袋子裡的東西都是妳的追求者給妳的？」

「嗯。」

「那我哥現在還有再寫信給妳嗎？」

「偶爾。」她頭也不抬，反問：「你今天沒跟女朋友一起回去？」

「女朋友？」

「你不是跟三年級的羅妡瑞在交往？」

我微微一愣，「妳誤會了，那是謠言。」

「是喔？我之前偶爾會看到你們放學一起回去，而且別人都說你們在交往，所以我以為是這樣。」

聽到這裡，我做了個深呼吸，順勢問出那個我非常介懷於心的問題：「說到放學，我昨天看到妳和我哥在校門口聊天，你們什麼時候關係變這麼好了？」

「有嗎？」

「至少我覺得你們當時氣氛還不錯。」

她面不改色地翻了一頁書，「我和他只是碰巧在校門口遇到。你哥突然跑來向我搭話，剛好我也有一些事想問他，所以看起來才像你說的那樣吧。」

我暗自心驚，「妳有事想問他？意思是妳對他其實也有點興趣？妳不是──」

「我問了你的事。」

沈曼書說出這句話後，抬起被夕陽照亮的眼眸，定定凝視著我，「我問了他關於你的事。」

我呆愣了好一會兒才找回自己的聲音，「……為什麼？」

「沒為什麼，只是突然想問，所以就問了。」

「妳問了我哥什麼問題？」

「我只是問起他對你的看法，想聽聽看他會怎麼形容你。他說你這個人高傲又自大，是個討人厭的傢伙。」

我沒有反應。

她看了眼手錶，闔上書站起來，「我要走了。」

「嗯。」我也起身，打算走回自己的座位。

「吳仲謙。」她叫住我，從地上的紙袋裡抽出一支金莎巧克力花束，金色包裝的巧克力外圍以緞帶裝飾成玫瑰花瓣，「這個送你，我對花生過敏，但丟了有點可惜，你幫我吃掉吧。」

我沒有拒絕。

當晚在房間，我對著擺在書桌上的巧克力花束出神。

「我問了他關於你的事。」

事後想想，聽了沈曼書那句話之後，我收下這束花似乎有一點奇怪。

不過得知沈曼書並未接受二哥的心意，兩人的關係不是我所擔心的那樣，我不由得鬆了口氣。

想起陳南津今天提醒我炘瑞最近狀況有異，看看時間，補習班應該已經下課了。走到樓下客廳，媽正在洗澡，我趁這個時候打電話給炘瑞。

「鞦韆?怎麼了嗎?」妡瑞接起手機的聲音語調輕快,聽不出什麼異樣。

「沒什麼,只是想知道妳到家了沒?」

「呵呵,我到家了啦,等等洗完澡就會睡了。我好像有點感冒,所以今晚不會再熬夜讀書了,你別擔心我。」

「好。」我抿抿脣,打算告訴她二哥跟沈曼書的事,「那個,妡瑞……」

「幹麼?在討論要去哪裡約會嗎?」

二哥的聲音冷不防從旁邊響起,我大吃一驚,話筒那頭的妡瑞也嚇得一時沒出聲。

「誰准你偷聽我講電話的?懂不懂禮貌?」我當場變臉。

「誰偷聽啊?我只是下來喝杯水,就看到你趁媽在洗澡時打電話給妡瑞,明明是你才有鬼吧!」他嗤地一笑,「這次又要準備去台北參加誰的簽唱會?要不要我補助點旅費?要是臨時又沒辦法回來,還可以睡高級一點的旅館唷!」

「抱歉,妡瑞,我先掛斷了。」一放下話筒,我拽著二哥的手臂,「你給我過來!」

我用力把他拖回房裡,揪住他的衣領怒喝:「你到底懂不懂尊重?這樣很好玩嗎?」

「我又沒怎樣,只是好心勸你們幾句罷了,要是媽出來發現你和她偷偷通電話,你不就完了?」他依然嬉皮笑臉。

「你再這樣試試看!爲什麼你每次都故意在妡瑞面前說這種話?都不顧慮她的心情?難道不知道這樣她會很難過?」

「追根究柢是你們自己把事情搞成這樣的吧?你沒看到媽現在根本就懶得理她了,雖然她是有點可憐，但也是自作自受啦，誰叫她害我媽心中最乖巧的鞦韆對她說謊了咧？」

「妡瑞是有惹到你嗎？爲什麼你非得這樣對她？顧及一下她的心情會很難嗎？」

「蛤？我幹麼要顧及她的心情？她的事跟我有什麼關——」

「因爲她喜歡的人是你！」我忍不住咆哮，「妡瑞喜歡的人不是我，是你！所以就算你不接受妡瑞的心意，也不能這麼對她，開玩笑也該適可而止！」

二哥一怔，半晌說不出話來，似乎連想都沒想過有這種可能。

「靠，不會吧……」他喃喃低語，然而他臉上不僅不見絲毫喜悅，還流露出嫌麻煩的神情，「那也沒辦法，我對她又沒興趣，我光是追沈曼書就忙得要死，哪有時間管她？」

「我沒要你管她，只要你今後顧及一下妡瑞的心情，別再當她的面講出那些話！」

「她的心情關我屁事？我才不在乎，不過你竟然會爲了她氣成這樣，該不會是因爲妡瑞喜歡我，不喜歡你，所以在吃醋吧？」他笑得張狂，「好啦，那請你繼續安慰她，我就看你究竟能爲妡瑞做到什麼地步，哈哈哈！」

我的拳頭在二哥走出房間後仍是用力緊攥著。

妡瑞多年來的感情居然被他視如敝屣，我的胸口因憤怒而劇烈起伏，心跳失速。

「我就看你究竟能爲妡瑞做到什麼地步。」

盛怒中，我想著二哥這句話，漸漸冷靜下來，呼吸也恢復平穩。

「我問了你的事。」

「只要是為了䜣瑞好，我願意為她做任何事。」

有個念頭在我腦中逐漸成形，我不再憤怒，緊攥的拳頭也緩緩鬆開。長久聚集在我頭頂上的那片濃厚烏雲，終於在此時透出一道曙光。

◆

我在下課時間來到三年級教室。

從窗外看進去，我很快找到那個綁著馬尾的女生，她正坐在座位上低頭看書。確定䜣瑞不在教室裡，我二話不說逕自走到她身旁，敲了敲她的桌子，她抬頭一見是我，臉色頓時一變。

「南津學姊，今天能不能給我一點時間？我有事想和妳商量。」

陳南津僵著臉，吞吞吐吐地回：「好、好啊……是什麼事？」

「晚點再跟妳說。放學後，我在校門口等妳，請別告訴䜣瑞。」我說完便迅速離開。

若不是陳南津一直躲著我，而我又有話想對她說，我是不會做出到她班上找人這種唐突的事。

放學鐘聲一響，班上同學紛紛背起書包走出教室，只有沈曼書不為所動，繼續坐在座位上看小說。

待教室只剩下我和她兩個人，我問道：「今天也要等家人來接妳嗎？」

「嗯。」

「那妳一個人小心點，明天見。」

她的視線停在我臉上，「明天見。」

踏出教室之前，我不禁回頭望向她的背影。

等我到了校門口，陳南津已經等在靠近公車站牌的一棵樹下。

我帶著她去到一間複合式餐廳，雖然就在學校附近，但因爲餐點價位不低，一般學生通常望而卻步，因此反倒安全隱密，不必擔心會碰見熟人。

陳南津瞪大了眼睛看著菜單，滿臉驚恐，「不會吧？這裡最便宜的果汁也要八十塊？」

「我請妳，畢竟是我約妳過來的，妳想吃什麼都可以。」我問她，「妳沒讓妡瑞知道我找妳吧？」

「沒有，你離開後，雖然妡瑞一回到教室，馬上有同學跟她說你來班上找我，不過我告訴妡瑞你其實是去找她，看她不在，才轉而問我她去了哪裡。」

「那就好。」想不到陳南津的反應還算機伶。

「那麼你找我是爲了？」

「在我回答之前，有件事想先請教學姊。妳曾經對我說，只要是爲了妡瑞好，妳願意爲她做任何事，這句話現在還算數嗎？」

陳南津沒有多想，點點頭，「嗯。」

「眞的？」

「當然，我不會騙你的！」她再次用力點頭，卻有些困惑，「爲什麼突然這麼問？」

「妳不是說妡瑞跑去找妳大哭一場，還說我很有可能知道原因？事實上，我的確知道她爲何煩惱，所以我打算替她解決那些問題，但需要南津學姊的幫忙。」

她愣了愣，「我嗎？我可以幫上忙？」

「可以，只要妳是眞心想爲妡瑞做點什麼。如果妳願意幫我，並保證不說出去，我就把妡瑞的煩惱告訴妳。」

陳南津沒有作聲，像是在思索些什麼。

「好，我幫。」她最後還是應允了。

於是我將困擾著妡瑞的那些事全告訴她，包括妡瑞去年到宜蘭找她媽媽，回來之後我媽對她的態度驟變，以及她喜歡二哥，二哥卻鍾情於沈曼書。

陳南津認眞聽完，先是思考了一陣，才開口：「所以說……因爲你媽媽誤會了你和妡瑞交往，導致她到現在對妡瑞還心存芥蒂。加上妡瑞喜歡你二哥，可是你二哥喜歡沈曼書，而且這陣子他們的關係漸趨融洽，所以妡瑞才會這麼難過？」

「嗯。」

「原來是這樣，斩瑞眞可憐……」她一臉若有所思，「那你打算怎麼幫助斩瑞？」

「首先我希望學姊妳可以每週空出一到兩小時，來我家當我的家教，時間依妳方便，看是要星期六還是星期日都可以。這麼做，說不定可以改善我媽和斩瑞的關係。」

「家教？不行啦，我功課沒有很好耶！」她嚇一跳。

「不是眞的要妳指導我課業，只要在我媽面前做做樣子就好。當她看到我和妳越走越近，就不會把注意力放在斩瑞身上，對待斩瑞的態度應該也會有所轉變。」

「這樣眞的有用？」她有些懷疑。

「我認爲値得一試。」

「……好吧，我知道了。」她抿抿脣，隨即又問：「那麼你二哥跟沈曼書的事又要怎麼辦？」

「這我會處理，妳不用操心。」

「你打算怎麼做？」

我頓了頓，才答：「我會開始追求沈曼書。」

陳南津傻住了。

「雖然我不認爲沈曼書會接受我二哥，不過看到他們那天的互動，我不敢那麼肯定了。所以我會試著讓沈曼書喜歡上我。」

她驚訝地瞪圓了眼睛，「可是這麼做不會有問題嗎？要是被你二哥發現——」

「無所謂，他並沒有權力阻止我追求沈曼書。我和沈曼書同班，每天都能見面，成功機率自然比他高。」

陳南津臉上寫滿憂心，「假如沈曼書最後眞的喜歡上你呢？」

「如果眞是這樣，我不會讓她知道眞相，也不會在達成目的之後就和她分手。我知道這對她不公平，所以只要沈曼書願意跟我在一起，我也會認眞和她交往，直到有一天她不再喜歡我，決定跟我分手爲止。」

陳南津神情複雜，不再多言。

走出餐廳時，天色已經完全暗了。

「抱歉耽誤到妳的時間，會害妳回家被罵嗎？」

「不會不會，這幾天我家生意還好，不馬上回去也沒事。不過你不是說你媽媽現在很容易起疑心？你今天沒有事先告訴她你會晚點回去，會不會她又誤以爲你和妡瑞在一起……」

「我媽知道妡瑞放學後會去補習，所以她應該不會懷疑到妡瑞身上。事實上，我打算從現在起就讓我媽開始起疑心，這樣等妳來到我家那時，效果會更顯著。」

「好，我回家和我爸媽商量一下。如果只是每個禮拜空出一、兩個小時，應該不成問題。」她胸有成竹。

「謝謝。」我由衷感謝她。

「不客氣，能幫上妡瑞的忙，我也很開心。所以我們兩個現在算是盟友了，對吧？」

「大概吧。」我淺淺一笑。

「學弟，你知道嗎？其實你今天怪怪的，感覺有點……恐怖，剛才我一直不太敢正眼看你，不過看到你的笑容，我覺得放心多了。」

我收起笑，她這句話讓我想起一件困惑已久的事。

「學姊才奇怪吧，爲什麼之前突然躲著我？難道我做了什麼讓妳不高興的事？」

「沒有啦……我只是覺得每次在你面前，我總是會出糗，像是把沾滿滷臭味的圍巾圍在你脖子上，或是在你面前摔得四腳朝天。我越想越覺得丟臉，深怕下次又會不小心在你面前鬧笑話，才會想要躲著你。」

「有這麼嚴重嗎？」我覺得有些荒謬。

「就是有這麼嚴重！再這樣下去，我身爲學姊的威嚴都快沒了！」聽到我的笑聲，她雙目圓睜，「你爲什麼要笑？」

「抱歉，聽到『學姊的威嚴』這幾個字，忍不住想笑。」

她頓時雙頰飛紅，連耳朵都染上了一層薄紅，「你、你看，就是這樣！我才不敢和你多接觸，我要回家了！」

她跺了跺腳，拔腿往公車站牌跑去，卻又馬上停下，回頭高喊：「對了，今天吃飯的錢，下次見面我再還你，再見！」

結果她還是不願意欠人家人情。

除了「謝謝」，其實我還應該對她說一句「對不起」，卻遲遲說不出口。我沒有讓她知道，我們這麼做，可能也會讓她受到和妡瑞同樣的傷害。

我明明清楚知道後果，卻還是選擇走向最自私的路。

◆

陳南津順利得到家人的許可，週末抽一天來我家擔任我的家教。時間訂在每個星期六下午一點到三點，從十月第一次段考結束後開始。

直到此時，我才向媽提起這件事，她很意外我最後決定找家教而不是去補習班，更驚訝我連老師都找好了。

她問起家教老師的身分與來歷，我故意只告訴她陳南津的名字，其他一律閃爍其詞，堅持等對方來家裡再向她介紹。

因此當陳南津第一次出現在家裡時，媽的反應果然如我所料，既錯愕又驚訝。

我假裝沒察覺到媽僵硬的神情，用輕鬆的語調說：「這位是陳南津學姊。她的國文和英文成績向來都在三年級生裡獨占鼇頭。我文科比較弱，所以特別請她每個禮拜來家裡教我，南津學姊講解得很仔細，比老師教得更容易理解。很多同學也都想請她當家教，我可是拜託她好久，她才答應。」

「原來是這樣。」媽笑得尷尬，對陳南津說：「不好意思，因為鞦韆之前只告訴我妳的名字，我一直以為妳是男孩子。」

「沒關係，很多人聽到我的名字都會誤會。」陳南津對媽露出一個誠摯的笑容，「以後每週六都要過來打擾了，我會盡量不吵到吳媽媽的。」

「哎呀，妳不用這麼客氣，謝謝妳專程來幫鍬韆補習。妳是三年級啊……那妳認識妡瑞嗎？」

「您是說羅妡瑞嗎？我和她是同班同學，但她不知道我要過來幫鍬韆補習。有不少學弟妹想要我抽空指點他們課業，我都婉拒了，要是我幫仲謙學弟補習這件事傳出去，他們恐怕會抱怨，所以我和學弟說好，這件事暫時先保密。」

「是啊，媽，如果妳碰到妡瑞，可別告訴她，我不想讓她知道。那我們先上樓了。」

我做出迫不及待的樣子拉著陳南津往樓上走，進到房間後，還刻意鎖上房門。

我們停在門邊不動，留意片刻，直到陳南津悄聲問：「怎麼樣？」

「沒有腳步聲，應該過會兒才會上來查看。」我朝瞥她去，「妳有近視？」

「沒呀，我視力很好，兩隻眼睛視力都是一點五。」

「那妳幹麼戴眼鏡？」

「我想說戴眼鏡看起來會比較聰明，也比較有說服力。你不用那樣看我，這副眼鏡沒有度數。」

我注意到她今天還綁了兩條辮子，「髮型也是特地換的？」

「是呀，這樣不是更有模範生的感覺嗎？」她抓起一條辮子，「我剛才表現得怎麼樣？會不會不自然？」

「比我預期還好。」

「太好了，不枉費我在家練習了好幾次，其實我剛才緊張得雙腳發軟哩。看來事先做過儀式果然就是不一樣！」

「什麼儀式？」我好奇。

她略顯尷尬，「……我不好意思說。」

我挑了挑眉，沒再追問下去。

她環顧我的房間，問：「以後我們就在這裡上課？」

「嗯，爲了能讓我媽看見，我才請妳來我家當家教。」

「可是你把門鎖上，她不就看不見了？」

「就是要這樣。」我簡要地回答，走到書桌前拉開兩張椅子，「我媽隨時可能會上來，妳快坐下吧。」

「好。」她匆匆入座，從紅色背包裡拿出一本週記簿，忽然一笑，「好奇怪，明明是來當家教，結果卻是來你家寫作業。」

「不然妳眞有能耐教我？」我覷她一眼。

「幹麼用那種眼神看我啦？雖然我成績是沒竒瑞好，不過文科確實還不錯，搞不好眞的可以教你些什麼，別小看我！」她鼓起雙頰，再度往房門一瞥，輕聲說：「不過你媽媽眞的不會告訴竒瑞這件事？要是哪天不小心傳進她耳裡怎麼辦？」

「到時再說。竒瑞今天要補習，不可能跑來我家，而且剛才我已經那樣叮嚀過我媽，她應該不至於馬上說出去。只要我二哥不在竒瑞面前多嘴，竒瑞應該不會知道。」

「可是，你剛才在你媽媽面前那樣形容我，萬一她告訴你二哥，不是也有可能會穿幫？」

「所以我才說妳是『國英文』成績最好，而不是『總成績』最好，沒人會無聊到特地去查全校國英文成績最好的人是誰吧？至少我相信我二哥絕對不會。」

她一臉不可思議，「你早就設想好了？」

「既然要執行計畫，本來就該考慮各種情況不是嗎？」

「是沒錯，但我還是覺得你很厲害。你爲了妡瑞這樣用心良苦，眞的非常了不起！」

我望向她，「就算因此傷害到別人也無所謂？」

她愣住了。

「其實還有件事我沒有跟妳解釋清楚。我媽之所以會把妡瑞排拒於外，並不是因爲討厭她，或是懷疑我和她之間眞有什麼，而是我和妡瑞那時的行爲，讓我媽想起某段不愉快的回憶。」

我的口氣平靜，像是在轉述一件跟自己無關的事，「妡瑞並不是眞的犯下了多嚴重的錯，只是倒楣，碰巧踩到我媽心中最不容許被碰觸的地雷。但是那件事和妡瑞完全無關，妡瑞並不知情，是因爲我的疏忽才讓她受到牽連，變成最無辜的受害者。」

陳南津沒有作聲，彷彿若有所思。

我繼續把話說完：「接下來我打算再次觸碰我媽深深忌諱著的那段記憶，將她的注意力從妡瑞轉移到妳身上，這意味著，我媽很可能會用相同的態度對待妳。也就是說，我其實是在利用學姊，要妳當姸瑞的代罪羔羊，也許下一次來我家，我媽就不會給妳什麼好臉色，甚至可能做出一些讓妳難過的事。即便如此，妳還是願意繼續幫我嗎？」

陳南津看著我，話聲輕快，「願意呀，反正我這個人向來就習慣看別人的臉色，而且有時候又很遲鈍，明明人家在罵我，我卻沒有聽出來，加上我臉皮厚，所以不會這麼輕易就受傷難過的啦！」

她燦然一笑，「更重要的是，我來這裡的目的是爲了幫助姸瑞，不是爲了讓你媽媽喜歡我，要是她眞的討厭我，不就表示我們的計畫成功了？反正我來你家當家教也只是暫時的，事成之後，我就不用再過來看你媽媽的臉色，這對我其實沒有損失呀。所以學弟你別客氣，儘管利用我吧，你想怎麼做就怎麼做，我一定會盡全力配合。」

她的爽快乾脆，實在超出我的意料之外。

執行計畫的第一天，在我和她的協力合作下，非常順利地結束了。

爸爸和二哥在陳南津離開後才回到家。

吃晚餐的時候，爸問我：「鞦韆，剛才聽你媽媽說，你的家教老師是你同校的學姊？」

二哥聞言馬上插話：「眞的假的？誰啊？」

媽回答：「是個叫陳南津的女孩子，跟姸瑞同班，聽說功課很好，還很受學弟妹歡迎。阿棠你知道她嗎？」

「誰啊？我怎麼不知道有這號人物？」他不以爲然地呿了聲。

我淡淡反譏：「以你的程度不知道不是正常的嗎？」

「吳仲謙你找死啊？」

「鞦韆，今天媽媽送點心上去你房裡，發現你把門鎖住了，只是上個課，應該用不著鎖門吧？」

「抱歉，因爲我不太想被打擾。」見媽一愣，我繼續說：「不過，下次我會記得不要上鎖。」

「哇，居然還鎖門，是怎樣？上什麼課需要這麼隱密啊？」二哥邪笑。

我故意不反駁他，對坐在對面的爸說：「對了，爸，我想辦一支手機。」

「哦？爲什麼？」

「因爲我可能會需要經常和南津學姊討論課業，有手機比較方便聯絡。我打算用自己的存款買一支，可是需要監護人同意，所以我想請爸幫忙。」

「要是想討論課業，打家裡電話不是也可以嗎？何必特地買手機？」媽又道。

「是沒錯，可是除了討論課業，我也有其他事想和學姊聊聊。」我話聲一停，淡淡地說：「我希望可以保留一點隱私。」

媽臉上的表情一滯。

「看來這位學姊相當得鞦韆的信賴呢。」爸莞爾一笑，爽快答應，「好啊，你平常很少會主動開口要求什麼，而且確實越來越多人都有手機了，你把自己的存款收著吧，爸爸買給你就行了。」

見爸爸如此乾脆地答應，二哥也吵著要爸買支手機給他，我充耳不聞，繼續低頭吃飯，直到離開餐桌都沒有和媽對上目光。

睡前，我躺在床上，一室黑暗。

我想起自己今天跟陳南津說的那些話。

明明已經鐵了心當壞人，爲何我又要跟她解釋那些？

是她自己答應的，我不曾強迫她，明明我只要默不作聲循著計畫進行就好，不需要冒著對方可能會反悔的風險，告訴她那些事，不是嗎？

結果我還是想減輕一些內心的罪惡感。

這樣的我，比眞正的壞人還要可惡吧。

◆

「這一次的國文段考，只有沈曼書一個人拿到滿分。」站在黑板前的虎姑婆，對著上台接過考卷的沈曼書露出讚許的眼神，「大家爲沈曼書鼓掌吧。」

台下響起零零落落的掌聲，放眼望去，沒有人由衷對沈曼書的優秀感到欣羨，只有一張張不以爲然的臉。

坐在附近的女同學下課時聚在一塊議論：「妳們有沒有看到虎姑婆剛才看沈曼書的眼神？有夠噁心的，居然還要我們爲她鼓掌，有病嗎？」

「這次的國文明明就難到爆，有一半以上的題目根本沒教過，沈曼書怎麼可能拿滿分？她根本不是憑實力才考這麼好的吧？我聽別班說，虎姑婆會在段考前洩題給一些她喜歡的學生，如果虎姑婆洩題給沈曼書，那她當然能拿滿分！」

「太誇張了，一定是這樣！當我們這些認眞念書的人都是白癡嗎？」

那些女生越說火氣越大，聲音越來越高亢，我忍不住轉頭問她們：「妳們有證據嗎？」

大概是我平時很少這麼說話，她們一時無人作聲。

過了一會兒，其中一個女生忍不住激動反問：「難道吳仲謙你都不覺得可疑？」

「就算可疑，我也覺得妳們沒必要這麼篤定，除非眞的有證據，要不然妳們現在這樣亂扣帽子，對沈曼書不太公平吧？」

沈曼書這時拿著裝滿水的水壺走進教室，她們雖然還是不服氣，卻沒再多說什麼。

這天放學，沈曼書依然獨自坐在教室裡看書。我走過去把一盒巧克力球放到她桌上，她立刻抬起頭看我。

「這請妳，算是之前金莎的謝禮，不含花生，妳可以安心收下。」

「那種東西沒必要回禮。」

「我只是不習慣平白無故接受別人的東西，妳就收下吧。」

「那就謝謝了。」她看著巧克力，「你不會是特地買給我的吧？」

「是啊，但上課那時不好拿給妳，我想著放學後再給妳。」

她點頭，「那麼你現在要回去了？」

「嗯，妳還要繼續待在教室裡等妳爸嗎？要不要一起去校門口等？」我提議。

沉默了幾秒，她闔上書，「好啊。」

我沒想到沈曼書眞的會答應。

前往校門口途中，我問她：「妳爸快到了嗎？」

「大概再十五分鐘。」

「爲什麼最近他都會來接妳下課？」

「我爸平常在國外工作，這陣子出差回來，堅持下班後過來接我一起回去。」

「原來如此，我還以爲妳是爲了躲誰，才拜託家人接送。」

「躲誰？」

「妳那些追求者啊，我想應該不是只有我二哥特別纏人吧？」

她沒回應。

到了校門口，我要搭的公車還沒來，她父親也還沒到，我便繼續與她一塊站在原地。

「你今天爲什麼要幫我說話？」她忽然問。

我很意外，「妳有聽見？」

「下午在洗手間裡，我聽到班上女生在議論我，她們懷疑虎姑婆洩題給我，還抱怨你幫我說話，指摘她們亂扣帽子。」

「這沒什麼，我只是看不慣她們沒有證據就胡亂質疑他人……不過妳確實很厲害，那麼難的考題居然還能拿到滿分。」

「那要多虧我爸，他喜歡研究古文小說，我從小跟著他一起看，久而久之，自然能看懂那些艱澀的文言文。其實這次段考我也有幾題不會，只是運氣好，剛好矇對答案。」

「這句話妳可別當著那些人面前說，會惹禍上身。」

沈曼書微笑，「我本來就沒打算告訴其他人。」

這是我和她相識以來，聊得最久的一次，而且氣氛還算輕鬆愉快。待她父親的車子駛近，她便揮手向我道別。

我是存心讓沈曼書得知我替她說話的。

我很清楚，當我爲沈曼書挺身而出，那些女生必然對沈曼書更加不滿。先前就有傳過一陣我和沈曼書的謠言，想來這件事將會如野火燎原，極有可能迅速傳進她耳裡。

我沒料到事情遠比我想像中還要順利，沈曼書竟當天就從那些女生口中得知，這效果比我當著她的面替她出頭，還要來得更好。

姑且不論她是否會因此對我產生好感，至少今天看見她的笑容，算是個好的開始。

除了我，還有一個人也十分關心我和沈曼書的進展。

週六，陳南津一進到我房裡，迫不及待探問：「學弟，你跟沈曼書還順利嗎？」

「嗯。」

「眞的？太好了。」她臉上露出喜色。

爲了不耽誤陳南津的時間，我沒有眞的要求她指導我功課，每次陳南津來我家，我都讓她心無旁騖地念自己的書。

但這天不知怎麼的，她不怎麼專心，三不五時就主動找話題和我聊天，「對了，爲什麼你媽媽會叫你鰍鱺啊？」

我大致向她解釋了這個綽號的由來。

她雙手一拍，「對耶，我只知道你二哥，卻一直沒見過你大哥，他是不是搬出去了？」

「他在我六歲那年就過世了。」

陳南津人一愣，滿臉歉意，「抱歉。」

「沒關係。」我注意到她放在桌上的紅色筆袋，「妳是不是很喜歡紅色？妳好像時常會選用紅色的物品。」

「嗯，紅色是我的幸運色，所以在購買隨身用品時，我習慣挑選紅色。」

「那眞的有因此變得比較幸運嗎？」

「當然有啊，比如說，去年冬天我就是因爲天天圍著紅圍巾，才很幸運轉到姸瑞班上，跟姸瑞變成朋友！」

我狐疑地揚起眉。

「眞的啦，還有一次我印象很深刻，也是去年發生的事。」她信誓旦旦地說：「有天放學搭公車，公車上擠滿人，我好不容易擠上車，卻差點從車上摔下去，這時突然有人從背後撐住我，還把我推進公車裡，可惜我來不及看清楚那個人是誰，公車就開走了。」

見她把當時的情景記得那麼清楚，並且一臉感激，我不禁定定地望向她。

「但也不一定是因爲那條圍巾的關係，只是巧合而已吧。沒想到妳還挺迷信的。」我淡淡地說。

「是沒錯，可是我圍著那條圍巾時，眞的會遇到特別多幸運的事。那條圍巾成了我現在最喜歡的幸運物，巧合也好，迷信也好，反正我就是願意這麼相信。」陳南津斜眼看了過來，「難道學弟你沒有任何迷信嗎？像是考試時一定要用哪隻筆，才會寫得特別順，或是出遠門一定要帶護身符才安心之類的。」

我沒有答腔，房內頓時陷入一片短暫的靜默。

此時敲門聲忽然傳來，我們交換一記眼神，不約而同屏住了呼吸。

「鞦韆，媽出去買個東西喔。」

「好。」

過了一會，等大門關門聲響起，我隨即從窗口望出去，看見媽的背影逐漸遠去。

我轉頭問陳南津：「我媽出去了，休息一下吧。我下樓幫妳拿點冷飲，妳想喝汽水還是果汁？」

「果汁！」她大大吁了口氣，臉上神情一鬆。

等我端了兩杯飲料回來，只見她站在書櫃前，手裡捧著一本書扭頭看我，「學弟，我小時候有看過這本書，覺得好懷念，可以借我翻一下嗎？」

「可以啊。」

「謝謝。」她立刻翻開書，「咦？這本書裡夾著一張照片耶。」

「照片？」

「嗯，照片裡是一塊木頭，這塊木頭有什麼特別的嗎？爲什麼——」她還未說完，我立刻上前搶過照片，三兩下撕成碎片，扔進垃圾桶。

「果汁我幫妳拿上來了，芭樂汁可以嗎？」我彷彿什麼事也沒發生過，回到座位坐下。

「可、可以。」她顯然被我嚇到了，匆匆把書放回書櫃，跟著迅速回座，小心翼翼地問：「那張照片是你拍的嗎？爲什麼要撕掉？」

「因爲沒用就撕了。」

陳南津瞥了垃圾桶一眼，「可是，那塊木頭是不是對你有什麼特殊的意義？不然你不會特地把那張照片夾在書裡，對不對？」

我輕輕嘆息，無奈道：「那塊木頭是我九歲那年，一個朋友送給我的生日禮物。」

「那麼那張照片不是很有紀念意義嗎？」

「大概吧。」我不想多說，草草結束這個話題，「學姊也回答我一個問題吧。」

「什麼問題？」

「上個禮拜妳說過，妳來我家之前有先進行過一個儀式，今天也是嗎？」

「嗯。」

「那個儀式是什麼？」

她侷促起來，「爲什麼要問這個？」

「妳剛剛問我這麼多問題，我問妳一個也不爲過吧？」

這個理由果然讓她無法輕易推託，她眼神游移，掙扎半天才吞吞吐吐地說：「就是……去洗澡，洗頭，然後喝一點點高粱，這樣。」

「爲什麼？」

「因爲我不想帶著滿身滷臭味來你家，所以來之前一定會先把自己收拾得乾乾淨淨的，這樣才能讓人留下好印象。」她說話的時候不太敢看我，「至於高粱，我爸平時就會喝，我緊張的時候也會喝一點。我只有在喝過高粱後才比較敢大聲說話，也比較不會怯場，有高粱加持，上禮拜我才得以在你媽面前表現自然。只不過必須小心控制飲下的酒量，要是喝得過多，我就會情緒高亢，說話速度變得又急又快，連那些不該說的話都會一併說出來。」

看著這樣的她，我腦中閃過一個念頭，「我之前去妳家吃滷味那次，妳是不是也偷偷喝了高粱酒？」

「你怎麼知道？」她一驚，睜著一雙圓圓的大眼望過來。

「因爲妳當下確實挺亢奮的，話也有點多，所以說妳那時其實很緊張？」

大概是因爲被我說中，她雙頰一下子飛紅，難堪地嚷道：「好丟臉，你幹麼記得這麼清楚，討厭！」

我心頭一震，下意識脫口而出：「對不起。」

陳南津微感訝異，「爲什麼要道歉？」

「沒有，總之……抱歉。」我迴避她的目光，「我什麼都不會再問了。」

我暗暗心驚，居然差一點就重蹈覆轍。

下午三點多，我和陳南津走下樓，恰巧遇見二哥正要上樓。

他打量著陳南津，撇了撇嘴角，「兩位今天課還上得愉快嗎？」

「走吧，學姊。」我不予理會，拉起陳南津的手腕，準備送她去坐公車。

媽忽然叫住我們：「鞦韆，要不要請南津留下來吃晚餐？」

「學姊晚上還有事，應該沒辦法。」

「那就下週吧，你爸爸那天也會回來。」媽殷切地對陳南津說：「南津，下次留下來一起吃晚飯好嗎？」

陳南津看我一眼，見我沒有反對，便點頭答應。

走出家裡，來到公車站牌處，她問我：「學弟，我剛才那樣答應可以嗎？下禮拜我眞的要留在你家吃晚飯？」

「不必，下星期妳不用來我家，就當作完全沒這回事。不過那天要麻煩妳在下午三點左右打電話到我家，一有人接起，妳就立刻掛斷，不要讓對方聽到妳的聲音。」

「爲什麼呢？」

「事後我會跟妳解釋，總之請妳先這麼做就是了。」

陳南津點點頭。

她等的公車很快就來了，車門打開之前，她回過頭，「學弟，如果有空的話，你要不要再來我家吃滷味？我請客。」

「之前妳已經請過我，不用了。」

「喔……」

「下次去我會自己付錢。」

陳南津靦腆一笑，上了車後，隔著窗戶對我揮揮手。

那晚我作了一個夢。

雖說是夢，我卻分不清那是單純的夢境，還是存放在我腦中的回憶。

我看見自己拿著相機，對著小威送給我的那塊木頭拍照，並將照片洗出來擺在書桌上。只是，在收到小威退回的禮物後，我就把這張照片隨意夾進某本書的書頁裡，扔在書櫃角落，不曾再翻開。

「放心，太陽這麼大，不可能會下雨的。那只是巧合。」

陳南津的話，讓某個抽屜被開啟了，存放在抽屜裡的聲音依舊清晰如昨，並飄散出一縷淺淺的清香。

我之所以會想要知道陳南津所謂的「儀式」是什麼，是因爲每次她來家裡和我一起讀書，我不時會聞到從她身上散發出某種甜甜的淡香。

她伸手從我面前拿起筆時我會聞到，她將髮絲撥到耳後時我也會聞到，久而久之，我不知不覺記住了那股香味。

根據陳南津的解釋，那應該是她慣用的沐浴乳香味，不特別濃郁，我覺得很好聞。

當然這些話我沒有辦法對陳南津說。

◆

現在我只有在白天等車的時候才見得到妡瑞。

她每天早出晚歸，甚至連禮拜日都跑去學校念書，雖然連日睡眠不足，但她告訴我這樣的生活反而充實，不會有時間煩惱其他事。

每次二哥看到我和妡瑞站在一起等車，他大多都只是逕自從我們面前走過，連聲招呼都不打。自從他得知妡瑞喜歡的人是自己之後，儘管他對妡瑞幾乎是視若無睹，但起碼不會在她面前開那些低級的玩笑了。

不管是爲了什麼理由，他能懂得閉嘴，還算他有良心。而他選擇迴避妡瑞，對我而言也算是好事，這樣就不必擔心哪天他說溜嘴，讓妡瑞知道陳南津的事。

至於沈曼書，自從我站出來幫她說話，她在班上同學心中的評價反而越來越差，時常有人看她不順眼，說她壞話，只是在我面前會稍微適可而止。

有一日，我以為沈曼書放學後又要留校，等到班上同學都走得差不多時，我這才注意到她在收拾東西。

「妳今天不等妳爸？」我上前攀談。

「嗯，他回洛杉磯了。」

我看著她有條不紊地整理書包，「那妳現在有時間嗎？我想去附近書店買參考書，如果妳不急著回家，一起過去幫我推薦幾本國文參考書吧。」

「好啊。」她答應得很乾脆。

正值放學時間，我和沈曼書並肩走出學校途中，有不少人對我們行注目禮，連去到了書店裡，都還有學生不時偷覷過來。

「沈曼書，我要向妳道歉。」

「為什麼？」

「我上次幫妳說話之後，好像害妳被說更多閒話了，抱歉。」

「沒關係，那些人本來就討厭我，隨便他們怎麼說吧。」

「喔。」我盯著書櫃，「不過，妳為什麼沒想過試著跟班上同學好好相處？要是平時打好關係，也許她們就不會這麼說妳了。」

沈曼書瞥了我一眼，「你不也一樣嗎？」

「什麼意思？」

「你和班上同學看似處得不錯，但我覺得那是僅止於表面的友好而已。」她從書櫃抽出一本參考書，「我從以前就發現你和誰都能和睦相處，卻不會與對方有更進一步的交往。我獨來獨往，是因爲我喜歡一個人行動；你則比較像是刻意避免和別人太親近，所以你對待任何人都一視同仁，沒有敵人，卻也沒有特別要好的朋友。」

我沒有反駁，「這是妳的想法？」

「嗯。」

「怎麼聽起來妳一直都在注意我？」

她聳聳肩，將手上的那本參考書遞給我，「這個版本不錯，你參考一下。」

一接過書，我聽見後方有兩個女生開始竊竊私語，我回頭看向那兩人，她們立刻噤聲，匆匆走開。

「要是你繼續和我在一起，恐怕接下來會換你被人說閒話了。」沈曼書淡淡地說。

「和被那些糾纏妳的學長蓋布袋比起來，妳覺得哪個比較麻煩？」

她脣角綻出笑意，「一樣麻煩吧。」

「不如乾脆在一起吧？」我用平靜的口吻提議，「比起被說閒話，我倒認爲如果我們交往，反而可以替彼此擋掉一些麻煩。」

沈曼書停了一秒，臉上似笑非笑，「你說和你一起演戲嗎？」

「妳要這麼想也行，不過我不會對一個完全沒有感覺的人提出這種邀約，否則當初我不會幫妳說話，現在也不會找妳逛書店。」我看了她一眼，「如果妳對我並沒那個意思，我還是可以陪妳演戲。要是妳對那些糾纏不休的人感到厭煩，妳隨時可以利用我，我願意無條件幫妳。」

沈曼書沒有答腔。

我相信她聽得出這些話裡包含著表白。

直到離開書店，她都沒有回答我，我不曉得我的計畫是否就此失敗收場。可是依沈曼書的個性，若她不願意，應該會二話不說直接回絕才對。

既然已經走到這一步，我也只能耐心等待她的答覆。

沈曼書是否能喜歡上我並不重要，只要她認同我的想法，也願意接受我的提議，那麼不管她是怎麼想的，我都可以得到我想要的結果。

而我只有這一次機會。

週六下午兩點半。

「鞦韆，南津怎麼還沒有來？」見我還待在客廳，媽忍不住問。

「不知道，我去公車站牌那裡看看她到了沒。」

「剛才不是已經去看過了嗎？有打電話去她家裡問過嗎？」

「打過了，她家人說她已經出門了，可能她臨時有什麼事耽擱了吧，再等等看好了。」

到了三點多，陳南津仍未現身。

家裡電話響起，守在電話旁的我很快接起。

等我放下話筒，媽馬上問：「誰打來的？」

「南津學姊，她說臨時和朋友有約，所以沒辦法來。」

媽非常驚訝，「和朋友有約？她今天不是要幫你補習嗎？怎麼連事先通知一聲都沒有？而且上禮拜她明明答應今天會留下來吃飯，怎麼卻突然和別人有約？」

「可能不小心忘了吧，沒關係啦，反正學姊沒事就好。」

雖然我這麼說，但媽還是很不高興，到了晚餐時間，她的臉色依舊難看。

爸爸出言緩頰：「算了，就像啾鸝說的，那個女生沒事就好了嘛。」

「但也不該這麼處理事情。既然確定沒辦法過來，就該馬上打電話通知，而不是讓啾鸝乾等。難道她都沒想過我們會擔心？明明看起來是個懂事的孩子，怎麼做事會這麼隨便呢？」說完，媽嚴肅地對我說：「啾鸝，我看你這個學姊也不是很用心，要不要乾脆換一位更認眞的家教？媽媽幫——」

「不要。」我斷然拒絕，「我不想再另外找家教。」

「那就去補習班吧，你這個學姊太不尊重人，也不懂得禮貌，會給你帶來負面影響——」

「媽，能不能別一直用『你這個學姊』來稱呼她？她有名有姓，叫陳南津。」我態度強硬，「我不喜歡聽到有人說南津學姊的壞話。」

餐桌上登時一片安靜，不僅爸媽愣住了，就連邊吃飯邊玩新手機的二哥也停下來看我。

我放下碗，站了起來，「我沒胃口，去外面走走，九點前會回來。」

一個小時後，我走下公車。

陳南津已經在站牌下等候，她穿著上次我見過的那件紅毛衣。

「幹麼特地過來等我？我不是說會直接到妳家嗎？」

「沒關係啦，反正我剛好忙完，而且我怕你不記得到我家的路。」她聲調輕快，說起話來滔滔不絕，「我接到你電話的時候嚇了一跳，怎麼會突然想要過來？啊，對了，我有照你的吩咐，下午三點多打電話到你家，一有人接起就馬上掛斷。你有聽到電話鈴響嗎？那通電話是你接的嗎？」

我嘴角微揚，「妳是不是又喝高粱酒了？」

聽出我話裡的調侃，陳南津滿臉通紅，難為情地橫了我一眼。

到了陳南津家之後，見我點了一份超大盤的滷味，她驚訝地問：「你吃得完嗎？」

「可以，剛才我晚飯吃沒幾口就從家裡跑出來，現在快餓扁了。」我邊吃邊說，「下午我有接到妳打來的電話，妳做得很好，計畫進行得非常順利。」

「什麼計畫？」她問。

我將媽的反應轉述給她聽。

陳南津聽完，這才恍然大悟，緊接著問：「那你媽媽現在不是非常生氣？」

「嗯，畢竟過去我一直很聽她的話，也很少對她擺臉色，所以她看到我為了妳這樣頂撞她，應該會覺得是妳帶壞了我，加上妳今天又爽約，一定讓她對妳更加不滿。」我沉吟了一下，「也許下禮拜妳來我家的時候，她連一個笑容都不會給妳，但請妳不要表現出任何愧疚，更不要道歉，當作什麼事都沒發生。如果我媽說出希望妳離開之類的話，也請不要回應，只要我態度強硬，她就沒辦法趕妳走。」

坐在我對面的陳南津沒有反應，看著我陷入沉默。

「怎麼了？妳還是會在意我媽對妳的態度嗎？」

「沒有，不是這樣。」她囁嚅，「……其實我反倒比較在意你。」

「什麼意思？」我納悶。

「上個禮拜，你問過我『儀式』的事之後，不是突然跟我道歉嗎？」她低頭攪弄著手指，「不知道爲什麼，最近我常會想起這件事。我在想，你那時是不是以爲我眞的生氣了，才會那麼認眞跟我道歉，但其實我沒有那個意思。」

我放下筷子，「不過還是會覺得有些討厭吧？」

她猛搖頭，「我只是覺得很丟臉，因爲又讓你看到我出糗。我很在乎你後來的反應，我怕你誤會了什麼，從此對我說話有了顧忌，所以一直想找機會跟你解釋，我並不會因爲那種事就生你的氣，甚至討厭你。」

我筆直地注視著陳南津，「妳現在是在跟我告白嗎？」

「不是啦！」她的臉又紅了。

我笑了，拿起桌上的筆和菜單，在菜單背面寫下一串號碼交給她，「我辦了手機，如果妳有事找我，就直接打我手機吧。」

她眼睛一亮，「可以讓我看看你的手機嗎？」

我把手機從口袋裡掏出來遞給她。

她小心翼翼地捧著手機摸了好一會兒，滿臉羨慕，「好好喔，我也好想要。」

「不能拜託妳爸媽買給妳嗎？」

她洩氣地搖頭，將手機還給我，「我爸絕不會花這個錢，他很小氣，不可能答應的。」

此時，有個男孩默默走了過來，一聲不響站在她身旁，一雙靈動的大眼睛好奇地盯著我看，我很快認出他是陳南津的弟弟。男孩冷不防打了個響亮的噴嚏，陳南津頭也不轉，馬上抽了張餐巾紙往他鼻子捂去，視線卻還是落在我身上。

她一邊幫男孩擤鼻涕，一邊繼續無奈地對我感嘆：「雖然我也很想要手機，但應該只能等高中畢業以後才有辦法買吧。要是我現在有手機，一定會被弟弟妹妹搶去玩。」

說完，她這才注意到站在一旁的小男孩，嚇了一跳，「你是什麼時候站在這裡的？」

「妳剛才完全沒有察覺他走到妳身邊？」我很驚訝。

「沒有。」

我忍不住放聲大笑，不敢置信，「妳明明不知道他在妳旁邊，居然還可以拿餐巾紙幫他擤鼻涕？」

陳南津的臉紅到了脖子根，「那是因為我小弟很容易感冒，一生病多半都是我負責照顧他，導致我現在只要聽到噴嚏聲就會下意識做出這種反應——」

聽完她的解釋，雖然我更覺得不可思議，卻也忽然明白之前她曾把她的圍巾圍在我脖子上，那個舉動大概也是反射動作。

她太習慣照顧別人。

我在陳南津家待到八點，她陪我去等車時，再次問起：「你跟沈曼書有進展嗎？」

「我向她提出交往的要求了。」

「真的？那她怎麼說？答應了嗎？」

「她沒有明確表示，我還在等她答覆。」

她緩緩低下頭，「那個……我一直問你和沈曼書的事，你會不會覺得很煩啊？」

「不會，畢竟我們算是站在同一陣線上，所以妳有知道的權利。其實我剛才想過了，要是沒先跟妳說明清楚，就要妳照我說的去做，對妳不是很公平，因此今後任何和計畫有關的事，妳都可以直接問我，覺得有困難或不恰當的地方也可以跟我說。有需要妳協助的部分，我會事先跟妳說明，得到妳同意後再行動，有任何新進度也會主動告知。」

陳南津沉吟半晌，點點頭，「好。」

與她道別後，我坐在公車上望著窗外的夜色發呆，沒多久，一顆顆雨珠接連落在車窗上。

手機忽然響起，號碼顯示是陳南津家裡打過來的，我立刻接聽：「喂？」

「學弟，是我。」陳南津的聲音從手機裡傳來。

「怎麼了嗎？」

「喔，我、我是想說，外面下雨了。」

我失笑，「我知道啊，妳特地打來說這個？」

「呃，我擔心雨勢會越來越大，所以想提醒你回家小心點……」她似乎遲疑了一會兒，才接著說：「其實我還有一件事想跟你說，那就是你不要太勉強自己，雖然我可能幫不上什麼忙……但如果你碰到任何困難，也可以找我商量，我會竭盡所能幫你的。」

結束這通電話後，我握著手機的手仍停在耳畔。

「我並不會因爲那種事就生你的氣，甚至討厭你。」

「全世界沒人可以忍受得了你這種人！」

過了一會兒，我的手無力地垂落，將頭輕靠在車窗上。

雨眞的越下越大了。

◆

之後幾天我都和沈曼書一起離開學校。

每次放學我主動邀她一塊走，她都點頭應允。我們會逛書店，也會到速食店討論功課。

直到現在沈曼書都還沒給我一個正式的答覆，我也不催促她，決定不給她任何壓力，讓自己以最自然的方式一天天與她親近。

在我的計畫下，開始對陳南津產生極度不滿的媽，見我依舊堅持讓她來替我上課，甚至數次為了袒護她而不惜出言頂撞，顯然受到不小打擊，但面對我前所未有的強硬態度，一時之間也無計可施。

十一月中旬，差不多要著手準備第二次段考，坐在我身旁念書的陳南津，忽然放下手上的筆，開口：「學弟，我問你，你的記憶力是不是很好？」

我沉默半晌，「妳聽誰說的？」

「喔，是班上同學說的，我今天聽到他們聊起你的事，說你的記憶力超乎常人，以前甚至被譽為天才神童，所以我有點好奇你的記憶力究竟好到什麼程度？」

「妳想知道？」

「嗯！」

「最好不要知道，妳會嚇到的。」

「怎麼會?你說說看嘛。」

「大概就是妳說過的話會一直存放在我的腦中。」

「會存放多久？」

「一輩子。」我淡淡地回，「如果沒有意外，妳對我說過的每一個字，即便我活到一百歲，都還是能記得清清楚楚。」

陳南津瞪大了眼。

「果然嚇到了吧？」看到陳南津的反應，我並不意外。

她吞了口口水，似乎覺得難以想像，「那你的記憶力……會爲你帶來什麼不好的影響嗎？」

「健康方面當然沒有，在學習上也確實很有幫助，但人際關係的部分就造成了我很大的困擾，小時候我時常因此被欺負排擠。」我輕輕笑了笑，「比方說，我可以記住別人兩個月前跟我約定好的事，但對方未必會一直記在心上，等過了兩個月，對方忘了這個約定，或是耍賴不肯承認，我們就會吵架，我小學有個朋友就是這樣絕交的。」

我轉著筆繼續說下去：「還有一個朋友，他某次段考數學考了七十八分，我跟他媽媽說上次他的成績是八十分，害他被發現退步後，回去被挨了一頓打；然而那時我來不及表明，那次數學考題非常困難，全班幾乎沒人及格，只有我那位朋友拿到七十八分。如果我當時有解釋清楚，或是沒有多嘴說出他的成績，就不會害他被打了。」

陳南津看著我，一時說不出話來。

「類似的事發生無數次後，我漸漸理解到我的記憶力不但會讓別人感到壓力，還會傷害別人，所以現在和他人相交，我都盡可能不說得太多，因爲確實沒多少人能接受自己說過的每句話都被牢牢記住。」

陳南津靜默許久，才低低地吐出一句：「可是……我不認爲這全是你的錯。」

「啊？」

「雖然你因爲這樣得罪了很多朋友，可是不是那些破壞約定的人有錯在先嗎？既然答應了對方，本來就該說到做到，怎麼可以怪罪到你身上？你根本沒有錯，錯的是那些說話不算話、不遵守信用的人，這種人明明才是最過分的！」

我怔怔望著她的怒容，遲疑地問：「妳在生氣？」

「當然生氣，因爲我也被這麼欺騙過。」她氣鼓鼓地說：「高一的時候，我和同學去買東西，發現錢帶不夠，於是向同學借，說好明天還錢，結果隔天一到學校，她居然到處跟別人說我欠錢不還，想抹黑我，是不是很可惡？」

「我覺得我和妳的情況有點不太一樣……對方應該是一開始就打算整妳吧？」我挑了挑眉。

「是沒錯，可是這種被信任的人背叛的心情是一樣的呀！後來一直有人說我四處騙人家錢，讓我從此心中有了陰影，再也不敢向別人借任何東西，尤其是借錢，若眞不得已得借錢，也絕對要當天馬上把錢還給對方。」

聽到這裡，我才醒悟爲何之前我說要借她計程車錢時，她的反應會如此古怪了。

陳南津咬牙，「我也常被朋友放鴿子，明明早就約好了，我準時赴約卻遲遲等不到人，事後才知道對方不是宣稱自己忘了，就是臨時反悔不想去了。那些破壞約定，卻連一句道歉也沒有的人最不可原諒了，根本把信守承諾的人當傻瓜嘛，爲什麼反而是記得的人要被責怪呢？太沒道理了！」

她深吸一口氣，慎重保證：「我會記得和學弟的每個承諾，答應過你的事無論如何都不會忘記，我絕對不會和那些人一樣，我一定站在學弟你這邊！」

陳南津的話像是一場綿綿細雨落在我心口，泛起的漣漪久久不止。

那日深夜，我從睡夢中醒來，從某個抽屜裡冒出來的聲音猶然停留在我恍惚的意識中。

「要是那些傢伙再欺負你，你就告訴我，我保護你！」

此時耳邊突然感覺到一股涼意，我不經意抬手摸去，卻摸到了眼淚。

但此刻我心中居然感到無比溫暖。

那是許久不曾有過的感受，無法言喻的、滿滿的、甜甜的，卻也酸酸的感動。

是我沒想過有一天還能夠再擁有的心情。

「鞦韆，你最近和沈曼書是不是走得非常近？」

第二次段考結束的幾日後，妡瑞異常認眞地問我：「昨晚我同學打電話給我，她說看到你和沈曼書兩個人一起從電影院出來，剛開始我以爲她看錯了，但她很堅持那個人百分之百就是你。」

「喔，對啊，我們昨天放學後跑去看電影，而且我和她約好明天還要再去看另一部新片。」我坦然回答。

妡瑞驚訝地張大嘴巴，「爲什麼？難道你們在交往嗎？」

「是還沒到這個程度，不過，先前我已經向沈曼書告白了。」

她臉上滿是錯愕與不解，「……怎麼會突然間變這樣？你怎麼什麼都沒有告訴我？」

「因爲我們現在還處於朋友的階段，所以我不好先跟妳說，而且妳現在天天忙著念書、上補習班，我怕會打擾到妳，才沒有馬上告訴妳。」

妡瑞灼灼的目光始終盯著我不放，像是想將我看透，「可是……你是什麼時候喜歡上她的？」

「之前我不是有一陣子老是幫沈曼書退還情書給二哥嗎？我和她因爲這件事開始有交集，後來發現我和她其實很聊得來，相處起來非常愉快，就不知不覺喜歡上她了。」

對上妡瑞仍映滿懷疑的眼睛，我輕笑了兩聲，「怎麼？妳該不會以爲我是爲了妳才追她的吧？」

「我才沒這麼想呢。」她臉上泛起一陣紅，卻又很快覆上一層憂心的陰霾，「但要是你眞的也喜歡上沈曼書……那阿棠呢？他知道這件事嗎？」

「他是沒有問過我什麼，可能還沒從別人那兒聽說吧。但被知道也無妨，我不會因爲他就放棄沈曼書，而且依現況來看，我其實比他更有機會。」我再次揚起笑，「這是我和我二哥之間的事，妳不用操心。」

除了對沈曼書的心意，其他對妡瑞所言，都是實話。

自從我向沈曼書提出交往的提議後，直到現在她都還沒答覆我，只是也不曾拒絕我一同出去的邀約。

慢慢地，我們除了會在放學後一起去逛書店，也會坐在速食店裡一邊討論功課一邊聊天。閒談中，得知除了閱讀，沈曼書還喜歡看電影，於是昨天我隨口問她要不要去看剛上映的新片，她幾乎沒有考慮就答應了。

班上同學原本就懷疑我們交情匪淺，而這段期間我和沈曼書越走越近，看在他們眼中，更加確信我和她的確在交往。

在與沈曼書第二次看完電影，準備回家的途中，我牽起沈曼書的手。

那是我第一次牽竑瑞以外的女生的手。

當時我正和沈曼書討論電影觀後感，自然而然便牽起她的手，她沒有將手收回，就這麼讓我一路牽著，直到她先坐上公車離開。

雖然遲遲等不到沈曼書親口回應，不過見她對於別人懷疑我們交往一事，表現出不打算澄清或者解釋的樣子，我也不再向她索要答案。

已經沒有那個必要了。

「鞦韆，星期日找竑瑞過來一起吃晚飯吧。」

媽在餐桌上這麼說時，我微微一頓，回：「爲什麼？」

「媽已經很久沒有看到她了，她忙著念書，又天天去補習班報到，不曉得有沒有好好吃飯？你幫媽告訴炘瑞我會煮她喜歡吃的菜，叫她有空過來家裡。」

我止不住內心的喜悅，但沒有表現出來，反而用一副漫不經心、甚至有點嫌麻煩的口吻說：「可是我看她最近狀況挺不錯啊，沒有必要特地叫她來吃飯吧？」

「你怎麼這麼說？炘瑞以前本來就常來我們家吃飯，而且她現在是考生，媽媽又不在身邊，多關心一下她也是應該的。你這孩子怎麼變得這麼冷淡？」媽語帶責備，更加堅定了要炘瑞過來吃飯的念頭，「總之，你早點通知炘瑞，一定要叫她來，知道嗎？」

「好啦。」我嘆息，努力不洩漏任何一絲歡愉的情緒。

我的目光不經意落向二哥，他只是安靜地吃飯，沒有像往常那樣插上一兩句風涼話。

當我告訴陳南津這件事，她忍不住驚叫出聲，想到自己人在我房裡，馬上掩住了嘴，放低音量問：「那炘瑞答應了嗎？」

「她答應了。昨晚我打電話過去問她，她說下個禮拜日才能來，這週她和同學有約，不過聽得出她很高興。」

「所以你媽媽眞的完全原諒炘瑞了？」

「應該是。這段期間我那麼頑強地反抗她，一定讓我媽察覺到妳對我的影響力更甚於炘瑞，所以才不排斥我再跟炘瑞親近。也許她認爲，只要讓炘瑞回到我的生活，我就能做回之前那個乖乖牌的我，不被妳繼續『帶壞』下去。」

陳南津臉上的表情比我還要開心，「好厲害，所以你的計畫幾乎全盤成功了，不但眞的和沈曼書交往，炘瑞的事也順利解決，連我都覺得好有成就感！不過，既然你媽已經重新接受妡瑞，是不是就表示今後我不用再過來你家了呢？」

「等過一陣子再做決定，假如我媽重新接受妡瑞，妳馬上就不再出現，似乎有點奇怪，還是等一兩週以後再看看情況。」話音一落，我望著她，有些遲疑地問：「……還是妳希望今天就能結束一切？如果是這樣，我也不好繼續勉強妳。」

她靈巧地眨眨眼，綻開笑容，「不是啦，我只是想知道接下來你打算怎麼做而已。老實說，每個禮拜可以過來你這裡偷閒一個下午，其實我也覺得很愉快，沒有弟妹吵鬧，耳根子清靜許多，我一點都不覺得勉強。」

聞言，我不自覺也跟著笑了，隱隱鬆了口氣。

「學弟，我們要不要慶祝一下？」陳南津興奮地提議。

「怎麼慶祝？」

「我們去唱歌吧，我已經好久沒唱歌了，好不好？」

「可是我……」看到陳南津因期待而閃閃發亮的雙眼，我將話嚥了下去，點點頭。

家教時間結束後，我對坐在客廳看電視的爸表示要和陳南津去逛街，順便送她回去。

爸很乾脆地答應了：「好啊，去吧。你媽出去買東西了，等她回來我會跟她說，記得帶手機。」

爸會這麼放心讓我跟陳南津出門，主要是因爲這段日子在我的指示下，陳南津雖然故意對媽的不滿視若無睹，可是在爸面前，她卻會拿出最乖巧有禮的一面，留給爸不錯的印象。她和爸第一次見面時所刻意表現出的端莊舉止，連我都嚇一跳。

後來問她爲何會那麼做，她的回答令我相當意外。

「如果我在你爸面前一樣表現出傲慢的態度，那豈不是連他也會想趕我走？我反而覺得應該要給你爸留下好印象，讓他發現其實我並沒有你媽說的那麼壞，這樣他才有可能幫我說話，讓我繼續留下。要是你爸媽都執意趕我走，就算你再堅持，恐怕也撐不了多久吧？」她笑嘻嘻地補充，「而且這樣說不定會更有效果，我若在你爸面前表現良好，你媽一定也會看得出來，當她察覺到我只對她態度惡劣，絕對會更生我的氣，不是嗎？」

聽她一針見血指出我忽略的盲點，我才赫然察覺到陳南津並非如表面上那般天眞迷糊，有時她也會精明得令我吃驚，甚至能準確掌握住媽的心思。她的刻意安排，果然讓計畫得以順利進行。

陳南津圍上她的紅圍巾，與我一同踏出家門。

時序剛進入十二月，迎來了這個冬季第一波寒流，臉上肌膚被冷風刮得發疼。然而這天的陽光很溫柔，當陳南津走進陽光裡，她的身影就像被一道柔光籠罩，紅圍巾也更加鮮豔奪目。

她縮起了脖子，白色氣息從微微嘟起的雙唇冉冉呼出，「今天眞冷，眼看今年就快要過完了耶！」

我想起去年初次見到她時，正好也是在這個月分，轉眼已經過了一年，再過不久她就要畢業了。

「妳考試準備得怎麼樣了？」

「唉，我盡力了。」她踢了踢腳邊的石子，沒打算多說，「學弟你想過以後要考哪裡的大學嗎？或是將來想做什麼？」

「想做什麼……妳是指夢想？」見她點頭，我坦然回：「還沒想過，妳呢？」

「你猜！」

「結婚。」

「為什麼？」

「不知道，妳給我的感覺就是希望將來能嫁人，做個家庭主婦。」見她又噘起嘴，我不由得失笑，「好啦，妳說說看。」

「其實……也不是什麼多了不起的夢想。我只是希望等我小弟長大，不需要我照顧了之後，找個地方安安靜靜的生活。」

「一個人？」

「嗯，我希望有一天，可以在某個看得見山、也看得見海的地方租間小屋，盡情做我想做的事，像是養養寵物、種種花、種種水果。我對嫁人並沒有太大的憧憬，大概是因為從小一直照顧弟妹，很多事情都必須放棄或犧牲，所以才希望有機會的話，可以一個人生活。」

我看著她，「妳會怪家人讓妳沒有自由嗎？」

「常常啊，可是這也是沒辦法的事。雖然弟妹常惹我生氣，但還是會放不下他們，再怎麼說都是家人嘛！」她緩緩道，「所以我其實也很希望你和你二哥可以早日和好。」

我沒回話，和她走到搭車前必經的小廣場時，她突然快步跑到大榕樹下，回頭笑盈盈地對我說：「學弟，只剩你家這邊的榕樹還留有樹葉，我家那邊的榕樹都已經變得光禿禿了。」

陽光從葉縫中竄出絲絲光線，像是降下一道光雨。我跟著走近榕樹，把手貼在樹幹上，手心隱隱傳來一股熟悉的溫暖。

「妳玩過一二三木頭人嗎？」我問。

「當然玩過，爲什麼這麼問？」

「沒什麼，只是想起小時候常和我哥哥在這棵樹下玩一二三木頭人。」

「你是說……你去世的那位哥哥？」

「嗯，他大我十一歲，每天放學他都會帶我和二哥來這裡玩，教我們玩各種版本的一二三木頭人。」

「這遊戲還有分版本？」

「我哥哥會發明其他種變化玩法，比如喊出一二三木頭人後，所有的木頭人要做出最醜的鬼臉；不然就是要跑去抱其他木頭人，兩兩一對，最後落單的那個人當鬼；或者是木頭人得要憋氣，最快呼吸的人就算輸。」

「感覺是個很好的哥哥耶。」

「對啊，他很溫柔，對誰都很好，尤其特別疼我，以前我非常喜歡跟在他身後。」

陳南津沒有說話，沒多久便突然提議：「學弟，我剛剛也想到一種一二三木頭人的變化玩法，包準你沒玩過，我們來試試吧！」

在她的熱情慫恿下，我無奈地留在樹下當鬼，由她來當木頭人。

當我喊出口令並回頭，卻發現陳南津不見了。

我四處張望，卻怎麼也找不到她的蹤影，直到背後突然傳來大大的哇一聲，我才發現原來陳南津就躲在榕樹的另一邊，見我一臉驚嚇，她笑得樂不可支。

「哪有這種玩法的？這明明是捉迷藏！」我抗議。

「可是我覺得這樣玩也很有趣呀，你一定沒想到木頭人會不見吧？哈哈哈！」

我們在榕樹下玩鬧了一陣子才離開。

等公車時，陳南津不時用手指勾弄著圍巾，像是若有所思，好一會兒，她低聲說：「學弟，我記得你之前說過，只要是任何與計畫有關的事都能問你，對不對？既然炘瑞的事已經圓滿解決，我可不可以問你一個比較私密的問題？」

「什麼問題？」

「就是……你曾經說，炘瑞是因為讓你媽媽想起過去某段不愉快的回憶，才會惹得你媽媽如此反感，而你為了炘瑞，決定再冒險碰觸一次那段回憶。那段回憶究竟是什麼？雖然我一直照著你的計畫做，卻還是不太清楚隱情。」

她的問題讓我瞬間語塞。

似乎察覺到我有難言之隱，陳南津很快又道：「如果不方便透露也沒關係，畢竟這是你媽媽的隱私，不說也無所謂。」

後來陳南津便沒有再提這件事，我也沒有。

一進到KTV包廂，她立刻狀似雀躍地翻看點歌本，「好開心喔，自從上了高中之後，我再也沒有來過KTV了。」

「這麼久？」

「對啊，沒時間嘛，而且身邊也沒有朋友可以一起來。」

她迫不及待動手點歌，不久螢幕上便出現第一首歌，歌名是《心痛》。

陳南津抓起麥克風要給我，我馬上搖頭，「我不會唱歌。」

「你不會唱歌？」她很驚訝。

「我五音不全，唱歌很恐怖，所以我從不踏進這裡。」

「那你怎麼不早說？」

「沒關係，反正我也不知道要去哪，我坐在這裡聽妳唱就行了。」

「好吧，那你聽過陳潔儀的這首歌嗎？這是她的成名曲。我最喜歡的女歌手就是她了，她的每一首歌我都會唱！」

當陳南津的歌聲迴盪在包廂的每個角落，我意外發現她的歌聲其實挺動聽，甚至在不知不覺間隨著她的歌聲神思恍惚了起來。

「那段回憶究竟是什麼？」

是哥哥。

「由良哥哥以前有交過女朋友嗎？」

「沒有，但是有喜歡的人。」

十七歲時的哥哥，有一陣子經常早出晚歸。

爲了搭上比平常早一班的公車，有時他連早餐都沒吃便匆匆出門，回到家通常也都過了晚上七點。

哥哥說他的朋友出了車禍，行動不便，父母親都不在身邊，所以他才提早出門先到朋友家，再騎腳踏車載對方上學，就連放學後也是陪伴對方吃完晚餐才回來。

沒有人質疑哥哥所說的一切，哥哥本來就很善良，總是無條件爲家人朋友付出，加上他的朋友一向多得數不清，因此爸媽沒有特別過問是哪位朋友出了事。

直到有天他請了幾個特別要好的朋友來家裡玩，我們才見到他那位朋友。

那人個子嬌小，留著清湯掛麵的學生頭，還有一雙水汪汪的大眼睛，爸媽見到她時都很意外，他們沒料想到哥哥天天不辭辛勞接送的對象，會是個女孩子。

哥哥叫她「小黛」，是哥哥的同學，外表秀氣靦腆，總是低著頭，說話小小聲的。小黛來家裡那天，哥哥對她處處呵護，光是從他看向她的眼神，都能看出哥哥對她的「特別照顧」。

那晚哥哥偷偷問我：「鞦韆，你喜歡小黛姊姊嗎？」

「不喜歡。」

他大驚，「爲什麼？」

「因爲二哥說你最近放學都跑去小黛姊姊家，所以才沒辦法陪我們玩。」

「對不起、對不起，從明天起我會準時回家，你不要討厭小黛姊姊好不好？」見我點頭，他才鬆了口氣，又問：「那你覺得小黛姊姊會喜歡我嗎？」

「什麼意思？」

「嗯……就像你喜歡妡瑞那樣，你不是說過長大要和妡瑞結婚嗎？就是那種喜歡！」

看到我再次點頭，哥哥立刻眉開眼笑，「眞的？你也覺得她會喜歡我，是嗎？」

一向成熟穩重的哥哥，那時才像一個眞正的少年，舉手投足充滿著濃濃的孩子氣。

小黛的出現，讓哥哥展露出我從未見過的模樣。

後來哥哥確實信守承諾，天天準時回家，不過白天依舊早早出門接小黛一起上學，即使颳風下雨也不曾間斷。

有天媽媽問他：「小良，小黛現在是一個人住對不對？」

「嗯，她和她爸爸一起生活，但平時她爸爸在外地工作，一個月才會回來一次。怎麼了？」

「昨天她打電話過來時，我覺得她的態度不是很恰當，明知道是我接電話，卻連句『請問』、『妳好』、『謝謝』都不會說，劈頭就說『我找吳由良』，感覺很不好。」

「媽，小黛的個性很害羞，她和不熟的人說話都是這樣，她只是緊張而已，其實沒什麼惡意，妳和她多相處幾次就會明白了。」

「既然這樣就算了，不過她說話的方式確實很沒有禮貌，你最好稍微提醒她一下，不然很容易造成別人反感。」

媽向來注重禮節，深知這點的哥哥沒再多言，順從地笑著說：「好，我會轉告她的。」

只是在那之後，哥哥開始出現前所未有的異狀。

成績總是名列前茅的他，這次段考居然一口氣掉到第十五名，爸媽爲此找他長談，那也是我第一次見到他們用如此嚴肅的態度對待哥哥。

爸語重心長地說：「小良，希望你明白，我們不會因爲成績退步就責備你，只是這次你的成績實在太離譜，我和你媽媽都很擔心你是不是發生了什麼事？」

「嗯，我知道，這次是我沒有準備好，下次絕不會再有這種情況發生。抱歉，害你們擔心了。」哥哥低著頭認錯。

「你這次考試狀況會這麼不好，是因爲小黛吧？」媽面色凝重，「這幾個月你爲了接小黛上學，都是一大清早就出門，好幾次連早餐都沒吃。我還發現你有時會趁我們睡著後，半夜偷偷跟小黛通電話。你這樣身體怎麼會受得了？又怎麼會有精神念書？」

哥哥羞愧地漲紅臉，「媽，抱歉。前陣子小黛跟她爸爸起了爭執，情緒一直很低落，食慾不振，晚上也睡不著，我有點擔心她，才會想多陪她說說話。是我自己想這麼做的，不關她的事，以後我不會再這樣了。」

哥哥的保證不是口說無憑，果眞他下一次的段考成績又回復一貫水準。

然而媽對小黛的印象並沒有因此轉好，反而變得更差。

原因在於某天深夜一點多，家裡電話突然鈴聲大作，把全家人都吵醒了，只見哥哥匆忙跑下樓接起電話，對著話筒溫柔低語，我們才恍然大悟，原來那通電話是小黛打來的。

「明天開始你不准再去接小黛上課。」在廚房切水果的媽媽，對幫忙洗碗的哥哥說了重話，「既然她車禍的傷早就好了，沒必要每天去接她，而且媽媽也不希望你繼續和她在一起。」

「媽，妳聽我說，昨晚小黛會打電話過來是有原因的，她也覺得很抱歉，其實——」

「如果她眞心覺得抱歉，不會事後連一點表示也沒有。這種不爲他人著想，只在乎自己的自私行爲，我沒有辦法苟同。我知道你喜歡小黛，但是爲了你好，你應該找一個眞正適合你的人。憑你的條件，一定很快就能找到比小黛更好的女孩子，趁現在陷得還不深，趕快離開她吧！」媽媽厲聲打斷哥哥的話。

哥哥陷入沉默。

「這種事並不是媽說怎樣，就能怎樣的吧？」他將最後一個盤子放進瀝水架，沉聲說：「盤子我洗好了，先回房間念書，水果就不吃了。」

他頂著媽錯愕的目光黯然走開，那是我第一次聽見哥哥說出像是反抗媽媽的話。

從那時起哥哥明顯變了，過去他那充滿活力的樣子不再復見。

沒人知道哥哥和小黛之間後來發生了什麼事，雖然哥哥表面上還是照常生活，看似毫無異狀，然而每次我到他房間找他，都見到哥哥心事重重地坐在書桌前發呆。

兩個禮拜後，媽在餐桌上說起了一樁驚人的消息。

「小良，聽說小黛有男朋友了？」

爸爸一聽，先是朝沒有反應的哥哥瞥過去一眼，再驚訝地問媽：「怎麼回事？小良和小黛她不是……」

「我今天在去賣場的路上碰到小良的同學，我問起小黛的近況，他們說小黛已經交了男朋友，是同校的學生。」媽媽對哥哥說：「你應該早就知道這件事了吧？」

哥哥沒有作聲。

媽放下碗，望著哥哥的眼神滿是溫柔，更多的是欣慰，「小良，你明白了吧？小黛就是這種可以一邊接受你對她的好，一邊和其他男孩親近的女生。她會在這麼短的時間與別的男生交往，表示她根本沒有把你放在心上，她只是利用你而已。幸好你最後有把媽媽的話聽進去，沒再深陷，你做得很好。」

哥哥依然沒有半句回應，只是低著頭安靜吃飯。

當晚我去到哥哥房間，房裡的燈沒開，窗外的月光照出他獨自坐在床邊的落寞身影。

「鞦韆。」他輕聲喚道：「可以過來陪我一下嗎？」

我二話不說坐到他身邊，他眼神空洞，光彩全無。

「小黛她啊……」他像是在對著我說話，又像是在對著他自己說，「她眞的不是那麼壞的女生，這點我很清楚。一開始我想不明白爲什麼她會突然決定與別人交往？我一直以爲她是喜歡我的，不！我很確定她也是喜歡我的……」

哥哥露出我所見過最悲傷的一抹苦笑，我愣住了。

「小黛一直不肯告訴我原因，我也找不出答案。直到昨天，她一個朋友才私下告訴我，小黛曾打電話來找我，卻恰巧被媽接到，媽對她說了許多非常過分的話，不但要求小黛別再打電話給我，還說她只會拖累我，甚至數落她自私自利、沒有家教，沒資格跟我在一起。就是因爲媽那席話，小黛才會決定離開我的。」

哥哥的淚水從眼角溢出，我很心慌，連忙抬手替他擦去眼淚，他溫熱的淚不一會兒就沾濕我的手，怎麼擦也擦不乾。

「我知道媽是爲了我好，但我不敢相信……她居然會對小黛說出那種話。我眞的很痛苦，痛苦到完全不曉得之後要怎麼面對媽，光是看到媽的臉，我就覺得快要窒息。」他泣不成聲，「我眞的不知道該怎麼原諒她……」

那晚哥哥所流下的眼淚，只有我一個人看見。

隔日一早，哥哥帶著背包就要出去，才剛踏出家門，媽的聲音隨後從屋裡傳出：「小良，你要出去嗎？」

哥哥回頭往家門望去一眼，沒有應答，他朝著正在盪鞦韆的我走來，摸摸我的頭說：「鞦韆，哥哥要出去一趟，你乖乖在家喲。」

「你要去哪裡？」

「我要去同學家玩，你幫我跟媽媽說一聲。等我回來，我會買邱奶奶家的麥芽糖給你吃。」

笑著對我說完這句話的哥哥，這一走，就再也沒有回來了。

多年後的現在，媽將對哥哥的思念，轉移到與他相似的我身上，並且對我懷抱著相同的期待，希望我能延續哥哥的生命，替他活下去。

然而她害怕哥哥和小黛的事有一天也會在我身上重演，所以當她看到我爲了妡瑞刻意欺瞞她，甚至忤逆她，才會如此無法接受，但那已經不是所謂的保護，而是害怕再次失去的恐懼。

媽自始至終深信她所做的一切是正確的，就像她相信哥哥直到最後，都是完全信任著她。

我不禁將目光停在陳南津身上。

剛才我沒將那段往事告訴她，但現在我卻認爲就算讓她知道也無妨。

「爲什麼反而是記得的人要被責怪呢？太沒道理了！」

先前她說的那句話，讓我感覺內心彷彿有什麼東西粉碎了。

看過許多人因爲我而受到傷害之後，我已習慣埋葬所有的委屈，不敢憤怒，也不敢去責怪誰，即便要怪，也只怪上天讓我無法當個普通人。

但是陳南津卻說，這樣的我並沒有錯。

她讓我覺得，即使她知道了當初是我害奷瑞父母離婚的，她也會站在我這邊，告訴我這並非全是我的錯，一如曾經承諾過我，要是天空眞的下雨，他也會保護我，絕不讓我被欺負的蝦米。

我感覺到陳南津在我心裡的意義已經不同以往。

我漸漸不會在星期六安排其他事，只因爲這一天她會出現，隨著我們相處的時間越拉越長，願意對彼此分享的事也越來越多。

陳南津讓星期六的意義變得不一樣。

在「拯救奷瑞」的計畫成功之後，我因爲她並沒有急著要結束這段合作關係，而由衷感到喜悅。

這種心境變化是我完全始料未及的。

如果不是陳南津讓我想起從前和蝦米在一起的那段美好時光，也許我就不會因爲過於沉浸在這份熟悉感裡，而不小心迷失。

如果不是陳南津毫無保留的接納與包容，讓我在完全信賴她之餘，還一天天對她產生某種程度上的依賴，也許我就不會在見到奷瑞重新與媽和樂相處後，因爲過於放心，而忽略了一個問題。

這一切似乎進行得太過順利。

先前預想過的種種可能意外，居然一個都沒發生。當時我沉浸在成功的喜悅之中，完全忽略了這一點，只想著接下來該如何收尾，讓陳南津可以不著痕跡地全身而退。最後，我們商量好在期末考前一週終止這段「合作關係」。

對於陳南津，我心裡只有無限的感激。

沒有她，這個計畫不可能如此圓滿達成，而這份心情不斷驅使我想爲她做點什麼。

我想起有次她問起我的生日是在什麼時候。

「七月二十二日，怎麼了？」我回。

「七月二十二日……那就是巨蟹座嘍？我是一月九日摩羯座。我對星座很有研究，據說巨蟹座的人很戀家，個性念舊，第六感很強，將來會是好爸爸、好媽媽——」話匣子一開，她完全停不下來。

她的生日在期末考前兩週，正好接近計畫結束的時候。

她曾說過想要手機，因此我決定送她一支手機作爲生日禮物。

一月九日上午，我帶著存款出門購買手機，卻在挑選上碰到困難，花費的時間比預期久，回家時已經是下午一點半，爸告訴我陳南津已經在房間裡等我。

我拎著手機快步邁上二樓，想像陳南津看到這份禮物時會有怎樣欣喜若狂的反應，嘴角不自禁勾起。

當我打開房門，卻不見她的蹤影，只有一條紅圍巾放在她平常坐的位子上。

我以爲她在廁所，不料聽見隔壁房傳來細微的交談聲。

我緩步走到隔壁房門前，確定陳南津的聲音是從二哥房裡傳來的，我猶豫了半晌，才悄悄轉開門把。

透過門縫，我瞥見二哥坐在書桌前，陳南津就坐在他旁邊，兩人看起來像是在聊天，陳南津淺笑盈盈。

還沒來得及從這一幕回神，下一個令人震驚的畫面緊接著映進我的眼底。

二哥將陳南津拉近自己，捧著她的臉頰，直至兩人的唇貼上，我都沒看見陳南津有半點抗拒。

「你根本沒有錯。」

陳南津在十分鐘後回到我房裡。

「學弟，你回來啦？」她聲音清亮。

「嗯，妳跑去蹲廁所嘍？」

「對呀，今天早上好像吃到不乾淨的東西，肚子一直有點怪怪的。」她坐到我身邊，「你去哪裡了？」

「買東西，不小心耽擱了點時間，不好意思。」我說著，目光始終沒看向她。

「沒關係，反正也沒什麼要緊的事。」她翻了翻攤放在桌上的參考書，感慨道：「下週就是最後一次來你家了，突然有點捨不得耶！」

「是嗎？」我頭也不抬，「我有件事想要問學姊。」

「什麼事？」

「我第一次去妳家的時候，妳對我說，蚚瑞跟妳過去結交的朋友都不一樣，是個值得信賴，絕不會傷害或背叛朋友的人，妳希望自己可以成為蚚瑞最信任的人，對吧？」我抬起頭，目光直視著她，「這是不是就表示，不管發生什麼事，妳絕對不會背叛蚚瑞，做出會讓她傷心難過的事？」

陳南津微微一愣，很快又露出笑容，「那當然。為什麼要這麼問？」

「沒什麼，只是覺得蚚瑞很幸運，能夠有妳這樣的朋友。」

她將幾綹髮絲勾到耳後，不好意思地別開眼睛，「……也沒有啦，你突然這麼說，我挺難為情的，感覺好奇怪。」

「會嗎？」我莞爾一笑，「對了，妳之前不是在我書櫃上找到一本書？妳說妳小時候看過那本書，如果喜歡的話就送給妳好了。」

「真的？」

「嗯，妳去拿吧。」

陳南津走到書櫃前取下那本書，興高采烈地回過頭，「學弟，謝謝你，我找到——」

站到她身後的我用力朝她一推，她重重撞上書櫃，放在書櫃頂層的獎盃、紙盒、書籍等物品在劇烈撞擊之下紛紛落了下來。

等到陳南津回過神來，她人已經癱坐在地，鬆開護著頭的雙手，驚魂未定地環顧遍地混亂，其中一座獎盃正好砸中她的左前額，一絲鮮血從傷口汩汩流下。

當她見我朝她伸手，以為我要扶她，恍惚之中也將手伸了過來。

我無視陳南津停在空中的手，一把扯住她的頭髮，讓她不得不抬起臉，我蹲下身與她平視。

「陳南津，妳知不知道過去我那些朋友，會排擠我的另一個原因是什麼？」我用冷漠的口吻說：「我會把他們一開始說過的漂亮話全部記得清清楚楚，等到他們事後反悔，或是嘴上說的跟實際上做的完全不一樣時，我的記憶就會讓他們原形畢露，想起自己當初誇下海口的嘴臉有多麼虛偽可笑！他們不願直視自己醜陋的這一面，才會惱羞成怒，跟我絕交。」

陳南津臉上流淌的鮮血紅豔刺目，襯得她的臉色更顯慘白。

不知是因為額頭上的傷口疼痛，還是因為恐懼，她全身打顫，嚶嚶啜泣出聲。

「哭什麼?真正該哭的應該是被妳背叛的人吧？不過妳點醒了我一件事，被責怪的從來就不該是信守承諾的人，而是那些說話不算話，把別人當傻瓜的偽善者。」我冷冷一笑，「過去我總認為一切都是我自己的問題，但現在我不會這麼想了。我忘了人本來就是貪婪的，得到一樣東西後，就會想擁有更多。妳口口聲聲宣稱妡瑞對妳有多重要，卻在背地裡和我二哥在一起，結果妳成了傷害妡瑞最深的人！」

我咬牙切齒，「妳到底憑什麼敢這麼對她？賤人。」

陳南津不敢動彈，眼淚掉得更凶，「……對不起。」

「不用再裝可憐了，不必等下星期，妳現在就給我滾出這裡！我不管妳和我二哥是怎麼回事，今後別再讓我看到妳出現在他面前，要是讓妡瑞發現你們的事，我不會放過妳。既然我可以爲了妡瑞利用妳，自然也可以爲了她毀掉妳，妳最好把我的警告聽進去，別想考驗我。」

陳南津抖著手胡亂抹去臉上的鮮血和淚水，點點頭，匆匆收拾完東西，迅速離開。除了一句道歉，她從頭到尾沒有爲自己做出半句辯解。

儘管想不通她和二哥究竟是在何時變成這種關係，不過冷靜下來之後，我確實察覺到一些之前忽略的盲點。

我和沈曼書之間的互動逐漸熟絡後，二哥似乎就慢慢不再寫信給她。

當我和沈曼書交往的謠言甚囂塵上，甚至連妡瑞都聽聞了，二哥卻從來沒有爲此跑來質問我，以他對沈曼書的關注，不可能不曉得這件事。

最重要的是，他知道媽對這種事異常敏感，假若他知情，絕對不會讓我好過，一定早就向媽告狀了。

但要是他早就放棄沈曼書了呢？

要是在聽說我和沈曼書的事之前，他早已改變心意，把目標轉移到陳南津身上了呢？

不管我怎麼思考，都無法替這些困惑找到一個合理的解釋，也無法從誰的口中聽到答案。

無所謂，反正我需要的已不再是眞相。

◆

期末考前，班上傳出虎姑婆與沈曼書鬧翻的消息。根據目擊者表示，向來得寵的沈曼書，不知爲何被虎姑婆叫去導師室臭罵一頓，引起不小騷動。

有人來向我探聽，我只是悶聲不理，也沒想去問沈曼書。

學期末的最後一天，沈曼書告訴我，下學期她將轉到普通班。

「是因爲虎姑婆的關係嗎？」我問。

「嗯，期末考前她忽然要我留校，說是準備了一些對期末考『有幫助』的考題給我，我拒絕了。隔天她找了個理由把我叫去辦公室，當著所有老師的面訓了我一頓。」她淡淡地說，「大概是因爲我對她說了幾句不太好聽的話，才讓她惱羞成怒吧。」

「妳說了什麼？」

「我告訴她這種洩題的行爲很卑鄙，希望她能適可而止。」

「妳眞的對虎姑婆這樣說？」我很意外。

「我沒辦法再忍受她這種偏私的行徑，也沒辦法再接受她的教學方式。事情鬧成這樣，比起繼續留下來當她的眼中釘，轉到普通班還比較輕鬆一點。」她從容收拾好書包，

「你一直沒來問過我，我還以爲你不知道這件事。」

「我是有聽說，但不確定妳會不會想談，所以就沒主動問妳，打算等妳想說的時候再

聽妳說。」我偏著頭看她，「不過之後我們還能一起回家嗎？」

「爲什麼不能？」

「如果是同班，我還能像現在這樣來約妳，分班後變得很難找出什麼冠冕堂皇的藉口，但要是我們交往的話就另當別論了。」

她突然扭頭盯著我看。

「怎麼了？」

「……我以爲我們已經在交往了。」

「可是妳沒說妳喜歡我啊。」

「但你好像也沒有這麼對我說過。」

我們對望幾秒鐘，不禁失笑。

走出教室時，我再次牽起她的手，她牢牢回握住我，不帶一絲猶豫，手心裡的溫度毫無隔閡地傳遞過來。

我不後悔走到這一步。

雖然我無法原諒陳南津，但我很明白，這次的情況和過去沒有什麼不同。

對我來說，這不過是不小心又被騙了一次。

從最初的期待，到被欺騙，最後失望，這樣的過程本來就不曾在我的世界裡停止過，我早已習慣。

既然習慣了，那麼多被騙一次、少被騙一次，其實也沒什麼差別。

象。

這只是證明陳南津和那些人並沒什麼不同，我不過是又少了一個誤以爲可以信任的對

但陳南津確實充分發揮了她的利用價值，多虧了她，妡瑞才得以重拾笑容。這本來就是我最初的目的，一段純粹互利的合作關係，而非所謂的革命情感，或是其他更深一層的什麼。

明白了這點，我就沒有理由再爲這種事感到憤怒，甚至受傷。

我沒有理由再受傷。

第二章

「妳覺得像這樣的人憑什麼可以被原諒？」

進入第二學期，我去了和妡瑞同一間補習班。

在幾個同學推薦下，我開始偶爾跑社團，日子一下子充實許多。之所以會想讓自己變得忙碌，其實只是爲了盡量不待在家裡，減少和二哥相處的機會。

自陳南津從我的生活中消失後，我和二哥的關係沒有任何改變，他甚至不曾來問過我有關她的事。

不管是陳南津還是沈曼書，二哥都像是突然沒了興趣，他有沒有私下跟陳南津聯絡我不清楚，不過我確實沒再發現他們之間還有任何往來，妡瑞身邊也沒出現什麼異狀，一切都很安穩。

再見到陳南津是在三月的時候。

她仍圍著紅圍巾獨自在校門口等車，後來隨著我留校的時間拉長，幾乎沒再見到她。

當日子重回往昔的平靜，更顯得和她的那段回憶，彷彿是我一個人想像出來的幻影。

「仲謙，這邊。」

速食店二樓，坐在四人座的曼書對我揮手，她的對面坐著一個綁著公主頭的女生。

我走到曼書身邊入座，端詳那個女生，問道：「妳是劉羽菁？」

對方詫異地眨眨眼，嗓音細柔，「你知道我的名字？」

「久仰大名，曼書常跟我提起妳，但我不確定是不是就是妳。」

劉羽菁一臉受寵若驚，「曼曼，妳眞的常提起我的事？」

「幹麼這麼高興？」曼書表情有些彆扭。

「當然高興呀，因爲妳時常表現出對什麼事都漠不關心的樣子，所以我沒想過妳會跟別人提起我！」

「我懂，剛開始我也以爲她對我沒興趣，後來才發現她其實已經注意我很久了。」我微笑接話。

「哈哈哈，眞的嗎？」劉羽菁也笑了。

曼書微微瞪我一眼，說要去點咖啡，便帶著錢包下樓。

「曼曼在害羞嗎？」劉羽菁打趣。

「嗯，她在害羞。」我故作正經地答。

兩人笑了一會兒，劉羽菁才不好意思地說：「抱歉，打擾到你們的約會時間，曼曼說要在這裡等你社團結束，所以我也跟著她過來寫作業、吃東西。」

「沒關係，妳不用顧慮我。不過剛看到妳們坐在一起，我挺驚訝的。以前我從沒見過曼書和哪個女生特別親近，自從轉到妳班上後，她就有點變了，不僅會開始聊起別人的事，話也比之前多。」

「應該是因爲我老纏著她吧。其實曼曼到現在還是不太愛和同學打交道，雖然她外表冷漠，說話也很直，容易引起誤會，但和她相處越久，越覺得她是個很好的女生。每次碰到困難她都會來幫我，心腸軟又很體貼，這點你一定也很清楚對吧？」

「嗯。」我回以微笑，注意到她手邊的筆，「妳在『城欣』補習？」

「對，你怎麼知道？」

我指向那支筆身印有「城欣補習班」五個字的原子筆說道：「我在『揚理』。」

「揚理？那不就在城欣隔壁？原來你也有去補習，可是之前我都沒看過你。」

「我是這學期才開始去補習的，而且只有一三五會在那，沒看過我也很合理。」

「原來是這樣。」

聊到這裡，曼書正好端咖啡回來，見我突然托著下巴盯著她看，她納悶地問：「怎麼了？」

「剛剛劉羽菁告訴我妳是個很體貼的人。」我揚眉。

劉羽菁馬上甜甜附和：「超級體貼的。」

曼書再度露出和剛才一樣的彆扭表情，惹得我們又是一陣笑，沒過多久，劉羽菁說要去補習，便先行離開。

「看起來是個不錯的人。」我說。

「你說羽菁？」

「嗯，感覺挺好聊的，個性也很開朗，我和她去的補習班碰巧就在隔壁。」

「那就好，我以爲你會對她有意見。」她啜了口咖啡。

「爲什麼？」

「因爲羽菁跟我一樣算是容易被誤會的人。她的嗓音天生特別甜美柔和，所以常被嘲笑，也有女生認爲她是想引起男生注意，才故意這麼說話，國中還因此被欺負過。」

「聽說南津之前在班上好像被人欺負。」

「是嗎？」我淡淡地應了句，忽略腦中那一閃而過的聲音，「所以妳才願意跟她來往？」

「大概吧。不過，我想可能也是因爲她和你一樣，聽聞我的流言蜚語之後，還願意主動接近我。我不習慣親近人，也不知道怎麼說好聽的話，所以在我心裡或許是有點羨慕像你們這樣的人。」

「怎麼忽然說起這些不像是妳會說的話？」

她脣角微微一勾，「可能被羽菁傳染了，你不喜歡聽？」

「當然不會，這是好現象，有什麼想說的儘管跟我說，別放在心裡。」

「什麼都可以？」

「嗯。」

「那麼你有一天會跟我分手嗎？」

我看著她，沒有考慮便答：「除非妳決定跟我分手，否則我不會這麼做。」

「眞的？」

「嗯，一開始我就這麼決定了。」

她的視線從我的眼睛落至桌上的咖啡，「謝謝。」

我輕哂，「妳眞的不太一樣了，看來劉羽菁確實影響妳挺深的。」

她聳聳肩，「誰知道呢？也許眞正影響我的其實另有其人。」

與曼書交往的點點滴滴，我只讓炘瑞一個人知道。

炘瑞就算知道我和沈曼書已正式交往，她也不敢在媽面前提及。但我認爲媽知道也只是遲早的事，與其哪天從別人口中得知，不如由我自己向她坦承。

我在寒假向她提起這件事，媽的反應果然如我所料，先是驚訝，再來就是好奇曼書是什麼樣的人，最後表示想見一見曼書，要我有空帶她來家裡坐坐。

「我不想帶她來家裡。」我直接拒絕了。

「爲什麼？」

「因爲二哥以前也喜歡過她，雖然二哥可能已經知道我和她交往，但要是把人帶回家裡，碰面還是會尷尬。妳也知道二哥的自尊心強，到時他一定會很不高興，我不想因此跟他起紛爭。」

媽傻了一會兒，似乎沒想到會是這種情況，「那……南津呢？媽媽先前一直以為你喜歡南津。」

「我跟南津學姊只是普通的朋友關係，前陣子我們鬧得不愉快，應該不會再聯絡了。之前為了她頂撞妳，是我不懂事，我已經反省過了，日後我不想再聽到她的名字。」我看向媽，「我想拜託媽一件事，不管是南津學姊還是曼書，請妳別對任何人提起她們，就當作我和妳之間的祕密。我答應過不會再欺騙妳，所以只告訴妳，希望媽這次也可以信任我，我保證不會再發生讓妳擔心的事，等以後有機會，我再介紹曼書給妳認識。」

媽露出欣慰的笑，「我知道了，媽不會告訴任何人，也不會再提起南津。媽很早就看出她只會為你帶來不好的影響，根本不適合當你的家教，你能像哥哥一樣明白媽媽的苦心，我就很高興了。」

有時說實話反而能讓事情變得順利，這次提前打了預防針，我暫時不需擔心媽會胡思亂想，或是哪天在妡瑞面前提到陳南津曾當過我的家教。

至於二哥究竟是因為已經不在意，還是基於自尊才選擇不開口，或者是另有圖謀，我也不打算再探究。

反正一切都已經結束了。

◆

「鞦韆，我要和朋友去一趟文具行，你先走吧，不必等我。」

看到妡瑞傳來的簡訊，我收起手機走出補習班。

走在前去坐車的路上，有人輕拍我的肩膀，轉頭一看，劉羽菁在我身後對我揮手，笑容靦腆。

「嗨。妳也剛下課？」

「對呀，看到你就過來打聲招呼，第一次在這裡遇到你耶，你一個人嗎？」

「嗯，平常我都和我朋友一起回去，但她今天臨時有事。妳現在也要去坐車吧？要不要一起走？」

劉羽菁點頭答應，等我們到了公車站牌，天空卻開始飄雨，等車的學生慌慌張張地躲到附近的騎樓。

「妳有帶傘嗎？」我從書包拿出折疊傘。

「有！」

見劉羽菁低著頭在提袋裡翻找雨傘，我把傘挪過去先替她擋雨。等到她的紅色傘布在我面前綻開時，我頓覺有些恍惚。

「謝謝。我的傘被壓在最底下。」她撥了撥微濕的瀏海，「最近常突然下起雨來，好討厭。」

「現在五月了，梅雨季也差不多到了，還是每天帶傘會比較保險。」

「就算不是梅雨季，你平常也會帶傘吧？」她看著我笑，「你來我們班接曼曼回去的時候，只要有下雨，你手邊一定都會有一把傘。」

「我習慣每天帶傘出門，沒想到妳會察覺到這件事。」

「呵呵，因爲你和曼曼感情很好，只要沒社團活動，你都會在教室門口等她放學，我們班女生都很羨慕曼曼有這麼溫柔的男朋友呢！」

我笑了笑，幾分鐘後劉羽菁搭的車先來了，她向我道別，快步走向停靠在前排的公車。她撐著紅傘遠去的身影牽引著我的視線，我感覺到雨水打在傘布上的力道越來越重。

「我是想說，外面下雨了。」

「你不要太勉強自己。」

那年的春天充滿著雨的味道。

得知我並不介意她與我們一起行動後，往後只要我有社團活動，劉羽菁都會在速食店陪曼書一起吃東西或念書，等我到了之後，三人繼續閒聊一會兒，她再過去補習班。

我陸續在補習班附近見過她幾次。聽說她家教甚嚴，連週末都有門禁，怕她假日在家無聊，曼書常會約劉羽菁出來跟我們一起喝下午茶、看電影。

接近學期末的某一天，曼書在速食店對我們說：「我今年暑假不會在台灣。」

「爲什麼？曼曼妳要去哪？」劉羽菁忙問。

「洛杉磯。我爸下半年沒辦法回來，希望我和我媽暑假過去找他。」

「所以我們有兩個月見不到妳嘍？」劉羽菁一臉失望。

「對啊，只能等開學見吧。我會帶禮物回來給你們的。」曼書莞爾。

幾天後，我參加了炘瑞的畢業典禮。

她在大太陽下接過我送的花，調侃道：「我還以爲今天會下雨呢！」

「原來妳希望下雨？早知道我就召喚一堆烏雲過來。」我順著她的話說。

炘瑞笑個不停，「謝謝你的花，希望明年我也能回來參加你的畢業典禮。」這時有人呼喚炘瑞，她向我點點頭，「要拍團體照了，我先過去嘍！」

炘瑞開心地和一個又一個班上同學不停合照，我卻始終沒有在那群人之中見到同樣在今天畢業的另個人。

雖然不知道她爲何沒出現，但這天不見，應該就表示今後眞的不會再見了。

「難道學弟你沒有任何迷信嗎？」

◆

日子緊接著來到暑假，曼書出國，我依然一週去三次補習班。

下午補習班的課程結束後，我和劉羽菁通常會約好碰面，不是一起去書店找參考書，就是在速食店討論補習班的功課，分享彼此上課的情報。

「妳這份重點講義不錯，晚點借我影印。」

「好呀，那你的也借我。啊，要不要順便幫曼曼印一份？」

「嗯。」我伸了個懶腰，稍作休息，看向劉羽菁，「妳臉上好像沾到橡皮擦屑了。」

「咦？這邊嗎？」她摸了摸左臉。

「不是，是下巴那裡。」我不假思索伸手往她下巴處探去，迅速抹開橡皮擦屑，此時我注意到劉羽菁的面色一僵，隨即染上緋紅。

她的反應使我不由得一愣。

「謝謝。」她笑著別開目光，用手搧搧臉，「你不覺得這裡的冷氣不怎麼涼嗎？我從進來就覺得好熱。我再去點一杯冰的飲料，你要不要也喝點什麼？」

「我不用了。」

等她端著一杯裝滿冰塊的冷飲回來，臉上表情已經恢復正常。

我對她說：「時間差不多了，這些講義整理好後就去影印店吧。」

「好哇。」

在那之後，莫名的尷尬漂浮在我和劉羽菁之間。影印完講義，我們便各自分頭離去。

我怎麼也沒想到，那天會見到那個我曾以爲不會再見的人。

才剛進家門，媽就急著把我喚過去：「鞦韆，你快來，看看是誰回來了！」

那個人和二哥一起坐在客廳的沙發上，他轉頭看向我，過了好一會兒，才燦然一笑，「鞦韆，好久不見。」

我的腳步停了下來，愣怔地看著他，沒有作聲。

「是不是很驚喜？蝦米今天下午突然回來。媽媽原本想打電話給你，叫你補完習趕緊回家，但蝦米說沒關係，他可以等你。你一定很想他吧？以前你不是最愛黏著蝦米了嗎？」

我僵硬地回了一句好久不見，就說要先回房間放東西。

我卸下背包，一邊聽著樓下傳來的笑聲，一邊對著面前的椅子發怔。

蝦米回來了。

兩年前坐在這裡向我告別，從此毫無音訊的蝦米，居然回來了。

也許是太過驚訝，明明他就在樓下，我卻沒什麼眞實感。

蝦米變了不少。

他更高壯了，頭髮也留長了，紮著小馬尾的他看起來充滿活力，笑容也比從前爽朗，連談吐舉止都穩重許多。

原本預計明天才回家的爸，一得知消息，下午立即向公司請假趕了回來。

晚上和蝦米吃飯時，爸不斷關心他這兩年的去向，以及之後的打算，擔心他會再次不告而別。

蝦米笑著說：「吳叔叔你放心，這次回來我暫時不會走了。兩年前我去桃園投靠一位叔叔，他是我爸以前的朋友，是一名鎖匠，我便跟著他學習，他的小兒子今年結婚，太太是這裡人，他兒子決定跟他太太搬到這裡，並決定經營一間開鎖店，希望我能來幫忙。」

「是嗎？眞了不起，那你接下來打算住在哪裡？」

「這個月我會先回家住，下個月起我應該就會住在店裡，那間店位在市區，離這裡挺遠的，所以住在店裡會比較方便。我老闆跟他太太就住在店面隔壁，這樣工作之餘也不會打擾到彼此的生活，我覺得很好。」

「酷耶，乾脆我也去你那邊上班吧！」二哥一說完，蝦米立刻點頭，「好啊，你也來學開鎖吧。居然留級兩年夠扯的了，不如直接出社會工作，別再浪費學費了，吳叔叔賺錢很辛苦！」

爸媽笑看他們鬥嘴，沒多久爸突然問：「那麼……蝦米，能不能告訴叔叔你當年離開的理由是什麼？是因爲在我們家住不習慣？還是我們有什麼地方讓你不滿意？」

蝦米頓了頓，隨後搖頭，「不是，跟叔叔你們無關。那個時候我其實很迷惘，我奶奶過世之後，想到身邊再也沒有任何親人，心裡一直走不出去，才會決定暫時離開這裡冷靜一下。只是我太不成熟，沒有跟你們商量就離家出走，害你們爲我擔心，眞的很對不起，我不會再這麼不懂事了。」

「沒關係，只要你平安就好。當時你還只是個孩子，要一下子接受這些事情確實不容易，叔叔懂的。」語畢，爸轉頭看著我，「鞦韆怎麼這麼安靜？蝦米回來了，你應該很高興才對呀。」

「可能是補習累了吧，今天他回來一看到蝦米，驚訝得說不出話來。」媽媽替我解釋。

我抬起頭，蝦米的目光正好落向我，他順著媽的話說：「鞦韆暑假也要忙著補習，眞辛苦。」

媽又回：「高三了嘛，是鞦韆自己決定要補習的，他大哥以前都沒有這麼認眞。」

蝦米微微一笑，「鞦韆和由良哥一樣聰明，一定可以考上好學校。鞦韆，加油喔。」

「謝謝。」結果在這一頓飯裡，我只說了這兩個字。

吃完飯後，蝦米和家人繼續在客廳閒聊，我以讀書爲由回到房間，一進房，我發現放在桌上的手機裡有一封簡訊。

「曼曼的講義我整理好了，我開學直接拿給她可以嗎？如果你想自己給她再跟我說，下次我把講義帶去給你。」

讀完劉羽菁的訊息，我想起她今天的異樣反應，那股微妙的不對勁感再次浮上心頭。

我告訴自己，應該只是多心了。

◆

蝦米回來的隔天，爸媽臨時起意晚上邀請大家一起來家裡烤肉，由我和妡瑞負責採買食材。

去完賣場一趟回來，返家途中，她問我：「蝦米是晚上才過來嗎？」

「嗯，他早上好像要先去忙店裡的事。」

她欣喜地感嘆：「能在去大學念書之前再見到蝦米眞的太好了，昨晚他突然跑來我家找我，我激動得哭出來，超糗的！邱奶奶過世之後，他的個性就變得有些消沉，我原本很擔心，可是看到他現在過得很好，人也比從前開朗，讓我放心多了。」

「是啊。」我淡淡地應了聲，換了個話題，「妳什麼時候放榜？」

「八號，好緊張喔，要是能順利考上就好了。」

「妳沒問題的，放榜那天我會幫妳慶祝。」

「嘿嘿，謝謝。不過那天我已經跟同學約好一起看榜，如果順利考上，應該會直接去慶祝，所以你的約就先預留嘍！」她嘻嘻一笑。

當我們經過大榕樹前，妡瑞忽然放慢腳步，目光流連在那棵樹上。

她悵然一笑，「眞奇怪，明明還沒離開，我已經開始捨不得了。大概是因爲蝦米回來了，看到這棵榕樹，腦海中突然湧現好多回憶，特別是由良哥哥以前教我們玩的那些一二三木頭人的變化玩法。」

「妳玩過一二三木頭人嗎？」

「當然玩過，爲什麼這麼問？」

腦中的抽屜輕輕開了又關，我看著妡瑞的側臉，問了一個曾經很好奇的問題，「說到這個，妳以前爲什麼總是替我當鬼？是因爲因爲怕晒黑，所以想要站在樹蔭下嗎？」

妡瑞噗嗤一聲笑了出來，「當然不是，是因爲由良哥哥啦。」

「我哥哥？」

「你以前有段時間很怕毛毛蟲，偏偏每到夏天，榕樹上就會多出許多毛毛蟲。有次玩一二三木頭人的時候，你站在樹下當鬼，一隻毛毛蟲剛好掉在你頭上，你嚇得大哭，由良哥哥便說要替你當鬼。」她眼中浮現淺淺笑意，「其實關於他的事我很多都記不太得了，只有對這件事印象特別深刻。你小時候膽子小，個性敏感，常常被欺負，所以由良哥哥特別保護你。他去世之後，我想代替他繼續保護你，雖然我不曉得你後來是不是還那麼怕毛毛蟲。」

我沉默片刻，「聽起來我以前還眞沒用。」

「可是你現在很靠得住啊，而且變得跟由良哥哥一樣帥氣，還交到一個漂亮的女朋友。想當初某人還信誓旦旦地保證，在我交男友之前絕不會交女友呢！」妡瑞促狹地打趣。

「那是因為某人眼光實在太差，居然到現在都還喜歡我二哥。」

「喂，你很過分——」

「難得看到你們兩個在鬥嘴耶。」蝦米突然出現在我們身後，笑容滿面地看著我們手上的提袋，「你們剛去採買啊？」

「蝦米你忙完了？」妡瑞問。

「是啊，暫時告一段落，所以先回來。」蝦米瞥了我一眼，微微一笑，「妡瑞，我昨天沒什麼機會和鞦韆聊天，想與他說會兒話，可以嗎？」

「好哇，那你們聊。鞦韆你東西給我吧，我拿回去就好。」妡瑞接過提袋後便離去。

我跟著蝦米來到溪邊，各自選了塊大石頭坐下，兩人之間的距離不遠也不近。

在一片潺潺流水聲中，蝦米打破沉默：「你交女朋友啦？」

「你剛聽到了？」

「妡瑞已經偷偷告訴過我了。昨晚我和她聊了很久，也聊到你的事，她說阿棠之前喜歡過你女朋友，叫我千萬別在阿棠面前提起這件事。眞沒想到你們兄弟連追女生都這麼水火不容。」他的笑帶著些許莫可奈何，「不過鞦韆，你二哥也不是眞的這麼壞，感情再怎麼不好，終究還是家人，試著和他和平相處吧。」

「所以我其實也很希望你和你二哥可以早日和好。」

「我想這從來就不是我的問題，這些話你應該跟他說。」我面無表情，「你想找我聊的就是二哥的事嗎？」

「當然不是，之前叔叔他們都在，我沒機會跟你單獨說話，所以想趁這時候向你道歉。」

「為什麼道歉？」

「為我兩年前對你說的那些話道歉，我知道你記得。」他語氣肯定。

我卻回：「我不記得。」

蝦米一愣，苦笑，「鰍鱺，別這樣，我眞的很後悔。」

「我沒騙你，我記得你說過的話，可是我不記得有哪一句需要向我道歉。你那時並沒說錯，確實是我害我媽變得不正常，也讓整個家變得荒腔走板。一直到妡瑞都成了受害者，才眞正明白你和二哥過去為什麼會對我這麼生氣。所以我並不是賭氣或記仇，我是眞心覺得你沒必要道歉，而且我也不認為你是眞的在後悔。」

「……什麼意思？」

「我的意思是，你會道歉，是因為你覺得那些話對我來說很殘酷，而不是因為你覺得對不起我們。我很清楚那些全是你的眞心話，你對我們的憤怒與厭惡也全是你的眞實感受，不是一時的情緒。」

蝦米嘴巴一動，似乎想說些什麼，但我用眼神制止了他。

「老實說，我覺得你現在可能也沒有眞正接納我們，你只是選擇不再提起而已，這跟我認爲的後悔不太一樣。但要是你眞的後悔，認爲自己兩年前應該什麼都不說就離開，那你現在這麼愼重的道歉就顯得很言不由衷，也更虛僞，我反而會對你失望。」我的聲調沒有任何起伏。

蝦米臉色一僵。

見狀，我迅速揚起笑，拍拍他的肩，「開玩笑的，其實我很高興你回來了。我還以爲不會再見到你，謝謝你願意回來看我們。」

蝦米沒有跟著笑，他眼底的憂傷清晰可見。

他始終沒有出聲，對於我說的話，沒有承認，但也沒有否認。

所以我是眞的對他失望了。

「吳仲謙，我在補習班附近的書店，你上次找的書進貨了，不過只剩一本，要幫你先買下來嗎？」

和蝦米一起回去的路上，我收到劉羽菁的簡訊。

「幫我留著，我現在去找妳。」

回完訊息後，我淡淡地說：「蝦米，我同學臨時有事找我，我過去一下，可能會晚點回來，你幫我跟我媽說一聲，晚上烤肉不用等我了。」

我頭也不回地跑走。

從蝦米身邊逃開的那一刻起，我注定回不到過去了。

早知道再見到的是這樣的蝦米，我寧可這輩子他都不回來，也不要看到他用這張笑臉對我說謊，這比當年對我說眞話的他還要更殘酷。

如果連蝦米都變成這種樣子，那麼我眞的不知道自己還有沒有勇氣再去相信一個人。我還能相信誰？

「鞦韆，你又要出去？今天不是沒補習嗎？」看到我背著包包下樓，爸疑惑地問。

「嗯，我和同學約好要一起寫暑假作業。」

「你別太累了，你媽說你最近都在外面念書，很少待在家裡，有時候也該放輕鬆一下。最近蝦米偶爾會過來，你們很少有機會好好聊聊，這樣很可惜。」

聞言，跟二哥坐在客廳看電視的蝦米轉過頭來對我說：「鞦韆，下禮拜我們的店要開幕了，你和妡瑞有空一起過來看看吧。」

「好啊。」我笑著答應他。

我和蝦米誰都沒有再提起那天的事。

從那天起，我們表面上看似互動自然，實際上卻早已無法重拾過往的親暱。

我變得更常往外跑，沒補習的時候，也會以跟同學約好一起念書爲由離開家裡，和蝦米共處的時間並不多，很多時候他才剛進門，我就準備要出去。

我在外頭的時間幾乎都與劉羽菁共度。

為了減少和蝦米碰面的機會，我連假日都會跟劉羽菁約出去，兩人的行程從一開始的課業討論，到後來變成會一起吃飯，甚至一起去看電影。只要能不留在家裡，對於她的邀約，我幾乎不會拒絕。

我也發現，與劉與菁之間那份不對勁的感覺並非是我多心。

隨著和劉羽菁見面的次數越多，她眼底流露出的情感也越漸可辨。

第五次和她一起坐在電影院時，當我的手臂不小心碰觸到她的，她已不會匆匆縮回，儘管如此，我還是能從她肌膚傳過來的熱度，感覺到她的緊張與不安。

然而那時的我，既不想失去以她為名的外出藉口，也不想破壞兩人表面的和諧，最後決定選擇了無視。

我忽略她再也藏不住心緒的每個眼神，假裝自己始終沒有察覺到她的感情，就是希望劉羽菁也能守住這條界線，永遠別做出任何會破壞這段關係的舉動。

只要她不開口，我就能繼續裝傻到底。

「請問你是吳由良的弟弟嗎？」

某個下著雨的午後，我在補習班附近的百貨公司門口等劉羽菁下課，忽然有名年輕男子前來向我攀談。

我仔細端詳對方的臉，答：「對。」

男子露出極為欣喜的笑容，「我是你哥哥以前的同學，我國高中都和他同班，曾經去你家玩過，但你那時還很小，應該對我沒什麼印象了。」

「我有印象，你是阿紀哥哥，你跟我哥哥一起幫我搭過鞦韆。」

他先是一呆，才猛點頭，「對對對，沒錯！這麼說你就是由良的小弟鞦韆嘍？我聽他說過你記憶力超強，沒想到竟厲害到這種程度，你不但認得我，居然連我的名字都記得，太不可思議了！」

「那是因爲阿紀哥哥你沒什麼變，長相跟以前差不多。」

「天哪，我還是很難相信。剛才看到你的時候，我還以爲自己眼花了，你長得跟你哥哥一模一樣，簡直就像是由良又站在我面前似的！」他又問：「你現在有事嗎？」

「我在等我朋友補習班下課，大概還有半小時空檔。」

「我也在等人，我女朋友正在百貨公司血拚，要不要一起找個地方坐坐？」

我沒有拒絕，便跟著他到百貨公司的美食街喝點東西，順便等雨停。

哥哥去世後，我就沒再見過他的那群好朋友了。

阿紀哥哥高興地談起從前與哥哥相處的點點滴滴，對哥哥的懷念之情溢於言表。

「鞦韆，你有女朋友了嗎？」

他抛出這個問題時，我雖覺得突兀，但還是很快點了點頭。

「你們交往順利嗎？」見我再次點頭，他笑了，「這點就跟你哥哥不一樣了。由良他什麼都好，唯獨感情不太順利，他在你這個年紀的時候也有個喜歡的女孩，可惜這段感情最後沒能有好結果。」

說到這裡，阿紀哥哥忽然坐直了身體，神態鄭重，「我對你哥哥的事感到很遺憾，也一直對你們家感到抱歉，要是那一天我們沒有帶你哥哥去溪邊，就不會發生那種事了。」

我沉默片刻，低聲說：「阿紀哥哥，我有件事想問你。」

「什麼事？」

「我哥哥喜歡的那個女生，當年究竟有沒有喜歡過他？」

「你說小黛？」他雙手環抱在胸前，認眞思忖，「老實說，這一點我也很疑惑，當年追小黛的不只你哥一人，但她確實跟你哥走得比較近。由良對她非常好，不但時常噓寒問暖，還會每天接送她上下學。我認爲小黛對你哥應該也有好感，可是後來不知道怎麼回事，小黛突然決定跟別的男生交往，把大家都嚇了一跳，更遑論是由良了。」

阿紀哥哥深深嘆息，「那時我們看得出你哥在強顏歡笑，畢竟把小黛搶走的，還是跟他交情很好的朋友，這等於遭受到雙重打擊。所以我們才會帶他去溪邊烤肉散心，沒想到卻發生憾事。」

我們陷入一陣短暫的靜默。

「那小黛後來怎麼樣了？」我問。

「嗯……我想她應該也很難過吧，不知道是不是傷心過度，由良告別式那天她好像沒出席。唉，當年她拒絕你哥，跟一個認識不到一個月的男生交往，結果由良過世不到半年，兩人就分手了，實在很諷刺。高中畢業後，我直到去年才再見過她一次。」

「去年？」

「是啊，去年我們班辦同學會，小黛也有來。她變了很多，整個人容光煥發，跟以前的樣子完全不同。當年她總是神情憂鬱，身形纖弱，好像一碰就會碎掉，或許是因爲這樣，你哥才會那麼細心地呵護她吧。我和她聊過一會兒，她現在住在國外，已經結婚，也有了小孩，看起來過得很幸福。但是……」

見他停頓，我又問：「怎麼了？」

阿紀哥哥面色微異，似乎在斟酌該不該說下去。

我沒有催促他，只是定定地注視著他。

他猶豫再三，最後還是開口了：「當時我跟她聊起以前的事，也提到了由良，她的反應卻像是第一次聽到他的名字，滿臉疑惑地回想了好一段時間才知道我在說誰，她似乎已經把由良給忘得一乾二淨了。」

我有些茫然。

「雖然當下我心裡不是很舒服，但這也無可奈何，畢竟由良離開了那麼久，我也不想看到小黛一直活在後悔與自責之中。既然她過得好，我也祝福她。」他嘴角泛起一抹苦笑，「想是這麼想，我多少還是會替你哥感到不值得。」

我沒再作聲，只是望著面前見底的杯子。

離開百貨公司時，雨還沒有停歇。

阿紀哥哥向我道歉：「對不起，鞦韆，跟你聊了不太愉快的事，因爲你是由良的弟弟，我就忍不住想跟你說這些，希望不會影響到你的心情。我很高興能再見到你，看著你熟悉的臉，讓我覺得好像少了一個遺憾，謝謝。」他上前輕拍我的背，「你要好好保重，再見。」

隨後阿紀哥哥去找他女友，我也往補習班方向走，途中不慎撞到人，我立刻道歉：「對不起。」

「沒關係。」對方不甚在意，旋即離去。我的目光始終跟著她，直到她背著與陳南津同款紅色包包的身影，徹底消失在人群裡。

哥哥。

當年你傾盡一切，結果得到的是什麼？

你爲那人流盡眼淚，甚至帶著絕望的心情離開我們，最後在對方心裡留下的是什麼？是遺忘。

你那樣在乎過的人，早已把你摒除在她的世界之外，甚至不存在於她的記憶中。

若傷害你的人終將會徹底忘記你，那麼你心碎又如何？你的痛苦又有什麼意義？

只能替你永遠記住這一切的我又該怎麼辦？

我眞的以爲這些再也不會傷得了我。

但是不是因爲曾經有人告訴過我，這不是我的錯，此刻我的心才會比以前更加痛苦？是不是因爲我的世界曾經被誰所包容理解過，所以現在我反而無法繼續忍受？

如果人能隨著時間慢慢忘記自己曾經傷害過誰，那麼只能永遠受困在回憶裡的人又該何去何從？這樣的日子究竟還要多久才能結束？還要再受幾次傷才不會覺得疼痛，傷口也不會再流血？

我還要再走多久才能夠停下來？

憑什麼這個世界只對我這麼不公平？

憑什麼？

◆

「我喜歡你。」

劉羽菁坐在客滿的速食店裡，緩緩說出這四個字。

她低垂著頭，耳根泛紅，鼓起勇氣繼續道：「對不起，吳仲謙，我本來不打算說出口的，但是我實在無法再壓抑自己的心情……其實在暑假前我就喜歡上你了，不管是跟你一起補習，還是像現在這樣待在你身邊，都讓我覺得很幸福……很開心。」

我沉默不語。

等不到我的回答，她又失措地笑著說：「我只是想把這份心情告訴你而已，沒有別的想法，也沒有在期待什麼。我不想傷害曼曼，也不想讓你爲難，如果這些話讓你困擾，我很抱歉，你就當作沒聽到，我眞的沒想過要破壞我們三人之間的友誼。我保證，以後還是會和往常一樣，不會有任何改變。」

聽完她的告白，我無動於衷，安靜地凝視著落在玻璃窗上的雨珠。

終究她也讓我失望了。

原希望她能明白我的暗示，不做出越線的舉動，誰知她還是執意跨了過來。

她在想什麼？難道她眞以爲說出來以後，我們三人還能像從前一樣？

她憑什麼可以輕易地做出這種保證？

要是眞的不想破壞我們三人之間的友誼，這些話她從一開始就不該說出口。

再怎麼漂亮的理由，也遮掩不了她的自私。

然而她此刻的目光卻讓我再度想起陳南津。

二哥吻她的那一刻，她也是用這種眼神看著他嗎？

她也和劉羽菁一樣，並非眞心想要傷害妡瑞，只是無論如何都無法壓抑對二哥的感情，也無論如何都想讓對方知道自己的心意，卻又在說出口之後，還天眞地期盼一切不會有任何改變？

荒謬。

這簡直荒謬到讓我覺得可笑至極。

在這世上，沒有誰不貪心，不渴望得到更多。

沒有人是例外。

「妳眞的喜歡我？」

她害羞點頭。

「那妳要跟我在一起嗎？」我問。

劉羽菁一愣，不可置信地抬起臉看著我。

我接著說：「前提當然是要瞞著曼書。我願意跟妳在一起，同時妳得保證，妳不會把我們的事告訴其他人，也絕不做出任何會引起別人懷疑的舉動。如果妳能做到，我就答應跟妳交往；相反的，如果妳做不到，或是不想對不起曼書，妳也可以當作沒聽到這項提議。」

她木然不動。

老實說，我並不在乎劉羽菁聽完這些話後會怎麼看我，也不擔心她事後會不會和曼書提起。但要是她爲了曼書而拒絕這項提議，那麼就算從此被她瞧不起，我也會打從心底敬佩與看重她。

劉羽菁眉頭深蹙許久，她咬緊下脣，最後緩緩點了下頭。

我挑眉，「這表示妳願意？」

她再次點頭。

「如果我再告訴妳，不管發生什麼事，我都不會爲了妳跟曼書分手，遇到任何事，我永遠只會以曼書爲第一優先，這樣妳也能接受？不會有半句怨言？」

「嗯。」這次她不帶猶豫，堅定地說：「只要能和你在一起……我就滿足了。」

憑什麼那些人就不需要付出代價？

明知不應該這麼做，卻還是在最後輸給自己的欲望。輕易做出承諾，也輕易選擇背叛，那些人憑什麼不必為他們說過的話受到懲罰？

就像現在親口對我做出保證的劉羽菁。

願望實現後，她真的會就此滿足？

等到第二個、第三個願望接連被實現，她就會心滿意足？不會再渴望得到更多？

當有一天她發現內心的欲望，已經漲大到再也無法滿足於現狀的時候，她還能堅持下去嗎？她還會記得自己今天說過的這些話嗎？

我真的很想知道。

◆

妡瑞在新學期第一天從高雄寄了明信片過來。

順利考上第一志願並開始大學生活的她，不僅每個月都會寄明信片，連假也會回來。

蝦米的工作也已經步入軌道，不管再怎麼忙碌，他還是會每個禮拜過來家裡吃一次飯。

至於再次留級的二哥，課沒上幾天，就決定休學去工作，雖然沒能拿到高中文憑，但總比他繼續每天無所事事浪費時間來得好。於是爸媽便不再勉強他念書，放手讓他跟著蝦米在開鎖店工作。

我從這學期起就不再去補習班。

放學後，我依然會到曼書班上接她放學，每當我有社團活動，她也會像以前一樣和劉羽菁在速食店等我。

「吳仲謙，聽說你加入糾察隊了？」劉羽菁語帶笑意地問。

「被逼的，訓導主任正愁找不到人手，那時我恰巧從訓導處門口經過，他硬把我拉去湊數。」

「哈哈哈，那也太巧了。以後你中午就沒辦法休息了，要負責巡邏，對吧，曼曼？」

「嗯。」曼書輕輕搖晃喝空的杯子，「我想再點杯咖啡。」

「我去幫妳點？」我問。

「不用了，我去就好，你們繼續聊吧。」

曼書離席後，我和劉羽菁先是安靜了一陣，我才緩緩說道：「妳昨晚有看到我傳的簡訊吧？」

她點頭，壓低了嗓音，「爲什麼……突然決定不補習了？」

「如果不想被別人發現我們的事，還是別再像暑假那樣時常在一起比較好吧？補習班有不少我們學校的學生，要是被看到，難保他們不會起疑。而且，我不想讓曼書認爲我和妳會在補習完後一起回去，也不想讓她覺得我們有機會單獨碰面。所以從現在起我不會再去補習班，也不會在那附近跟妳見面。」

劉羽菁沒有作聲。

「妳不願意？」

劉羽菁搖頭，撐起笑容回答：「沒有，你說得對，要是我們繼續在補習班見面，確實有點危險，就照你說的做吧。」

她默默端起可樂喝了一口。

我看著她，沒多久又說：「雖然我不會再去補習班，但只要沒跟曼書約，我都會在車站那邊的K書中心讀書，等妳補習班下課，我們再會合，如此一來就可以避開其他學生，去別的地方走走。妳覺得怎麼樣？」

她迅速抬頭，看向我的目光又驚又喜，「眞的嗎？」

「當然是眞的，如果不能在補習班見面，換個地方不就行了？雖然那間K書中心離補習班比較遠，不過這樣也好，比較不會被人看到。至於假日，如果情況允許，我們也可以偷偷碰面。」

劉羽菁雙手摀脣，臉頰因極度興奮喜悅而紅透，前一刻映在她眼底的落寞一掃而空。

「我還以爲以後沒辦法再跟你見面了……」

我泛起一抹溫柔的笑，「怎麼會？我也想跟妳在一起啊。」

她越是在我面前笑得羞澀甜美，我就越是不禁要想，這樣的笑容究竟還可以持續多久？

欲望被滿足後，不管是誰，最終還是會變得更貪心吧？

只想見證這一切的我，內心已扭曲到再也看不清任何事物，只想著一步步將她推入絕望的深淵。

從那天起，每晚我都會和劉羽菁通電話，一週大概有三天，我會到補習班接她下課，再一起去其他地方約會。

我對她極盡溫柔，讓她完全沉淪在這份甜蜜的幸福之中；同時我也對她極盡殘酷，只要我去接曼書下課，或是三人一起行動時，她只能默默看著我當著所有人面前牽起曼書的手。

當我對曼書做出稍微親暱的舉動，比如替她撥頭髮，或是替她擦拭嘴角上的醬汁，劉羽菁依舊只能在我們面前露出最自然的微笑。

她什麼反應都不能有。

別人眼中看見的一對，永遠不會是我跟她。

而她連開口說痛的權利也沒有。

「對不起。」

交往兩個月後，某天羽菁臉色發白地遞給我一樣東西。

她瑟縮著身軀，聲音發顫，「我不知道怎麼會這樣，我以為我有算好安全期……」

我看著驗孕棒上清晰的兩條紅線，沒有說話。

她哽咽出聲：「對不起，仲謙，你不要生氣。」

「我沒有生氣。」我用連自己都覺得意外的冷靜語氣說，「明天放假，我陪妳去醫院檢查，如果眞的懷孕了，早點處理會比較好。」

「處理……你是說拿掉？」

「不然妳打算生下來嗎？」

她呆了半晌，在我平靜的目光下搖頭，眼淚落了下來。

我沉沉呼出口氣，「那就這樣吧，這次就當作是意外。我會陪妳，妳不要擔心。」

第一次在眾人面前牽起羽菁的手，是在我陪她去做墮胎手術的那一天。

手術後我們坐在診所附近的小公園裡，羽菁靠著我，緊摟住我的手，絲毫不願跟我分開。

「抱歉，讓妳面對這種事。」

她搖搖頭，「沒關係，我不後悔。」

「不後悔什麼？」

「不後悔懷你的小孩。」她做了個深呼吸，「雖然現在的我沒辦法生下這個孩子，可是因爲我眞的很喜歡你……所以我不後悔。」

「但別再有第二次比較好吧。」

「我知道，可是老實說，剛才躺在手術台上的時候，我忽然覺得，就算生下你的孩子也沒有關係……」她聲音沙啞，「我想要你的孩子。」

我閉上眼，聽到這些話，只讓我覺得她還沒搞清楚狀況。

「如果妳眞的有這種想法，我們恐怕很難再走下去了。我說過，不管發生什麼事，我都不會爲了妳跟曼書分手吧？」

她微微一僵，「若是曼曼決定跟你分手呢？」

「什麼意思？妳是想威脅我？還是想威脅曼書？」

羽菁側過頭，躲開我的視線。

「話先說在前面，要是妳告訴曼書我們的事，我也會同時結束跟妳的這段關係。往後妳又不小心懷孕的話，不必再告訴我，請自己處理。倘若妳不願意接受，我們現在就可以結束。」我撥開她的手，起身走出公園，替彼此各叫一輛計程車。

當天晚上，羽菁打電話過來道歉，保證自己以後不會再說出這樣的話。

經過這件事後，基於補償，我對羽菁更加呵護備至，卻依然沒有在她面前收斂對曼書的細緻溫柔，連遮掩也不曾。

當我站在鏡子前，我好像在看著一個從未見過的陌生人。

「鞦韆，最近好嗎？」婻瑞在手機那頭問。

「還好啊，怎麼了？交到男朋友了？」

「為什麼這麼問？」

「妳上次打來不是說最近要準備期中考，可能沒什麼時間聯絡？所以我以為妳這次在百忙之中打電話過來，是要跟我報告什麼好消息，還想說妳總算擺脫我二哥了，正替妳高興呢。」

婻瑞尷尬道：「那個……鞦韆，其實有件事我沒跟你說。」

「什麼？」

「放榜的那天晚上，我打了通電話給阿棠，問他以後我到高雄讀書後，能不能寫信給他？阿棠答應了。後來我覺得很不好意思，才遲遲沒跟你說。」

我很是意外，「你們一直有在通信？」

「沒有，只有我寫信給他，阿棠從來沒回過，但當初他肯答應我，我就非常高興了，也許是他看我態度堅持，才勉爲其難答應吧。」妡瑞語帶羞澀，輕輕一笑，「我怕會被莙阿姨發現，所以都請我同學幫忙在信封上寫下收件人姓名與地址，避免筆跡被認出來。到目前爲止，我已經寄了三封信過去，也不知道他是不是眞的有讀。」

我聽著她的笑聲，喉嚨不知怎地有些發燙，「妳幹麼這麼死心眼？」

「哪有？反正我也沒要求阿棠回信呀，他願意讓我這麼做，我已經很滿足了，而且我這是專情，是一心一意，才不是死心眼呢！」接著她又笑，「鞦韆你也要對你女友一心一意，絕對不可以腳踏兩條船喔，知不知道？」

我停了幾秒才反問：「如果我眞的腳踏兩條船了呢？」

聞言，妡瑞先是一愣，語氣突然變得嚴肅，「那我就再也不跟你說話了。以前我媽把我和我爸傷得有多深，你比誰都清楚。不管有什麼理由，這輩子我都無法原諒對感情不忠的人。如果有一天你做出這種事，我一定跟你絕交，永遠不再跟你見面！」

我握緊了手機。

「但我知道你不可能做出這種事，鞦韆你是我見過最溫柔善良的人。你一直把別人看得比自己還重，也最害怕別人會因爲自己而受到傷害。這樣的你，絕不會做出這麼過分的事。」

我沒有接話。

掛上電話時，一記敲門聲響起，蝦米推開半掩的門探頭進來。

「鞦韆，下來吃飯嘍。」

「好。」

他的目光落在我的書櫃，忽然問：「那是我送你的電子雞嗎？」

我瞥了眼吊在掛勾上的白色電子雞，拿了起來，「喔，對啊，我已經沒在玩了，還給你吧，這本來就是你的。」

他接過我遞給他的電子雞，若有所思，「沒想到你還留著它。」

「它又沒壞，只是沒電，換顆電池的話，應該還能玩。」

我知道蝦米其實不是這個意思，也知道他一定想起兩年前自己把爸爸送他的電子雞留給我後，便頭也不回地離開。

「走吧，吃飯去。」我率先邁開步伐。

「鞦韆！」蝦米喊住我。

「嗯？」

蝦米用複雜的眼神看著我，欲言又止，最後只艱難地說出一句，「抱歉。」

我笑了笑，「我不記得你有做過什麼需要跟我道歉的事啊。」

說完，我轉身下樓。

◆

第二次段考結束不久，羽菁打電話告訴我，昨天她去了診所。

「怎麼了？」我停了一下，「難道又懷孕了？」

「嗯，可是流掉了，我在家裡上廁所的時候，突然大量出血，覺得奇怪，就去診所檢查，果然是懷孕了。」

「上次妳不也是突然間就流掉了嗎？」

「是呀，我也不曉得怎麼會這樣……」經過兩次流產，她的情緒已不像一開始那樣激動，反而冷靜得有些出奇。

「妳還好嗎？」

「嗯，沒事了。」

「爲什麼現在才通知我？」

「因爲這次也很突然嘛，所以我乾脆自己先處理好，不想給你添麻煩。我知道剛好上次碰到模擬考，你才沒辦法陪我，沒關係啦。」

「知道了，這週末我去陪妳。」

「啊，不用了，這禮拜六永恩會來我家玩，順便過夜，我跟她在一起不會有事的，你別擔心。」她笑道。

羽菁提到的永恩，是一年級的學妹，她被編到虎姑婆班上，羽菁很喜歡她，經常跟我聊起她。

除了曼書，我不曾見過羽菁和哪個女生這般要好，好到像這樣天天說起她。每次糾察隊進行午休巡視時，只要經過那位學妹的班上，我會不自覺透過窗口留意她。

謝永恩給我的感覺很嚴謹沉穩，和一般的同齡女孩不太一樣。既然羽菁跟她這麼要好，我不免猜測羽菁是否會對她說出一些不該說的事。

但我不問，也不打算故意試探羽菁，就這麼保持沉默。

懷著這樣的預感，有一天羽菁果眞良心不安地主動向我坦承，她已經將我們的事告訴了謝永恩。

「妳告訴了她我們的事？」我問。

羽菁瑟縮地點點頭，「永恩來我家過夜那天……我們談起心事，結果聊著聊著……就忍不住把我們的事告訴她了。」

「爲什麼？」我沒大發雷霆，反而十分冷靜，「妳答應過我，絕不會把我們的事告訴任何人吧？」

羽菁的眼淚撲簌簌地滾下，她撲過來抓住我的衣服，「仲謙，對不起，我不是故意說出來的。我只有告訴她我們在交往，沒讓她知道我曾經懷孕。你放心，永恩會幫我們保密的。」

「妳憑什麼要我相信她？」

「是眞的，她親口答應我的。我了解永恩，她不會背叛我。你不要生氣，拜託你不要跟我分手，求求你！」

她痛哭失聲了好一陣子，我放軟了態度，握住她的手，「知道了，既然妳這麼說，我就信她一次。畢竟追根究柢，是我讓妳這麼痛苦的，是我對不起妳。但我希望這是最後一次，妳絕不能再做出這種危險的事。」

「嗯，絕對不會了！」她破涕爲笑。

羽菁再次對我做出保證的隔天是星期六，這天我與她、曼書三人一起去到一間義大利麵餐廳吃午餐。

星期日是曼書的生日，先前我們討論過慶生當天的行程，曼書說看場電影就好，但羽菁覺得不夠，提議晚上再去唱歌。

「妳爸媽會讓妳這麼晚回去嗎？」曼書這麼問她。

「嘿嘿，我努力求他們一下就行了，那麼明天就去看電影跟唱歌嘍？吳仲謙你覺得怎麼樣？」

「好啊，就這麼辦。」

當時，我並沒有覺得這樣的安排有什麼不妥。

服務生陸續送上餐點，曼書吃了幾口，像是忽然想起什麼似地說：「對了，羽菁，我記得妳昨天跟我提過，明天妳想邀永恩一起來幫我慶生，妳問過她了嗎？」

羽菁拿著叉子的手一頓，視線隨即往我瞟來，又心虛地迅速移開，支支吾吾地說：「哦，今天早上我問過她了，她說明天剛好要跟家人出去，沒辦法過來。」

我從不知道羽菁曾想找謝永恩一起爲曼書慶生，昨晚她哭著乞求我原諒時也完全沒提，更不知道她是在這之前還是之後跟曼書說起要邀謝永恩過來。

我未表現出任何不悅，也不打算興師問罪，反而露出微笑，讓她知道我沒有生氣。

那時我只是想著，如果我袖手旁觀，不再吭聲，她還會做出什麼事？

她會希望謝永恩爲她做出什麼事？

隔天晚上在KTV，羽菁和曼書兩人忙著點歌、唱歌，我則負責吃東西。

我一邊翻著點歌本，一邊聽她們唱歌。直到一段熟悉的旋律響起，我才抬頭望向螢幕。

見我突然盯著螢幕看，羽菁好奇，「吳仲謙，你知道這首歌嗎？」

我有些恍惚，「有聽過。」

曼書說：「那就給你唱吧，你從進來到現在一首都沒唱過。」

羽菁把麥克風塞到我手中，我卻僵直著身體，一動也不動。

「那你聽過陳潔儀的這首歌嗎？這是她的成名曲。我最喜歡的女歌手就是她了。」

聽到這首陳南津唱過的歌，我情不自禁循著她在我記憶裡的歌聲，對著麥克風開始唱了起來。

曼書和羽菁一聽，先是面露訝異，沒多久都忍不住掩嘴而笑。

我的節奏沒有一個落在正確的拍子上，音準也徹底走掉，我卻毫不在意，唱得更大聲。

「我們啾韆真的不怎麼擅長唱歌呢。」

「你哥哥唱歌很好聽，嗓音既清亮又乾淨，猶如天使在唱歌。」

「媽媽好想再聽一次你哥哥唱歌。」

我用力地唱，唱到破音，耳邊只剩下自己撕裂的沙啞聲。

分不清最後的聲音究竟是我記憶裡的回音，還是我的哽咽。

想著你　還是想到心痛

期待我做的　將來你都會懂

有一天　真如果有一天

但願我還在你記憶中

（〈心痛〉詞／林秋離　曲／許環良）

「我不知道你這麼不會唱歌，我和羽菁剛才笑到眼淚都流出來了。」送曼書回去時，她笑著說。

我聳聳肩不置可否，告訴她：「我有東西要給妳。」

她的眼睛微微亮起。

我從袋子裡取出一個透明四方盒，裡面裝著一棟用巧克力做成的小木屋。

「我想等只有我們兩個獨處的時候再送給妳。我想來想去，覺得還是送巧克力最合適。」

「爲什麼？」

「因爲我們以前請彼此吃過巧克力，那時妳說自己對花生過敏，於是把別人送妳的金莎巧克力給我，後來我回送了巧克力球給妳。這次妳生日，我想挑更氣派可愛一點的巧克力當禮物，東挑西選之後，就決定是這個了。」

見她毫無反應，我端詳她的神情，「妳不喜歡？」

曼書仍沒回答，也沒接過巧克力屋，只是凝視著我片刻，便突然上前主動抱住我。

她這舉動出乎我的意料，我不禁失笑，「怎麼？有這麼感動嗎？」

她擁著我的力道似乎又重了一些，過了好一會兒她才鬆開我，淡淡地笑了。

「謝謝你的禮物。」她只說了這句話。

那時我並沒有察覺到這個擁抱的意義。

在羽菁向我保證謝永恩不會洩露祕密後，我開始注意起謝永恩的一舉一動。

讓我覺得弔詭的是，謝永恩似乎從未對羽菁跟我在一起這件事表示過意見，甚至不曾開口勸羽菁從這段感情抽身。

若是眞和羽菁情同姊妹，謝永恩沒有理由不對我生氣，也不可能不爲她打抱不平，可是羽菁卻說謝永恩從來沒有說過這樣的話。對此我抱持懷疑，認爲羽菁只是不想讓我對學妹產生壞印象，才會爲她遮掩。

某次在學校遇到謝永恩，我心中忽起一念，故意主動向她打招呼，她明顯嚇了一跳，卻還是從頭到尾不發一語，連一個不滿的眼神都不敢給我。

久而久之，對於謝永恩的守口如瓶，我漸漸相信之餘，卻也開始有些不以爲然。

謝永恩的行爲，乍看之下是講義氣，事實上她寧可眼睜睜看著羽菁繼續沉淪，也不願誠實道出諫言。看似體貼，其實說穿了只是膽小而已，謝永恩寧可維持和睦的姊妹情誼，也不願伸手拉她一把。

日子一長，羽菁的行徑也越來越放肆。

在速食店裡，我注意到羽菁放在桌上的新筆記本和新水壺，不由得抬頭望了她一眼。

等到曼書去上洗手間，我才問：「妳的筆記本和水壺是怎麼回事？」

「什麼怎麼回事？」羽菁眨眨眼。

「爲什麼又跟我用一樣的東西？」

她仍一副不知道自己哪裡做錯的無辜模樣，「……難道不可以嗎？」

「妳有沒有想過，要是曼書發現我們用一模一樣的東西，心裡不會覺得奇怪？上次的記事本和筆袋也是，妳是打算把所有東西都換成跟我一樣的嗎？」

「可是，剛才我和曼曼在這裡念書的時候，她看到後什麼也沒問呀。而且像這種東西，本來就有可能買到一樣的嘛，曼曼應該不會起疑，她一定以爲只是湊巧而已。」羽菁振振有詞。

不等我回答，她隨即露出可憐兮兮的表情，「我只是想跟你用一樣的東西……這樣也不行嗎？」

我無動於衷，只是冷冷地看著她，不置一詞。

那時已經是學期的最後一天。

寒假結束，新學期的第一天放學後，我一如往常地和曼書一起回家，曼書冷不防對我提出分手。

我看著兩人還牽著的手，不動聲色地問：「爲什麼？」

「你曾說過，除非我先開口，不然你絕不會跟我分手，所以我才決定最後就由我來結束這一切。」她面色平靜，「我其實已經考慮很久了，這麼做對我們都好。」

「不要。」我想也不想便拒絕。

「你知道我話說出口，就不會再收回去了。」她淡淡地說，「我答應跟你和平分手，請你不要再繼續傷害別人了。」

說完她便放開我的手，逕自離去。

曼書就這麼突然跟我分手，沒有任何預兆，沒有任何解釋。

當晚去補習班接羽菁下課時，我告訴她這個消息。

她聽完呆了半晌，像是非常意外，「……爲什麼？」

我觀察過羽菁在高興的時候，左眼角會不自覺輕輕抽動。

即使她此刻臉上並沒有笑容，但微微抽動的眼角，仍洩露了她的眞實情緒。

「妳眞的不知道爲什麼嗎？」

「我什麼都沒跟曼曼說！」她連忙爲自己澄清，「難道你認爲是因爲我跟你用相同的東西，曼曼才會發現我們的事？可是她從來沒問過我，如果她察覺有異，應該早就來問我了啊。而且後來你也沒有再說過什麼，表示你也覺得沒問題，不是嗎？」

「我是沒再說什麼，因爲我是故意不說的。」我輕哂，「妳是把我和曼書當笨蛋？以爲繼續裝無辜就能把我騙過去？以爲我眞的不知道妳心裡在想什麼？」

羽菁著急地抓住我的手，「仲謙……你別生氣，你相信我好不好？我眞的沒有——」

我拉開她的手，「我今天過來，除了告訴妳這件事，還有另一件事要跟妳說。我還沒有答應跟曼書分手，但我跟妳不會再交往下去了。一開始我就聲明，如果曼書跟我分手，我跟妳也會結束，所以從明天開始，我們不要再見面了。」

「可是，並沒有證據證明曼曼是因爲我才跟你分手的呀！」她急著大喊。

「現在說這些都已經沒有意義了，我若跟曼書走不下去，跟妳也不可能繼續，我不是在開玩笑。」

羽菁像是受到了極大的打擊，垂著眼睛低喃：「爲什麼……如果你那麼喜歡曼曼，當初爲什麼要跟我在一起？如果你無論如何都不想跟她分手，一開始又爲什麼要背叛她，做出傷害她的事？如果曼曼眞的已經知道了一切，卻什麼都沒說，不就表示她決定成全我們了嗎？爲什麼你一定要對我這麼殘忍？爲什麼到最後你只責怪我一個人？」

「妳確定眞正背叛她的人是我嗎？」我反問，「一開始我給過妳兩個選擇，如果妳願意保密，我就跟妳在一起，或是拒絕這項提議。結果選擇偷偷跟我在一起的人是誰？口口聲聲說沒有想傷害曼書，卻還是戰勝不了私欲的人是誰？」

她神情扭曲，眼眶裡淚珠盈然。

「妳問我既然不想跟曼書分手，爲什麼還做出這種事？那是因爲我想知道妳是不是眞的如妳所言那般看重曼書？是不是眞的能爲了她拒絕我？這就是我最初的動機。坦白講，哪天我們的事被傳得人盡皆知，我也不意外，因爲我從來不相信妳能守住祕密，也不相信妳能永遠滿足於現狀，從妳答應偷偷跟我交往的那刻起，我早已知道會有這一天，因爲人都是貪心的，誰也不例外。」

她抬頭望著我，啞口無言。

「我之所以對妳處處溫柔體貼，就是想知道當妳心中開始渴望得到更多，還能繼續忍受這種情況到什麼時候？所以儘管妳違背承諾，擅自把我們的事告訴學妹，甚至故意跟我用一樣的私人物品，企圖引起曼書的注意，我也不再阻止。爲什麼我會選擇保持沉默？不是因爲心疼妳，而是爲了等著看妳親手戳破自己的謊言。」

羽菁眼神空洞，淚水不停湧出，「所以……你並不是眞的喜歡我？你到底爲什麼要這麼對我？」

「因爲我最不能原諒的就是妳這種人。」我冷冷笑了笑，「我碰過太多像妳這樣的人，也被騙過太多次。你們口口聲聲宣稱對方很重要，願意爲對方付出一切，可是一站在欲望面前，什麼都忘了。爲了私欲，你們連最重要的人都可以輕易背棄，徹底踐踏對方對你們的信任，所有的承諾到頭來都是個屁，只要自己過得好，你們根本不在乎對方會怎麼樣。妳覺得像這樣的人憑什麼可以被原諒？又憑什麼可以得到想要的幸福？」

她一語不發。

「其實我對妳是有過期待的。雖然我認定世上所有人生性貪心，可仍希望妳會爲了曼書拒絕我，如此一來便能表示妳確實是可以相信的人，結果妳終究還是讓我失望了。」

羽菁臉上彷彿連最後一絲血色都褪去了，面容慘白。

我站起來，「妳若認爲我只是想找藉口分手，那沒關係。妳若想報復我，決定把我們的事說出去，我也無所謂。既然話說開了，妳沒必要再對我有所期待，到此爲止吧。」

羽菁沒有再挽留我。

那天後，我沒再見過羽菁，她也不曾打電話給我，就像徹底從我生活中消失了一樣。

等我再次聽到羽菁的消息，是她出了事。

有個學妹在午休時間，赫然發現她昏倒在學校廁所裡，下半身滿是鮮血。羽菁流產了。

隔日，聽說羽菁沒來上學。

幾天之後，我被校方叫過去約談。

「吳仲謙。」平時待我不錯的訓導主任，第一次用如此凝重的語氣對我說話，「傳言是你讓劉羽菁懷孕的，你要不要解釋一下這是怎麼回事？是不是有什麼誤會？」

「這不是誤會，主任。」我冷靜地回。

「……你是說，劉羽菁懷的那個孩子真的是你的？」

「對。」我毫不猶豫地承認。

一旁的教官與導師都傻了，訓導主任揉了揉緊皺的眉心，眼神充滿對我的失望，但他沒動怒，只是乏力地說：「知道了，等懲處下來，會再通知你家人，之後我們也會再另外約談沈曼書和謝永恩。這幾天你先待在家裡，你現在可以回家了。」

從訓導處返回教室途中，我無時無刻都能察覺到往來的學生視線緊盯著我。

見我一走進教室，班上同學頓時全都噤聲，難以置信的目光紛紛投了過來，我沒理會，回座收拾書包。此時，手機忽然傳來簡訊提示震動，曼書約我到理化教室談談。

約莫五分鐘後，我去到理化教室，只有曼書一個人在裡頭。

她注意到我肩上的書包，詢問我，「你要回去了？」

「嗯，訓導主任要我在懲處下來前先留在家裡。」

「你會被退學嗎？」

「不知道，但我想可能性很高。」

「是嗎？」她站在窗邊，「所以這是我最後一次見到你？」

我看著映在她身上的那片燦爛陽光，「應該是。」

短暫沉默後，我以爲她接著會提起羽菁，但她沒有。

「結果我們還是沒說呢。」她淡淡地說。

「什麼？」

「那句『我喜歡你』。」她望著窗外，「直到最後，我們還是沒能對彼此說出這句話，於是也一直不能眞正明白對方的心意。」

過了好一會兒，我才問：「如果妳想知道，爲什麼從來不問我？」

「是啊，爲什麼呢？」曼書臉上的神情似笑非笑，「我也不懂，爲什麼在你面前我就變得這麼膽小？膽小到連你是不是眞的喜歡我，都不敢去確認，只能一直猜測，揣想你是不是只是想和我搭檔演一場戲，替彼此擋掉一些麻煩，還是其實是爲了不想輸給你二哥，所以才接近我。我從來不曾如此害怕不安，只有在面對你的時候，我才會變得完全不像我自己。」

我張了張口，卻找不到自己的聲音。

「既然以前沒問出口，那麼我現在更不會問你這個問題。你沒有眞正了解過我，我也沒有眞正了解過你，所以像這樣的道別，或許最適合我和你。」

她目光一轉，定定地注視著我，「謝謝你曾經這麼用心跟我交往。」

曼書說完便轉身離去，直到整間教室有一大半都沐浴在陽光之中，我仍一個人靜靜站在原地。

最後鐘聲響起。

被學校勒令離開後，我只能待在家裡閉門思過，哪兒也不能去。

消息傳得沸沸揚揚，不僅舉校皆知，連街坊鄰居也皆盡耳聞。在一片譴責聲浪中，媽卻不願接受事實，哪怕我已經親口承認，她仍不願相信，始終認定這只是場誤會。

爸帶我到羽菁家親自道歉，羽菁父母的態度極爲低調，像是怕聲張出去，沒有逼著我們負責，只要求我不得再跟羽菁見面，便將我們拒在門外。

二哥一看到我，也多是冷嘲熱諷：「嘿，多虧你幹的好事啊，讓我們走到哪裡都會被指指點點，比明星還紅。」

見我不理會他，他不爽地拽著我的手臂，恨恨地說：「你還想裝什麼高尚啊？憑什麼做錯事還一副這麼了不起的樣子？平常在大家面前裝乖小孩，私底下都在幹壞事是吧？你把我們全家的臉都丟光了，憑什麼敢這麼囂張？」

每逢和二哥的紛爭一觸即發之際，如果蝦米在場，他一定會立刻上前制止，只是當他想關心我，或是想跟我聊聊時，我總是冷著一張臉走開，把自己關在房間裡。

這段期間，我沒有再接過妡瑞的電話。

無論妡瑞打了多少通電話、傳了多少則簡訊過來，我都無動於衷，直到手機最後一絲電力耗盡，也不曾打算替手機充電。

但事情並未就此結束。

幾個禮拜過去，羽菁失蹤的消息傳來，她似乎瞞著父母偷偷去登山，卻再也沒有回來。

這件事鬧得不小，警方天天搜山找人，卻一直未能覓得她的蹤跡。

不知不覺，只要聽到警車或救護車的鳴笛聲，我都會覺得它們是要開往羽菁消失的山區，想著會不會警方已經找到她，正準備將她帶回來？

可是我始終沒能等到這樣的消息。

在羽菁失蹤的三個禮拜後，學校捎來了電話。

校方表示，原本要對我做出退學處分，但學校輔導室收到一封信，經過調查，證實那封信是羽菁在失蹤前寄出的。

羽菁在信裡表示，讓她懷孕的那個人並不是我，她的一切行爲也完全與我無關，懇請校方別向我究責，於是學校才收回了我的退學處分。這起事件所引發的風波已逐漸平息，爲了不再引起騷動，影響其他學生，學校決定不對外公布這封信的內容，也允許我不回學校上課，讓我在家裡自學，直到畢業。

然而媽卻無法接受這樣的結果，她認爲既然已經查明這件事與我無關，學校就該公開澄清，而非息事寧人，不滿校方作法的她，氣得想要向學校提出抗議。

爸阻止她，「這件事就到此爲止吧，別再把事情鬧大。對方失去了唯一的女兒，絕對比我們還要痛苦千萬倍，妳再抗議又有什麼好處？算了吧！」

「哪有這種事？她都已經說了跟鰍鱺無關，憑什麼要鰍鱺繼續替她背黑鍋？你都不替兒子委屈？」

「妳難道到現在還不明白那孩子爲什麼會這麼做？鰍鱺自己都承認對不起那個女生了，他沒理由說謊。妳怎麼這麼不理智，還想要在人家傷口上灑鹽？」

「你要我怎麼理智？我早說過鰍鱺絕不可能做出這種事，你們都不相信。是那個女孩自己不檢點，明知道鰍鱺有女朋友，還故意勾引鰍鱺，又在外面跟別人亂來，結果把肚子搞大，該感到羞恥的是他們家才對！」媽的聲音越來越高亢，「明明是他們沒把孩子教好，怎麼可以把責任都推到我可憐的鰍鱺身上？鰍鱺就是跟他哥哥一樣太善良，才會被別人欺負。我才不管他們家女兒怎麼樣，我一定要他們還我兒子清白！」

我在房間默默聽著爸媽在樓下爭執不休。

聽到不肯接受事實的媽，居然說出如此喪心病狂的話，我失神地眺望窗外的雨。

過去我模仿哥哥說話，讓哥哥「重新活過來」的時候，我曾問過自己，這麼做是否錯了？

那時，我沒有答案。

到了現在，我才肯定自己確實大錯特錯，如果不是我，這個家不會籠罩在痛苦之中，是我讓這個家只能永遠活在哥哥的陰影下。

當年蝦米說得對，那些被我記住的人，註定是不幸的。

若哥哥眞的回來了，一定也不會原諒我。

如果還能再重來一次，就算世界毀滅，我都不會再開口說出哥哥說過的那些話。

我再也不會說出任何一個字。

還在爭論的爸媽，一見到我下樓，同時噤聲。

媽走過來拉著我的手，信誓旦旦對我保證：「鞦韆你放心，媽一定會幫你討回公道。你沒有做錯任何事，只是被誣陷了。我們不用再忍氣吞聲，明天我就到學校——」

「媽，妳記得小黛嗎？」我打斷她，「哥哥去世前，曾經喜歡過一個女生，叫做小黛，妳還記得嗎？」

媽愣了下，「怎麼了？爲什麼突然問這個？」

「妳記得嗎？」

「當然記得，剛才我還跟你爸說到這件事。你和你哥哥就是太單純，才會被那種女生欺騙利用。媽早就知道那些女孩都是——」

「妳知道哥哥在去世之前對我說過什麼嗎？」

媽停下話，瞪大了眼睛。

「哥哥去世前一天，我去到他的房間，發現他在哭。」我緩緩道，「他告訴我，妳接到小黛打來家裡的電話時，用各種難聽的字眼羞辱小黛，就因爲妳那樣羞辱她，小黛才會甩了哥哥，和別人交往。妳可能以爲哥哥並不知情，其實他都知道。」

媽的眼中閃過一絲驚慌。

「我知道媽是爲了我好，但我不敢相信……她居然會對小黛說出那種話。我眞的很痛苦，痛苦到完全不曉得之後要怎麼面對媽，光是看到媽的臉，我就覺得快要窒息。我眞的不知道該怎麼原諒她……」

我一字一句如實重述了一遍哥哥那天晚上對我說的話。

媽愣愣地看著我，但她的目光彷彿穿過我，落向遙遠的某處。

「妳曾說哥哥不會欺騙妳，但妳有沒有想過哥哥離家那天，爲什麼沒有告訴妳他去哪裡？爲什麼他明明說要去同學家，最後卻溺死在溪邊？」我深吸了口氣，「那是因爲哥哥已經不願再面對妳，也不願再相信妳。妳始終認爲自己做了對的事，也認爲哥哥會感激妳爲他做的一切，然而事實並非如此。就是因爲妳讓哥哥失去小黛，哥哥才會這麼痛苦，他的朋友也才會爲了安慰他，邀他去溪邊烤肉。如果妳當時沒做出那些事，這件憾事就不會發生。」

媽媽嘴唇一動，似乎想說些什麼，最後卻什麼話都說不出來。

「其實哥哥沒有妳想像中的那麼信任妳，我也沒有妳想像中的那麼像哥哥。哥哥比我善良正直，絕不會做出傷害別人的事，也絕不會輕易去恨誰，他唯一恨過的人只有妳，而且直到死去的前一刻，都沒有原諒妳。」我一語道出最殘酷的眞相，「眞正害死哥哥的人，不是別人，是媽。」

如果是我讓媽活在無法醒來的回憶裡，那麼就由我來親手結束這段回憶。

由我摧毀自己一手為她建造的脆弱夢境。

「鞦韆，哥哥要出去一趟，你乖乖在家喲。」

我留下不知所措的爸媽，走出家裡，直到深夜才回來。

一走到巷口，便瞧見有幾個人聚集在家門前，鄰居遠遠一看到我，立刻焦急地衝過來對我說，救護車剛才已經將媽載走，叫我趕緊去醫院。

後來我才知道，媽在我出門後沒多久，就躲進浴室裡，沒再出來。

等到爸察覺不對勁，找出鑰匙打開浴室門，發現媽倒在地上失去意識，手腕上滿是鮮血，幸好發現得早，經過搶救後已無大礙。

一確定媽沒事，二哥的拳頭立刻毫不留情地重重落在我的臉上。

他一把扯住我的衣領，將我壓制在地，眼裡閃爍著憤恨，彷彿恨不得現在躺在病床上的人是我。

「你這輩子都不要再說話了。」二哥咬牙切齒，雙眼布滿血絲，「我們所有人都被你害慘了，我早說過哪裡有你哪裡就倒楣，根本是個瘟神。你立刻給我滾出家裡，再也不准出現在我們面前。如果不想再害人，就給我當一輩子的啞巴，再也不准開口說話！要是敢再讓我聽到你說出任何一個字，我一定會殺了你！」

離開醫院，我一回到家馬上把自己反鎖在房間裡，靠著門板呆坐，直到有人輕輕敲了我的房門。

「鞦韆。」

聽到蝦米的聲音，我才回過神來，渾然不知時間已過去多久。

「你還好嗎？」他關心地問，「你臉上的傷應該還沒處理吧？」

我沒有作聲。

一陣寂靜過後，蝦米又說：「鞦韆……我知道即便現在跟你道歉，也於事無補。但有件事，我無論如何都想讓你知道。」他停頓了一下，「你曾經告訴我，我的後悔，跟你認爲的後悔不太一樣，你說我只是後悔當年說了那些話傷害你，而不是後悔我曾經厭惡你們。你認爲我並沒有跟你說實話。」

我把頭埋進膝蓋，只想遠遠逃開。

「你說得沒錯，我確實還沒辦法完全諒解你們，尤其看到莙莙阿姨依舊活在你哥哥的世界裡，我發現過去心中對你們的那股排斥感並未消失，但我無法說出口，畢竟你們那麼照顧我，我不想再傷害你們。所以我告訴自己，反正已經不住在同一個屋簷下，眼不見爲淨，只要和你們保持距離就好。沒想到你一眼就看穿了我，知道我戴著面具與你們相處。」

他低聲嘆息，「但是你知道嗎？自從你對我說出那些話之後，我發現你和從前不一樣了，不再是我熟悉的啾韆，你對我關上了心房，那一刻我覺得很後悔，後悔自己當初不該就那樣把你留下，我明知這一切並不能全怪你，但當時卻只想著自己逃開，從沒想過該怎麼解救你。從那時候開始，每次我看著你，都會忍不住想，如果當年我能幫你脫離這樣的日子，你是不是就不會變成現在這樣？」

我痛苦地閉上雙眼，不想再看見眼前越來越模糊的世界。

「我眞的覺得對你很抱歉，啾韆。」蝦米的聲音逐漸沙啞，「對不起，當初應該帶你一起逃。」

眼淚終究還是落了下來，我再也無法壓抑內心的情緒，忍不住在黑暗中低泣。

哥哥。

如果可以，我眞的願意用自己的生命，換回你的人生。

像我這種什麼都忘不了的人，過得一點都不快樂，註定受傷，也註定會傷害別人，更註定往後的每分每秒，只能活在記憶的囚牢裡。

哪怕這世上再也沒人記得我，我也沒辦法遺忘任何人。

這樣的我，才是最不該留在這世上的吧。

◆

「多說些哥哥講過的話給媽媽聽，好不好？」

又是一樣的夢。

我似乎聽見了誰的聲音，朦朧之中，只有聲音隱隱約約傳來，畫面卻是一片模糊，像是虛幻的光影。我在不見邊際的迷霧裡載浮載沉。

一陣急速的敲門聲讓那些聲音瞬間戛然而止。

「學長！」高亢的叫喊在門外響起，「仲謙學長，你還在睡嗎？」

勉強從床上撐起身體，眼皮卻還是睜不開。我踩著分不清是輕盈還是沉重的腳步一打開門，一雙神采奕奕的眸子立即像兩道聚光燈朝我臉上看了過來。

「學長，早安！」青昂精神抖擻，像個正在向長官敬禮的小士兵。「今天我也幫學長們買了早餐，要不要一起吃？」

我呆了一會兒，睡眼惺忪地問：「現在幾點？」

「早上七點！」

努力撐起快閉上的眼皮，我吃力地回：「青昂，我想再睡一下，你自己先吃吧。」

「可是你現在起床，八點的課才不會那麼趕啊！」

「他今天下午才有課啦，青昂。」從隔壁房探出頭來的小遊學長同樣滿臉睡意，似乎也是剛被青昂吵醒。「而且每次只要他晚上有打工，都得弄到天亮才回來，你就饒了他吧。」

青昂尷尬地看著我，「對不起，學長，我不知道。」

「沒關係，早餐晚點我會吃，謝謝你。」

等我再次睜開眼睛，已經是五個小時後的事了，我走到洗手台前進行盥洗。

沒過多久，另一個人也走進浴室，站在我旁邊拿起漱口杯準備刷牙。

「青昂和小遊都出去了？」他問。

「應該是。」

「今天我會買一塊白板回來掛在牆上，從明天開始，你、我還有小遊，三個人統統把行程寫在上面，尤其是你的，幾點到幾點在做些什麼，最好全都寫得清清楚楚。」

我失笑，「你是講眞的嗎？」

「這樣比較好。每次你不在，青昂就會一直過來問我們你去哪裡了。前幾天我和一棻正在房裡親熱，他突然敲門，就為了問我知不知道你在哪兒打工？他想去探班。」

「探班？」我一愣。

「我也不知道這小鬼腦袋在想什麼，總之他很崇拜你就是了。雖然他很熱血，可是也有點白目，你有空就說說他，由你來開口，他大概比較聽得進去。」

「嗯。」我應聲。走出廁所，看到桌上放的蛋餅和奶茶，我問：「阿寰學長，青昂買的早餐你要吃嗎？」

「不要，那些早就涼掉了吧？我等會兒直接去外面吃。」

我把蛋餅、奶茶拿去微波加熱，簡單解決掉一餐，回到房間，發現手機有簡訊。是蝦米傳來的。

他說他寄了一些水果和補給食品給我，要我保重身體。和往常一樣，他在訊息最末說了一句：有空回家看看吧。我回傳訊息給他，謝謝他寄來的東西，收到包裹後會再跟他說一聲，但對於回家一事，我選擇略過不答。

當年害媽出了那件事後，隔天我如二哥所要求的搬出家裡，住進蝦米工作的店裡。從此我沒再回過那個家，就這麼跟蝦米住在一起，直到高中畢業。一考上台北的大學，我負笈北上，三年來沒有回過一次家。

來到台北後，我換掉手機號碼，新號碼只讓蝦米、爸爸知道。至於炘瑞，從我決定不再接她電話的那一刻開始，就沒有再見她的打算，每當她放假回來找我，我總是想盡辦法迴避。我知道她一定會既難過又生氣，但我已經沒有資格再見她一面，也早就沒臉見她了。

因爲我而深受打擊的媽，有很長一段時間精神狀況都不是很理想。在爸和二哥的照看下，媽雖然不會再做出傷害自己的舉動，卻也沒再提起過我。彷彿我從來就不曾存在於她的記憶之中。

離家的這些年來，爸和蝦米對我的關心沒有少過，一年大概會抽空來台北看我兩三次。每當他們說起希望我回家看看的時候，我通常都找藉口搪塞過去，而他們也不會再多作勸說。這表示他們其實也不能肯定，媽再次見到我，是否會對她的心理狀態造成什麼影響。

要是媽眞的忘了我，那麼我不回去，或許對大家都好。

無論如何，我不想讓這個家再經歷一次同樣的悲傷。

「仲謙，我先走啦。」背著包包的阿寰學長對我說，「晚上一葇會帶麻油雞過來，要是你沒打工就早點回來吧，大家一起吃。」

「好啊。」

我在大三時搬進這層分租雅房，目前這裡一共有四個房客：除了我之外，還有研究所二年級的阿寰學長、大四的小遊學長，以及今年二月剛搬進來的大一生青昂。

這天晚上我回家的時候，恰巧在樓下碰見一葇姊。

我從她手中接過兩大袋熱騰騰的麻油雞，「我以爲阿寰學長會去接妳。」

「不用他過來接啦，我自己騎車就行了。」她直到此時才得以空出雙手摘下安全帽，甩了甩及腰的長直髮，隨即用力朝我的背拍一掌，「怎麼才幾天沒見，你就瘦成這樣？今晚這餐幫你補一補，上去吧！」

一葇姊是阿寰學長的女朋友，大學畢業後在朋友開設的麻油雞店上班。雖然因爲打工的關係，我跟她見面的機會並不多，但每次她來找阿寰學長，總不忘帶點吃的，每個室友都有份，就算我不在，她也會把一袋食物掛在我房間的門把上。時序進入冬天後，她更是三不五時將店裡的麻油雞湯帶過來給我們暖胃。

「仲謙學長爲什麼要忙著到處打工呢？」大夥兒一起享用晚餐時，青昂好奇地問。

「哪有什麼爲什麼？當然是爲了賺錢啊。」滿嘴雞肉的小遊學長口齒不清地替我回答。

「這我知道，不過我覺得仲謙學長好像太拚命了，這樣還有體力兼顧課業嗎？要是眞的缺錢，爲什麼不請父母幫忙……」

「小子，你的學費是誰繳的？」阿寰學長冷不防開口。

青昂怔了怔，「……我爸媽。」

「你的房租呢？生活費呢？買機車的錢呢？從哪來的？」

「也是我爸媽……」青昂語氣漸弱。

「不是每個人都像你一樣有父母可以依靠，如果你必須自己負擔學費、房租、生活費，就只能這麼拚。所以不要用自己的想法去質疑別人的生活方式。」

「我並沒有質疑仲謙學長……」青昂臉色一變，神情既受傷又委屈，「阿寰學長是覺得我太不食人間煙火了嗎？」

「你只是過得太幸福了，幸福到有點搞不清楚狀況。如果你眞的那麼爲仲謙著想，不如替他找個賺更多錢的工作機會比較實際，不然像剛才那種話誰都會說。不要以爲全世界所有人都跟你一樣。」阿寰學長夾了一塊雞肉，悠悠補了一句，「聽懂的話，明天開始不要再買早餐給我們了，你爸媽辛苦賺的錢，不是給你這樣揮霍的。」

之前才交代我說說青昂，結果阿寰學長還是自己先開口了。

眼看青昂難堪得整張臉漲得通紅，眼眶也泛紅，彷彿隨時會哭出來，我連忙打圓場：「青昂，我家裡有人生病，各方面都需要家人費心照顧，所以我才想自己照顧好自己，盡量不給他們造成負擔。我知道你是出於好意才會這麼說，謝謝你。」

青昂點點頭，神色明顯一鬆。

這時一棻姊笑著端了碗麻油雞給他，「好啦，快吃吧，別太在意阿寰說的那些話，他這人就是愛叨念。對了，聽說你很崇拜仲謙，有什麼特別原因嗎？」

「因爲……」青昂不好意思地瞥了我一眼，「我上學期喜歡過班上一個女生，她說她有次通識課正好坐在仲謙學長旁邊，對學長一見鍾情。我想知道令她傾心的仲謙學長是個什麼樣的人，於是趁著她上通識課，跟過去偷看。不過，我聽到那女生跟別人說，她有向學長要MSN，學長沒給，她便主動交出自己的MSN和電話，從那時起，我忽然就對那個女生沒感覺了。」

「爲什麼？」我問他。這突兀的轉折讓所有人一頭霧水。

被這麼一問，青昂更不好意思了，「可能是我的問題吧……不知道爲什麼，我不太能接受太過主動的女生，總覺得如此輕易就把自己的聯絡方式交給還不熟的男生，一點都不懂得自我保護。而且後來我發現她非常會吹噓，也喜歡在男生面前裝可愛，便對她很失望，當我聽說仲謙學長沒有接受她，我想學長一定早就看穿她做作的眞面目，這讓我覺得很了不起。」

我有點意外，放下剛舀了一勺湯的湯匙。

青昂繼續滔滔不絕：「剛好那時候，我有個同學也住在這棟大樓，他說仲謙學長好像就住在他家樓上，我問過房東，發現學長住的這一層碰巧有人搬走，有間空房，便馬上決定搬過來，當時我超開心的！」

聽完青昂這一長串說明，一棻姊徹底無言，其餘兩人也都用「原來你就是罪魁禍首」的眼神默默朝我看過來。

洗完澡回房沒多久，我的房門被人輕輕敲了兩下。

我一開門，只見一棻姊背著包包站在門外。

「妳今天沒留宿？」

「沒有，我明早有事，阿寰也還有東西要弄，就不留在這煩他了。」她忽然湊近對我低聲說，「剛剛我們和小遊得出一個推論，青昂一定是被那個女生甩了，心懷怨恨，才會搬過來住。接下來你可能得小心點，這個小鬼很可怕，思想完全異於常人，也許哪天一不小心就把你給害慘了。」

我笑了笑，謝過她的提醒，便和她道別。

沒過幾分鐘，又有人敲門，這次還沒有開門我就知道是誰。

打開門一看，果然是青昂。

「仲謙學長，你現在有空嗎？我有事想跟你說。」

「什麼事？」

青昂靦腆地搔了搔頭，「那個……剛剛聽阿寰學長那麼一說，我仔細想過之後，覺得他說得很對，我應該想想可以怎樣幫助學長。然後，我想到了一個好辦法！」

一棻姊剛才的提醒還言猶在耳，我不由得有些遲疑，「……你想到什麼？」

「學長，你有無名嗎？」

過了幾秒鐘，我才意識到他說的是現下最盛行的部落格網站，「沒有。」

「那我先幫你申請，之後再把帳號、密碼給你。學長你等著，我一定會用最有效率的方式幫助你的！」說完他便興高采烈地奔回自己的房間。

我沒把這件事放在心上，繼續過著上課、打工的單調生活。

直到有天踏進學校，我才察覺到一絲異樣。

路上開始有人對我指指點點，有的人我認識，有的人卻從未謀面，那些投向我的眼神，絕大部分都不甚友善。

我想過自己是不是得罪了什麼人或做錯了什麼事，卻怎麼都想不出個所以然。

隔了幾天，小威學長把我拉到他房裡，我看向他指著的電腦螢幕，這才知道發生了什麼事。

前陣子有人在BBS上發表了一篇文章，標題是「大力推薦我的校草學長」。

發文人表示自己的這位學長不僅長得帥、身材好，且待人和氣，孝順上進，條件不輸時下的男明星或模特兒，想問鄉民怎樣可以讓這位校草學長得以被星探挖掘。

文中的那個校草學長，指的就是我。

除了文字敘述之外，還穿插數個照片連結，一張張全是我的照片。發文者還在文末附上我的名字與科系，以及「我的」無名部落格網址。

這篇文章貼出後，底下湧進很多回覆，初期還有不少人附議稱讚我，直到一條寫著「這個人以前曾經腳踏兩條船」的留言出現，評論開始一面倒。

有網友爆料自己是我的高中同學，高三那年我劈腿了女朋友的好友，不僅害那位好友流產，對方最後還自殺了，連屍體都找不到。

接著又有人爆料，事件發生後，我媽因爲受不了輿論壓力而自殺，雖然被救了回來，但聽說現在已經瘋了。

結果這篇文章瞬間變成網路上最熱門的話題，我也在一夕之間變成人神共憤的無恥渣男。隨著爆料者的推波助瀾，網上的八卦不僅不見消停，反倒傳得更如火如荼，讓我連走在校園附近都會被路人給認出來。

而發文者發現自己闖下大禍後，頂著一張驚恐的臉來找我自首道歉。

「……對不起。」青昂歉疚地弓著身，「我不知道會弄成這樣……」

「你有病啊？幹麼要貼那種文章？」小遊學長忍不住罵。

「我……我本來是想，以仲謙學長的條件，一定可以當明星或模特兒。如果學長能成爲知名模特兒，就不用這麼辛苦到處打工了。」他頭低垂得不能再低了。

聞言，阿寰學長捧腹狂笑：「結果沒有讓校草學長變成模特兒，反而害他變成人人喊打的過街老鼠。你這傢伙的害人功力著實不淺，哈哈哈！」

這時，我的手機突然響起，我走到一旁接起。

結束通話後，我對那三個還在熱烈議論的室友說：「我要去打工了。」

「現在？哪裡啊？」小遊學長訝異。

「加油站，老闆說原本值大夜的工讀生臨時不能來，希望我去代班。」說完我拿了手機、錢包就走。

深夜十二點，我躬身替一輛高級轎車加油，一名穿著時髦的年輕男子從車裡斜眼打量我，大聲說：「嘿，這不就是我們學校最近挺出名的那位劈腿男嗎？」

此話一出，車上其他人紛紛朝我看來，男子接著說：「同學，你現在可紅了。長得帥果然好處特別多，就算劈腿，也會有其他女生繼續投懷送抱對不對？」

「請問要刷卡還是付現？」我置若罔聞。

他不屑地呿一聲，把一張千元大鈔扔出車窗，連發票也不接，「不用找了。同學，記住不要再劈腿嘍，媽媽發瘋就已經夠可憐了，小心別再害死別人。今後要好好做人，知道嗎？」

丟下那句話後，那輛車便揚長而去，我靜靜望著落在地上的鈔票，久久不動。

清晨回到住處時，我的身體沉重得宛如鉛石，精神也很恍惚。

摸黑躺倒在床上，昏昏沉沉之際，依稀聽見房門被輕輕推開。

床鋪微微陷下，一雙柔軟的手緩緩從背後環抱住我。

已到極點的疲倦使我無法睜開雙眼，連手指都動不了，卻還是能辨識出對方身上傳來的香味。

「一菜姊，阿寰學長的房間在隔壁……」我說話的聲音幾不可聞。

「我知道。」她低喃，同時將我抱得更緊，頭貼靠在我的背上。

我感覺自己被拋向某個空蕩蕩的世界，一個連盡頭都沒有的世界，我在那兒昏迷不醒。

我眞的太累了。

幾天後青昂又來我房間找我。

他遞了一張便條紙給我，吶吶地說：「這是學長你的部落格帳號和密碼，雖然是我擅自以你的名義幫你註冊的……但我覺得還是不要再多管閒事，後續由你自己決定要怎麼處理會比較好。」

我接過那張紙片，隨意瞥了一眼。

他滿臉羞愧，「眞的很對不起，都是我把你害得這麼慘。」

「沒關係，你不用在意。早點去睡吧。」

青昂沒有走開，站在原地，遲疑了半晌，再度開口：「學長，網路上那些傳言……你曾經劈腿，害女生流產還爲你自殺，是假的吧？你應該不可能……」

「是眞的。」

我的坦然嚇到了他，他不敢置信，「怎麼會……難道學長你之前說家裡有人生病，莫非是你媽媽？網友說學長的媽媽因爲這件事發瘋……」

「是沒有到發瘋的程度，但精神狀況的確很不穩定，而且確實是因爲我的關係才會這樣。」我沒想隱瞞，全盤托出。

青昂看向我的眼神已沒了往昔的崇拜，滿滿的失望之情取而代之，好似覺得我背叛了他的信任。

「我、我一直以爲……學長是個體貼孝順又正直的人，我很難相信你居然做過這種事。而且……」他艱難地吞了口口水，才繼續往下道：「前幾天你早上打工回來，我看到一棻姊偷偷溜進你房裡，沒再出來……你們在房間裡做什麼？」

「我若說什麼也沒做，你會信嗎？」我淡淡地說。

青昂此刻的表情像是覺得我把他當成笨蛋，「一棻姊是阿寰學長的女朋友，你們怎麼可以背叛阿寰學長？太過分了，我本來一直很信任你——」

「你若不信，可以直接去找阿寰學長告狀，我無所謂。今後你不必再對我抱任何期望，我本來就不是你想像的那種好人，現在你可以清醒了。」

青昂臉色難看無比，什麼都沒說，忿忿地離開。

我看著他留下的便條紙，打開電腦，連上無名小站，輸入帳密登入部落格。青昂先前爲了宣傳，以我的名義發表了五篇文章，雖然只是幾段簡單的文字和幾張照片，引起的迴響卻不小，全部文章的留言加起來超過一千多則，瀏覽人數也破萬。

透過BBS上的連結來到這裡的網友依舊氣憤難消，留下各種不堪入目的訊息，或是辱罵，或是詛咒。

我點開其中一篇文章，瀏覽起下面那些留言，看完一頁再換下一頁，直到一則訊息映入眼簾，滾動滑鼠的手才停住。

「學弟，加油。」

在千篇一律的謾罵中，這則訊息顯得格外突兀。

我繼續看完這篇文章底下的所有留言後，又一一查看另外四篇的留言，結果在最新的三篇文章底下，都發現了一模一樣的留言。

三則為我加油的簡短留言，全來自同一個帳號，但除了第一則，其他兩則都被對方設為私密留言，只讓我一個人看見。

明明是微不足道的一件小事，而且對方說不定是在嘲諷我，但我還是對這唯一一個願意為我加油的人起了好奇。

我忍不住點進這個人的帳號，卻發現對方的部落格裡什麼也沒有，沒有文章，沒有留言，連瀏覽人次都是零，像是才剛創立的新帳號。沒有任何蛛絲馬跡能讓我辨認出這個人的身分，就算對方稱呼我為學弟，我也不知道他或她會是哪個時期的學長或學姊。

原先打算看完這些留言後就關閉部落格，但此時我心中卻莫名浮現某個念頭。

最後我不僅沒有關閉部落格，還發表了一篇新文章，內容只有我隨便從網路上抓下來的一張風景照，沒有附上任何文字。

隔天晚上，我再次開啟部落格，昨晚發表的那篇新文章底下已累積了幾百則留言，內容依舊火藥味十足，就算只是一張風景照，他們也照罵不誤。

那個人果然又再次留言。

我再度發表了一則只有照片的貼文，如此重覆幾天，那個人始終堅持在每篇文章底下留下爲我加油打氣的簡略訊息。

我說不清這個人的留言對我究竟有什麼意義，卻在不知不覺間開始習慣等待對方的留言。

直到某個聲音冷不防從我腦中一閃而過。

那個聲音被藏在記憶深處的某個抽屜，許久不曾被翻找出來。

那個聲音曾經熱情喚過我「學弟」。

我並不特別相信什麼直覺或第六感，但那個聲音確實讓我起了猜測，儘管可能性不大，我仍想試試看。

在對方持續留言的第二個星期，我於深夜發表了一篇文章。

這次不是照片，而是一首歌的歌詞。

你總是這樣說我　像一顆不容易溶化的糖果
帶我見你的朋友　又很得意的埋怨我沉默
你追問我的行蹤　你在乎我的舉動
哄得我淚眼迷濛　做些事情讓我被感動

望著你突然一陣心痛　一次又一次任那感情放縱
你的脆弱讓我走不開　你的依賴所以我存在
想著你還是想到心痛　期待我做的將來你都會懂
有一天　真如果有一天　但願我還在你記憶中
（〈心痛〉詞／林秋離　曲／許環良）

這次對方沒有在這篇文章底下留言。

雖然這並不表示對方就是我所想的那個人，卻也很難讓我相信這只是單純的巧合。

然而最終我什麼也沒再多做。

我不再發表任何文章，並關閉了部落格。

幾個月後學期結束，分別從研究所與大學畢業的阿寰學長、小遊學長都將陸續搬離這裡，到了八月會有新的室友搬進來。

而阿寰學長和一葇姊也在那時分手了。

阿寰學長搬離後，我們沒再聯絡，但我跟一葇姊還是會見面。

據說她跟阿寰學長是和平分手，所以青昂應該沒有跑去向阿寰學長打小報告。至於青昂，他已經很久沒有跟我說過話了，每次一見到我，總是快速躲回自己的房裡。

大學最後一年，一菜姊依舊十分照顧我，我和她的關係沒有因爲那個清晨的擁抱而有任何改變，這段時間，她是與我最親近的人。

時間過得很快，我也從大學畢業了，沒過幾個月就收到兵單，十二月準備去屏東受訓。

出發到屏東的前一晚，一菜姊特地請我吃飯，說要陪我享受當兵前的最後自由時刻。吃過飯，我們沿著路邊散步，一名圍著紅色圍巾的女子與我擦肩而過，我微微一凜，情不自禁轉頭往她看去。

那晚，我打開了久違的無名部落格。

我沒有登入，而是去到那個人的部落格。

睽違一年多，那個人的部落格已非一片空白，但也只多了一篇文章。

我點開文章，內容似乎只是從網路上摘錄下來的勵志短文，更新時間是在半年前。

我靜靜望著電腦螢幕很長一段時間，最後終於決定登入帳號，寫下一則留言。

隔日清早，我出發去搭火車。

一菜姊專程來送我，她說：「我在台北等你退伍，記得一定要跟我聯絡，不然你就死定了！」

「知道了，妳很凶耶。」

「你家人那邊怎麼樣？」

「我爸懇親會那天會過來看我。一菜姊，這段期間謝謝妳的照顧。」

「謝個屁呀，三八！」她大力拍了我的手臂一下，「好好保重，可別在軍隊裡被欺負了，加油！」

進到車廂，才剛找好位子坐下，火車馬上要開了。

我向站在月台上的一菜姊揮手道別，列車開動之際，我瞥見一個人匆匆從樓梯跑上月台。

我愣怔地望著那個人。

她站在一菜姊附近，焦急地四處張望，彷彿在找人，隨即追著火車奔跑，目光追尋著一列列車廂。她沒有發現坐在車廂裡的我，彼此距離逐漸越拉越遠，我始終注視著她，直至再也看不見她的身影。

昨天晚上，我在部落格寫給那個人的留言裡，開門見山告訴對方我是誰，提到我隔天即將要入伍，並附上火車班次，如果她真的是我所想的那個人，而她也正好在台北的話，就有緣再見。

「我對星座很有研究，據說巨蟹座的人很戀家，個性念舊，第六感很強。」

我並不覺得自己有什麼第六感。

但再見到她的這一刻，儘管她沒有圍著記憶中的紅圍巾，儘管她的臉龐已褪去了過往的稚嫩，我還是立刻就知道是她。

我一眼就認出了她。

第三章

「我回來了。」

我在二〇〇六年開始跟一棻姊住在一起。

那年春天她換了份工作，我退伍後在一間科技公司從事海外業務。我們共同租了間兩房一廳的房子，分擔生活開銷之餘，也互相照顧。

我沒將這件事告訴爸還有蝦米，也不曾跟他們提過一棻姊。從我當兵那年起，爸不再每週到台中工作，他換了份新工作，工作地點就在老家附近，蝦米也交了女朋友，兩人都沒什麼時間來看我，自然不會發現我跟別人同住。

同居一年後，某天晚上一棻姊看到我用詭異的姿勢走進家裡，納悶地問：「怎麼了？」

「肩膀好像拉到了，有點痛。」

一棻姊嘖了一聲，「過來這裡躺下！」

她命令我趴在沙發上，幫我按摩。

「你今天怎麼這麼晚才回來？」她問。

闔眼享受這一刻的我，臉上泛起淺淺笑意，「下班的時候，想到還有一些事情沒有跟國外的客戶談，所以就留在公司等對方上班。」

「幹麼笑嘻嘻的？」

「因為一棻姊按摩眞的很舒服啊，妳可以轉行當按摩師了。」

「有沒有吃晚餐？」

「沒有。」

她突然朝我的背用力拍下一掌，「看你的背硬成這樣，每天忙成這副德性，飯還忘了吃，下次再這樣就乾脆辭職！」

「知道了，我會注意。」我動也不動，繼續笑著，「不過我並不討厭忙碌，我一直覺得只需要想著工作的生活其實很不錯……」

一棻姊嘆了口氣，起身走向廚房，「起來，先去洗澡，我幫你煮點東西吃。」

吃完豐盛的宵夜後，我們坐在陽台一塊喝啤酒看夜景。

一棻姊問：「你已經幾年沒有回家了？」

「七年吧。」

「你媽媽還好嗎？」

「嗯，我爸回到老家工作能就近照顧後，她的狀況比以前好多了，大概是因為時時有人陪伴的關係吧。」我搖晃了下酒罐，「怎麼突然問這個？」

她聳聳肩，「大概是因為母親節剛過，想到就問一下。」

「鞦韆，明年母親節你可不可以做一朵黃色的康乃馨給我？」

「好哇，媽媽喜歡黃色嗎？」

「是啊，以前你哥哥曾做過一朵黃色的康乃馨給我，非常漂亮，你也跟哥哥一樣，下次做一朵黃色的給媽媽吧？」

我對著一顆星星也沒有的夜空啜了口酒，「一菜姊，妳會做康乃馨紙花嗎？」

「早忘了，我最後一次做康乃馨是小學時的事，之後就再也沒做過了。」

「爲什麼？」

「我媽在我小學四年級過世，那一年的母親節，班上同學做了紅色與粉色的康乃馨要送給媽媽，只有我的康乃馨是白色的。有個男同學嘲笑我的康乃馨很奇怪，我氣得把康乃馨捏爛，再將那個男同學痛扁一頓，從此便再也沒做過什麼康乃馨紙花。」

「原來妳從小就這麼不好惹。」

「囉唆。」

一菜姊是由外公外婆撫養長大，十五歲逃家後，靠著半工半讀生活到現在。她和阿寰學長在國中時相識，高中才在一起，兩人交往九年後分手，聽說後來阿寰學長跑到國外留學，至今未曾與一菜姊再有聯絡。

一菜姊和我一樣，少年離家後就再也沒回去過。

幾年前我的過往在網路上傳開之後，一棻姊大概明白我和她一樣，都有有家歸不得的苦衷，所以從來不曾勸我回去，也不曾對我說過「家人一定很想你」之類的好聽話。對於我的事，她不會有多餘的關心或干涉，這也是我之所以願意和她一起生活的原因。

就算知道我的過去，一棻姊也不曾嫌棄或是瞧不起我，跟她相處，我幾乎不會感受到任何負擔，但這不表示我們之間就沒有任何祕密，儘管關係親密，我也沒讓她知道我擁有過人的記憶力。

這些年來，我沒再讓別人知道這個祕密，也學會如何當一個聰明的啞巴。

沒有期望就沒有失望，這個道理已經徹底化爲我的血肉，構成我的意識，我漸漸懂得視情況保持沉默，這樣的轉變讓我在人際關係上很少再碰到挫折。

當我學會以這種方式面對世界，便感覺到腳下的道路似乎好走許多，至少我已經很久不曾再需要擔心自己是否踩傷了誰。

不告訴一棻姊我的祕密，其實跟信任與否無關，而是我已經完全習慣這樣的處事方式，如果有些話不說也無所謂，我的理智便會站出來阻止我開口。

就像是有個人附在耳邊輕輕告訴我：噓，不要說。

我很喜歡跟一棻姊共度的時光，她的存在在不知不覺間填補了我內心的某個空缺。光是進屋時聽到她對我說一句「你回來啦」，我的心便充滿暖意，那四個字好似開啟所有記憶的鑰匙，一切擱淺在過去的酸楚與苦澀隨著回憶的浪潮一波波打過來，讓我再次嗅聞到與淚水一樣的味道。

過去很長一段時間，我都以爲不會再有人這麼溫柔地對我說出這句話。

「妳這麼凶，以後會不好找老公。」

「你娶我啊。」一蓁姊嫣然一笑。

「不要，妳太凶了。」

她馬上變臉，踢了我一腳，「沒關係，那我就一個人孤獨到死好了。」

「幹麼突然自暴自棄？」

「誰跟你自暴自棄？到時候你要負責把我的骨灰帶回我老家，葬禮不用辦，墓碑也不用立了，把我和我媽葬在一起就好！」她說著說著，又踢過來一腳。

我邊笑邊躲開她的攻擊，「知道啦，我開玩笑的，妳一定會找到好老公的，等妳有了男朋友我就搬出去。」

「幹麼搬出去？」

「不然妳想讓妳男友知道妳跟別的男人住在一起？」

「有什麼關係？就說你是我弟就行了。」

「怎麼可能行得通？」

「就是行得通！」她回得豪爽，大力往我的背一拍，「好啦，你趕快去睡覺，加班加這麼晚，別再熬夜了。」

雖然身體很疲累，但我還是趁著睡前上網瀏覽了下，闔上筆電時，手卻忽然一停。

沒過多久，我再次打開筆電，來到陳南津的部落格。

入伍前一晚，我在疑似是她經營的部落格裡留言，沒想到隔天她眞的出現在火車站，她跑進月台的身影仍清楚地映在我的腦海中。

她和我記憶裡的樣子沒什麼太大不同，雖然身上少了原本屬於她的顏色，但站在冬日陽光下的陳南津看起來依然很是耀眼。她身著灰色的高領毛衣和白色的針織外套，墨綠色的長裙隨著她匆促的腳步在風中不斷飄揚。

她依然紮著馬尾，雙頰被冷風刮得紅彤彤，隨著火車越駛越遠，她的身影漸漸不見，消失在風中。

雖然不能確定她是否眞是因爲看到我的留言，才會出現在火車站，但知道她人在台北，便足以令我感到意外，更別提她就這麼突然出現在我面前。

一直到退伍後，我才再次造訪她的部落格，她沒再更新文章，也沒有對我的留言做出任何回應，彷彿根本沒看過，因此我不能確定她是否眞是爲了我才來到火車站。

從那時起，我沒再去過她的部落格，直到今天。

如果不是一蓁姊的話讓我想起從前，我可能不會憶起這件事。

陳南津的部落格荒蕪一片，像被主人棄置了一樣。

無論當年事實究竟如何，這大概是我最後一次進到這個部落格。

那天和她的錯過，也許對彼此來說是最好的結局。

我們已經沒有重逢的必要，就算陳南津還記得我，也不表示她會想再見到我。

畢竟有些人只適合留在回憶裡。

◆

「吳──仲──謙──過來載我！」

接到一棻姊的電話，我立刻拿著機車鑰匙走出家門。

到了KTV門口，一棻姊在雨中和她的同事道別，快步朝我奔來。

她正準備坐上車時，我制止了她，「等一下，妳雨衣還沒穿。」

「你幫我穿。」她張開雙臂。

於是我替她穿上雨衣，並幫她戴安全帽，一股酒味隨之飄來，我問：「喝了不少喔？」

「還好啦。」

「我以為妳同事會載妳回來。」

「才不要，我可不輕易給人載的。」她一屁股坐在後座，雙手牢牢抱住我，「既然要找護花使者，當然要找個帥的。」

「那眞是我的榮幸。」我低笑，發動引擎，「走嘍。」

返家的路途中，一棻姊不時在我耳邊哼歌，似乎心情不錯。沒過多久，她問：「吳仲謙，你今年還有沒有假？」

「還不確定，怎麼了？」

「找個時間一起出去玩吧，今年我們好像都沒有好好休過假。」

「好啊，妳想去哪裡？」

「我們去環島怎麼樣？」

「這麼熱血喔？」

「我早就想環島了，以前叫阿寰陪我去，可是那傢伙一點興趣都沒有，只喜歡關在家裡寫論文，我當初怎麼會喜歡這麼無聊的男人？你以後千萬別像他一樣無趣，知道嗎？」

我笑了笑，「知道了。等我們有時間，就一起騎機車環島。」

「這才乖。」她語帶滿意，隨即繼續哼歌，還越唱越大聲，甚至要我跟著她一起唱。身旁的騎士紛紛對我們投來異樣的眼光，我們忍不住放聲大笑，一路放聲高歌，直到抵達家門。

不知道為什麼，日後當我回想起這段往事，最鮮明的記憶是雨水不斷打在我嘴巴裡的冷意。

兩個月後的某個週末，我到公司加班，忙完後，幾個飢腸轆轆的同事相約一起去百貨公司吃飯。

平常我多半都直接在公司旁的小攤販和便利商店解決午餐或晚餐，但想到一棻姊今天排班，家裡沒人，我便不急著回去，與他們一同前往。

下午三點多，百貨公司美食街的人潮不若想像中多，大家決定在這裡吃些簡單的餐點後，便各自去挑選想要吃的東西。

「八十七號的客人，您的餐點已經好嘍！」

一道清亮的聲音冷不防傳進耳裡，我登時停下腳步。

轉頭循著聲音望去，一位泰式料理櫃位的女服務人員，正笑臉盈盈地將餐點交給前去領餐的客人。

那張熟悉的面孔讓我爲之一愣。

我忍不住走向前幾步，當我站在櫃臺前，對方倏地抬頭，臉上掛著專業的微笑，朗聲道：「歡迎光臨，請問要點什麼？要不要參考看——」

「陳南津？」

聽到我突然喚出她的名字，她的笑容瞬間一滯，神情愕然。

她仔細盯著我好一會兒，才語帶猶豫地說：「……學弟？」

「是啊。」我笑了笑，「南津學姊，好久不見。」

她像是過於震驚而說不出話來，表情木然，因此我看不出她是否高興再見到我。

沉默蔓延在我們之間，最後我主動問：「妳這裡有什麼特別推薦的餐點嗎？」

陳南津這才回神，低頭指著櫃臺上的菜單匆匆爲我介紹：「這個……涼拌海鮮套餐很不錯，我們家的海鮮配料很豐盛，學弟你要不要吃吃看？」

「好啊，那就涼拌海鮮套餐，麻煩妳了。」

拿到餐點後，我沒跟同事一塊吃，而是和陳南津坐在泰式料理櫃位前的座位。

「妳不去忙沒關係嗎？」

「嗯，我們有一個小時休息時間，沒問題。」

然而她心神不寧的樣子讓我無法忽視，於是我說：「如果學姊妳覺得不自在，可以不必勉強跟我聊天。」

「沒有啦，你誤會了。」她尷尬地摸了摸脖子，「我只是覺得沒有什麼眞實感，沒想到會在這裡碰到你，腦袋有點空白，不曉得該說什麼才好……」

「我也沒想到會遇見妳，如果不是剛才無意間聽到妳的聲音，我也不會發現妳人在這裡，眞的很巧。」

陳南津怔了半晌，彷彿在確認什麼似地說：「你還記得我的聲音？」

「嗯，妳的聲音沒什麼變啊。」我又笑，「妳考上台北的大學嗎？」

「沒有，我落榜了，本來有想過要不要重考，但後來還是放棄了。高中畢業半年後，我搬到台中，住在我表姊家，開始工作，一直到四年前才一個人來台北生活。」

「表姊……妳說曾經住到妳家，我以前也見過的那位表姊？」

她頓了頓，「對，我只有那一個表姊。」

「原來如此，我以爲妳會繼續留在家裡照顧弟妹。」

她的笑容帶著一絲黯然，「我原本也是這麼想……不過後來家裡發生了一些事，我便決定和我表姊一起到台中生活。幸好我妹妹很懂事，很照顧兩個弟弟，最小的那個弟弟今年也十七歲了，不太需要操心了。和以前比起來，現在的生活算是輕鬆很多。」

隱約聽出她語帶保留，我稍稍轉換話題，「那妳弟妹之後也都會離開老家嗎？」

「喔，我家人已經不住在那裡了，幾年前我爸把店收了，帶著全家人搬去和爺爺奶奶一塊住。」

「妳現在是一個人在台北生活？」

「是啊，不過有男朋友在，所以也不能算是一個人啦。」她笑了起來。

原來她有男朋友了。

我在心裡默默這麼想，同時認爲話題差不多可以就此打住。

儘管和陳南津意外重逢，但似乎沒必要再與她進行更深入的交談。能夠和她好似毫無芥蒂地一起坐在這裡聊聊，已經夠了。

其實我很想問她，當年在我部落格留言的那個人究竟是不是她？在我入伍前一天，她出現在火車站是否是因爲我？

然而此時，我覺得那些問題的答案都不重要了。

就算留言爲我打氣的人是她，她會出現在車站也的確是因爲我，那並不表示現在的她是很樂意再見到我的。如果我眞的問出口，可能反而會讓彼此陷入尷尬的境地。

我的理智告訴我，從這刻起保持沉默，什麼都不必再說。

只要知道彼此過得很好就夠了。

用完餐後，我準備回公司，陳南津卻沒回美食街櫃臺，而是跟著我走到手扶梯口。

「學弟，再見。」

「嗯，學姊妳多保重。」我口氣溫和，「很高興能再見到妳。」

她沒有作聲。

就在我正要搭上手扶梯離開時，她突然拉住我的手臂，把我嚇了一跳。

「對不起。」她趕緊鬆手，「我想問你……你的手機號碼是不是已經不是原來那一組了？我打電話過去，卻是空號。」

我頗意外，「妳曾經打過電話給我？」

她目光低垂，抿緊了嘴角。

見她遲遲未有回應，我主動開口：「我上大學以後就換號碼了，我給妳我現在的號碼吧。」

陳南津猛地抬頭，眼睛一亮，立刻從口袋裡拿出手機，將我的手機號碼輸進電話簿，她也把自己的號碼告訴我，見我沒拿出手機，她好奇問：「你不記嗎？」

我微笑指指自己的腦袋，「記住了。」

她的目光停在我臉上片刻，也牽起了嘴角，默默收起手機。

我們就這麼道別了。

走出百貨公司後，陳南津方才拿著手機的模樣，一時半刻還縈繞在我的腦海之中，有些回憶也隨之湧現。

我想起當年她看到我擁有第一支手機時的欣羡眼神，也想起自己曾在她十八歲生日那天爲她買下，卻沒有送出去的手機。

我沒想過今後還會再見到她。

也許從明天起，我不會再踏進這間百貨公司。既然過去已經畫下句點，就沒必要再硬闖進她現在的生活。

陳南津可能也是這麼想的。

雖然那天她透露出想要知道我手機號碼的意思，之後我卻不曾接到她打來的電話，連封簡訊也沒有，似乎證明了我的猜想沒有錯，她不見得樂意再見到我。

交換了手機號碼，我和她卻仍各自生活在各自原有的軌道上，再無交集。

這也是沒有辦法的事。

◆

「我又變胖了。」

我的目光從電視機前移開，轉向剛走出房間的一菜姊，她一臉悶悶不樂，身上穿著寬鬆的T恤。

一時之間看不出她的身形變化，我隨口安慰她：「有嗎？我倒覺得妳反而變瘦了。」

「少拍馬屁，是眞的啦。剛才量體重又重了兩公斤，小腹也變大了，眞的該減肥了。」她一手捏著肚子肉，一手拿著啤酒坐到我旁邊，「大概是因爲這陣子老是便祕才會這樣，也時常覺得腰痠背痛，唉。」

「沒事吧？還有哪裡不舒服嗎？妳晚餐好像沒吃多少。」

「沒事，可能是正好碰到我們公司的業務旺季，只要壓力一來我就很容易便祕，食慾不振，忙完這陣子應該就沒事了。」

「如果不舒服要說，我帶妳去看醫生。」

「就跟你說沒事啦！」她拍了我的腿一記，沒多久又說：「你昨天晚上又說夢話了耶。」

我一凜，「眞的嗎？」

「對啊，我半夜起床上廁所，經過你房門口，聽到房裡傳來聲音，便悄悄開門，果然是你又在說夢話了。」

「我說了什麼？」

「我只聽到『哥哥跟媽媽說過的話，我每一句都記得。』，其他的就沒聽清楚了。」

她啜了口酒，「這句話是什麼意思？」

我沉默片刻，才說：「我不記得了。」

「是喔？如果不是和你住在一起，我還不知道你睡覺會習慣說夢話呢。你偶爾在沙發上睡著時，也會在睡夢中喃喃自語，但只要我像哄小孩那樣輕輕拍著你的背，你就會慢慢安靜下來，睡得像小Baby一樣香甜。」她用力摸摸我的頭，哈哈大笑，「你眞的超可愛的啦！」

我難為情地撥開她的手，正要起身回房，卻被她叫住：「對了，你下個月要和你主管出國參展對不對？幫我買一個LONGCHAMP羊皮包回來吧！」

「不要。」大概是因為這是我第一次跟她鬧彆扭，一關上房門，我聽到一棻姊在客廳裡笑得更大聲了。

那天深夜，我從睡夢中迷迷糊糊醒來，在一室黑暗之中，感覺到有人正溫柔地拍著我的胸口，一下又一下，嘴裡低低哼著歌。

是一棻姊。

我不曉得究竟該不該出聲，想了想，決定繼續裝睡。

該不會我又說夢話了吧？

如果不是一棻姊的提醒，我不知道我竟會說夢話，不知道這毛病究竟是從何時開始的？

從搬到台北生活的那一天起，我確實常常作夢。夢境的內容不外乎是小時候的往事，像是媽為我煮玉米濃湯，還有她對我溫柔微笑的樣子，儘管不在她身邊，這些記憶從來就不曾被光陰帶走。

直至今日，只要我仍在呼吸，心臟還在跳動，那些曾經傷害過我的人，以及曾經被我傷害過的人，他們的身影都會交織在我每一晚的夢境裡。

回憶從來不是逃去哪裡就能消失的東西。

我躺在床上，一動也不動。

一棻姊見我彷彿睡得很安穩，便停止了歌唱，準備離開房間，我在她起身的那一刻抓住她的手，將她拉回床上。

沒多久窗外便傳來淅瀝瀝的雨聲。

從國外出差回來那天，我在登機前去了趟免稅商店，站在琳瑯滿目的貨架前打電話給一棻姊。

她接起電話時，我手上正拎著一個架上的包包，說：「一棻姊，我現在在機場，我幫妳看了兩款小羊皮包，一款是大地色，另一款是粉紅色，我覺得這兩個顏色都很適合妳，有沒有特別想要哪個顏色？」

「嗯……」她頓了下才回，「都可以，你幫我挑吧。」

「妳聲音怎麼怪怪的？」

「我好像得了腸胃炎，吐得腳都軟了，剛剛又突然肚子痛，現在正要去醫院。」

此時一陣清晰的鳴笛聲透過話筒傳進耳裡，我繃緊了神經，「為什麼會有救護車？」

「我叫的啦，時間有點晚了，我沒力氣走出去叫車，就乾脆叫救護車。」

「是去哪間醫院？有人陪妳嗎？」

「誰陪我呀？傻蛋，我又不是小孩子。就是離我們這裡最近的醫院啊，我只是去看個醫生就回來，不用擔心，你快去幫我買包包，聽到沒？我出門嘍，拜拜！」

我茫然地看著手機，幾分鐘後再打過去，已無人接聽。

不知為何，一股不好的預感縈繞在心頭，讓我無法放心。

距離登機還有兩個小時，雖然知道一棻姊和哪幾個朋友比較要好，卻沒有他們的聯絡方式，一時之間想不到還能找誰幫忙。

時間一分一秒過去，一棻姊的手機依舊無人接聽，我更加心神不寧。

一組手機號碼在情急中冷不防從我的腦海閃過。

考慮許久，我最終還是撥出了那組號碼。

一回到台北，我直接從機場趕去醫院。

一棻姊躺在病房裡睡得很沉。

見她似乎沒什麼大礙，我稍稍鬆了口氣，沒有打算叫醒她，這時有人走進病房。

陳南津手裡拎著一袋東西，見到我時面露驚訝，「學弟，你回來啦？」

我沒想到她還在這裡，立刻向她鄭重道謝，「南津學姊，謝謝。很抱歉，突然麻煩妳幫我這個忙。」

「不會啦，雖然昨晚接到電話確實嚇了一跳，但我很高興能幫上忙。」她看了一棻姊一眼，「她剛剛睡著了，所以我去樓下買些東西。」

「真的很謝謝妳。」我仔細觀察她的氣色，「妳應該整夜都沒睡吧？接下來交給我就行了。我會再找時間向妳好好道謝的，妳趕快回家休息吧。」

她沒有回答，反而陷入遲疑，「學弟……你可以出來一下嗎？有件事我想跟你說。」

見陳南津神情猶豫，我便猜想她要說的事可能與一棻姊的病情有關。

跟著她走出病房，我隨即問：「是不是醫生有說什麼？她是腸胃炎嗎？」

她面色微白，「昨天醫生替她抽血，還做了斷層掃描，發現她卵巢裡長了一顆二十公分的腫瘤，醫生說……是卵巢癌，必須立刻住院開刀，但是她堅持要等你回來再說。」

聽到這消息，頓時腦中一片空白，我勉強穩住心神，「確定是癌症嗎？」

陳南津艱難地點頭，「醫生說，癌細胞很有可能已經擴散到其他器官，還說她的腫瘤指數非常高，不能再拖了。」

我立刻奔回病房叫醒一棻姊。

醫生很快安排好手術日期，那天我向公司請假，在手術室外等了九個多小時。

然而情況比我想像中的還要更糟。

醫生告訴我，一棻姊是卵巢癌第三期末。

卵巢癌初期症狀並不明顯，也不易察覺，等到確診時，通常大多已是三期以上。前陣子一棻姊說自己變胖、小腹變大、沒有食慾、時常便祕，其實這些都是卵巢癌的警訊，由於腫瘤大得壓迫到其他器官，才會產生腹痛。

報告出來確定是惡性腫瘤，醫生將一棻姊的卵巢、子宮、盲腸、淋巴等部位完全切除，之後要進行化療。

醫生說明病理報告的那一天，陳南津也來到醫院。

她似乎跟一菜姊成了朋友，一菜姊做完手術後還嚷著想再見她，我只得聯絡陳南津。陳南津聽了，二話不說一口答應，當天就趕來醫院。

聽完醫生的說明，並透過網路研讀了許多相關資料，我得知卵巢癌的患者就算做完化療，再復發的機率也相當高。

爲什麼我沒能早一點發現？如果趁早發現，事態是不是就不會走到這種程度？

爲什麼我沒能在早些時候就注意到？

「仲謙，這個好好吃。」

走進病房，看到一菜姊正在吃巧克力，我立刻上前奪走，「妳才剛動完手術，不要亂吃。這些是誰給妳的？」

「今天我老闆和同事來看我，剛好有個同事身上帶著一盒進口巧克力，我向他要了幾塊，原本想留給你吃，但我突然嘴饞，忍不住先偷吃了。」她笑嘻嘻地解釋。

見她手指還沾著巧克力，我嘆了口氣，從抽屜拿出濕紙巾，坐在床邊替她擦拭。

一菜姊看著我，突然說：「今天沒帶傘嗎？」

「有啊。」

「那怎麼頭髮和肩膀都是濕的？外面不是下雨，怎麼不撐傘？」

「我忘記我有帶傘。」我淡淡地說出連自己都覺得突兀的話。

「該不會是因爲你滿腦子都在想，怎麼沒及早發現我的病，所以才沒注意到下雨吧？」

我沒回答，但爲之停頓的手還是洩漏了我的心情。

她用吊著點滴的那隻手輕敲了我的額頭一記，「笨蛋，身體是我的，要怪也是怪我自己沒注意，干你什麼事？」

我做了個深呼吸，不置可否，「妳害怕嗎？」

「怕什麼？」

「化療。」

「我比較怕你會害怕。」我一抬眼，她就笑著捏我的鼻子，「嘿，我問你，我對你來說重不重要？」

「當然重要。」

「多重要？」

我定定看她，「比一切都重要。」

她莞爾一笑，「那你和南津究竟是什麼關係？」

「又問這個，不是跟妳說過她只是我的高中學姊？」

「廢話，我當然知道，南津也是這麼跟我說。但問題是，我根本不認識她，你也從來沒跟我提過這個人，爲什麼我出事那天，你不是找其他人幫忙，而是找南津？」

「我不知道妳朋友的電話。」

「當我笨蛋呀？就算不知道我朋友的電話，你總不會不知道你朋友的？我了解你，既然你會找一個我不認識的女人，特地來照顧在你心裡比一切都還重要的我，不就表示你很信任對方？而且我聽南津說，你們今年才在台北重逢，之後也沒再聯繫，所以我當然會好奇。」

「妳想太多了。」我把濕紙巾丟進垃圾桶，從包包裡拿出一本書放在她面前，「我買了妳喜歡的雜誌，我去幫妳的熱水壺加點水，等等回來。」

裝水途中我遇到陳南津，她提著便利商店的塑膠袋，一看到我立刻舉手打招呼。

我們到醫院大廳的椅子上坐一會兒，陳南津遞給我一杯咖啡，「給你，這幾天辛苦了，沒有睡好吧？」

「還可以，倒是妳，謝謝妳工作之餘還特地來看她。」

「不會啦，可以認識一棻姊我也很高興。」她捧著一瓶未開封的茶飲，繼續說：「而且其實我並不忙，這個月我剛好辭掉百貨公司的工作，暫時沒有別的正職。」

「怎麼會突然辭職？」我有些意外。

「嗯……老實說，我來到台北後，每個工作都做不久，最長兩年，最短三個月，我也不知道爲什麼，就是定不下來，很奇怪。」

「生活沒問題嗎？」

「完全沒問題唷。雖然我常換工作，但以前在台中工作的時候，已經存了一筆錢，而且就算沒正職，我也會找其他打工，雖然薪資不高，但還是有收入，足以應付基本生活開銷。像我現在是在我住處附近的早餐店打工，每個月還能固定寄點錢給家裡呢。」

「原來如此。」我頷首。

「是啊，但我男朋友看不慣我這樣，他覺得我一直換工作很不穩定，不懂得為未來做打算，說我沒什麼責任心與上進心。」她笑了笑。

我看著她，「你男友是做什麼的？」

「他是麵包師傅，我曾是他店裡的員工，三年前我辭職後，兩人才開始交往。」

「那妳最近經常過來醫院，他有說什麼嗎？」

「他不知道。我們最近在冷戰，已經好一陣子沒聯絡了。」她撓了撓臉，「不好意思，居然連這種事都說出來了。」

她打開那瓶茶飲，抿了一小口。

三年前，正好是我去當兵的那一年。

良久，我才又問：「南津學姊，妳有玩無名嗎？」

「你說無名小站？」她眨眨眼，不假思索回答：「以前剛流行時有玩了一下，不過我比較常玩BBS跟MSN，部落格幾乎很少用。怎麼了？」

她朝我望了過來，與她四目相交的這一刻，我終究忍不住坦白：「老實說，我懷疑妳曾來過我的無名留言，不過那是滿久以前的事，而且很有可能是我誤會了。」

陳南津沒有面露疑惑，也沒有否認，只是默不作聲。

見她這樣，我接著說出一組英文帳號，問：「這個帳號是妳沒錯吧？」

她愣了半晌，才點頭承認，「……你怎麼發現是我？」

「之前有個大學學弟寫了一篇關於我的文章貼在BBS上，還附上照片，結果被不少以前同個高中的人認出來。學姊妳應該也曾在BBS看過我的八卦吧？當時鬧得挺大的。」

她又點頭。

「那個時候，我的部落格每天湧進一堆無止盡的詛咒與謾罵，只有一個人對我說了句：學弟加油。我不知道那個人是誰，去對方的部落格也看不出所以然。大概是我的第六感眞的很準吧，當對方再次留言時，我腦中忽然閃過妳的臉，我記得妳以前很喜歡陳潔儀，所以故意在部落格上貼了一段陳潔儀的歌詞，後來就沒再見到妳來留言，我便決定把部落格關了。」

陳南津一動也不動，語氣聽不出情緒，「那你爲什麼又來我的部落格留言？」

「……一時興起吧。入伍前，我偶然想起這件事，假如那人眞的是妳，就跟妳打聲招呼，算是謝謝妳那段時間特地來鼓勵我，如果有機會再見到妳自然是最好，只是我沒想到妳眞的會出現在車站……」

她打斷我，滿臉錯愕，「你怎麼知道我有去車站？」

「我有看到妳，但那時我已經坐上火車，所以才沒能叫妳。」

「那你後來怎麼沒跟我說？」

「因爲我不確定妳是不是來找我的啊，而且妳在部落格上也還是沒有回覆我的留言，我就想可能眞是認錯人了，要不然就是妳其實不想跟我聯絡——」

「沒有，不是這樣！」她焦急否認，「我太晚看到你的留言，趕到車站時已經來不及了。從車站回去以後，我想著就算我回了留言，你已經去當兵了，也不知道什麼時候才會看到……而且，我不知道該回些什麼，你明明寫清楚了車次，我卻還是遲到……不管怎麼回應，我都覺得自己很沒誠意。」

兩人安靜了一陣。

我驀地莞爾一笑，「那些都無所謂啦，至少現在已經見到面了。」

「是啊。」她沒有再看我，低著頭小心翼翼地說：「那個……希望我問這件事不會太唐突，學弟，你媽媽……現在還好嗎？」

我猜想她指的應該是BBS上的傳聞，於是坦然回：「還不錯，聽說身體很健康，沒什麼大礙，不過實際情況是不是這樣我就不清楚了。我有七年沒見過我媽了，高中畢業後，我就再也沒回家過。」

「這麼久？」她很吃驚，忍不住抬頭往我望來。

「嗯，我做過太多讓家人蒙羞的事，也離開了太久，不知道該怎麼回去那個家。網路上那些謠言大多都是眞的，所以我連妡瑞都不敢見，我知道她一定對我非常失望。」

聞言，陳南津沒再繼續追問下去。

直到我們並肩走回病房的途中，她才打破沉默，換了一個話題，「學弟，一棻姊眞的不打算找她家人過來嗎？」

「嗯，她堅持不要。她父母早已過世，沒有兄弟姊妹，和其他親戚也不親近，直說他們來了也沒用。」

「你們是戀人嗎？」

「妳要這麼想也可以。對我來說，一棻姊是比戀人還更重要的存在，沒辦法單單用一種關係來解釋。」我淡淡地說：「不過，如果她希望我們是戀人，那我們就是戀人；如果她希望是家人，那我們就是家人。事實上，現在她身邊的家人，確實只有我而已。」

病房的走廊上突然安靜了下來，只有我和陳南津的腳步聲。

走了幾步，我忍不住喃喃低語：「……而我也只有她。」

陳南津輕輕拉住我的手，停下腳步，目光專注地看著我，語氣篤定，「學弟，你放心，一棻姊一定會痊癒的。」

像是察覺到我的不安，陳南津的這句話，直直打中我這一刻的脆弱。

我的喉嚨一梗，眼眶跟著發熱。

◆

一棻姊做完第一次化療後便出院。

等她完成所有療程，已經是半年之後的事，未來還要定期回醫院追蹤。她的癌症指數順利降至正常值，狀況好非常多，我跟陳南津都高興不已。

就在那時，一棻姊突然提出環島旅行的要求。

評估過她的身體狀況應該沒問題後，我便租了一輛車，準備在七月底成行。

「記得叫上南津，南津也要一起去。」一棻姊說。

「好。」我想也沒想便同意。

一棻姊的病情能夠順利好轉，陳南津功不可沒。

我因爲工作抽不開身去醫院的時候，都是仰賴陳南津伸出援手。一棻姊做完第二次化療後，陳南津辭去早餐店的打工，白天過來家裡照顧她，或是帶她去醫院，等我下班回來才離開。

她這麼做完全是出自於自願，我不曾開口拜託過她。對此我當然相當感激，卻也更過意不去。

爲了不讓她辭掉打工後，經濟來源頓失，我試著要給她一筆看護費用，她卻執意不肯收，還說如果我眞的要給，就等一棻姊完全痊癒再說。

這讓我想起高中時的她，堅持不肯欠下人情，卻喜歡讓別人欠她人情。

我不得不承認，將一棻姊交給陳南津照顧，眞的是最正確的決定。她依然很善於照顧人，這項特質一點都沒變，讓人非常放心。

我曾經見過陳南津的男友一面。

在某次閒聊中，從陳南津口中得知，她的男友大她十歲。

之所以會見到他，是有天陳南津要回家時，我剛好打算到附近買東西，便順道送她去坐捷運。走沒多久，她男友突然開車出現，陳南津便上了他的車離開，在離去前，她男友還向我點頭致意，看起來是個敦厚老實的人。

陳南津告訴她男友，這段期間她會幫忙照顧罹患癌症的好朋友，然而她男友對此有什麼看法，陳南津卻從未多說。只要知道他們沒有爲此爭吵或冷戰，我也不打算多問。

我向陳南津提出一塊去環島的邀請，她很乾脆地答應了。

沒想到出發第一天，竟突然下起大雨。

「搞什麼？難得出去玩居然碰上下雨，眞倒楣。」一棻姊抱怨。

「可能是我害的吧。」我握著方向盤說。

「什麼意思？」一棻姊和陳南津異口同聲問。

「小時候很多人都說我帶雨，每逢出遊，只要有我在，必定會下雨，導致大家都不想讓我參加郊遊遠足之類的活動。我有很長一段時間看到烏雲就覺得害怕，擔心要是待會下起雨來，我不是會被笑，就是會被罵，所以我以前很討厭下雨天。」

「哈哈，原來罪魁禍首就是你！」一棻姊大笑。

「對啊。」我看著被層層烏雲籠罩的天空，淡淡地說：「不過現在已經不討厭了。」

大雨打亂了行程，環島的第一天，我們在台中的旅館裡度過。

爲了不讓一棻姊太勞累，我早早就要她上床休息，也許是累了，她很快閉上眼睛睡著。

我和陳南津守在一旁，一邊看電視，一邊吃旅館提供的點心。

「學弟，你今天在車上說你以前很討厭下雨天，可是現在不會了。爲什麼？」

我沒有立刻回答，只是靜靜地望著她好一會兒，才說：「我想先問學姊一個問題，希望妳不會覺得不舒服，我沒有惡意。」

她臉上浮現一絲疑惑，但仍點點頭，「好。」

「妳現在不會再刻意選用紅色的隨身物品了嗎？」

「咦？」

「妳以前跟我說過，紅色是妳的幸運色，所以妳身上總是會有很多紅色的東西，因爲妳相信這樣可以招來好運，還說就算是迷信也無所謂。這件事妳還有印象嗎？」

她再次點頭，「有。」

我嘴角微微牽起，「其實我也一樣，我也有個只屬於我自己的迷信。雖然以前我很討厭下雨天，可是不知道爲什麼，每次有重要的人離開我，總是在非常晴朗的日子，讓我對晴天沒什麼好感，反而碰上雨天時，心情還比較安定。」

陳南津聽得專注，「眞的有這麼巧？」

「嗯，有些人一離開就再也見不到，比方說我大哥。當然也有人幾年後還有機會碰面，比方說妳……說到這個，我突然想到，妳畢業典禮那天沒有來學校對不對？」

她想了想，「對，畢業典禮當天我得了腸胃炎，在家裡休息，你那天有事找我？」

「倒也不是。我去找炘瑞，但是沒有見到妳，那天天氣熱得不得了，那日過後，我就眞的再也沒見過妳了。」

「我也算是你重要的人嗎？」陳南津目光灼灼，「我是說以前。」

我沒立刻答話。

「學弟……你知道嗎？其實我曾經想過，你在高中最後一年會發生那樣的事，是不是有可能……跟我有一點點關係？」她連忙又解釋，「當然，我知道這麼說很有些自以爲是，但在我的印象中，你從來就不是那樣的人，所以當我看到網路上那些傳聞時，實在很難以置信。我沒奢望你以前會有多重視我，可是，當我想起自己曾經辜負你，做出讓你無法原諒的事時，還是忍不住會猜測，你會變成那樣，有沒有可能也是我害的……」

她說完後，全身緊繃，像是在屏息等待我的回答。

「跟南津學姊沒關係。」我淡淡地說：「就只是我自己做錯了事而已，如果直到現在我都還在怪罪別人，認爲是誰害我變成這樣，想要藉此減輕罪惡感，那麼那些被我傷害，甚至因爲我而斷送性命的人，不就太可憐了？」

陳南津一時語塞。

「我沒有妳想的那麼完美。事實上，我就是被大家所鄙棄的渣男，殺人兇手，還是害自己媽媽精神失常的不肖子。」我輕輕一笑，「我早就沒期望能得到誰的原諒，即便將來所有人都忘了，我也會永遠記住自己做過的事。所以學姊妳不用再把我的事放在心上，更不要認爲我犯下的錯誤與妳有關。我反而覺得對妳很抱歉，一直說起這些勾起妳過往回憶的事，我知道這麼做很惹人厭，以後不會再提了，妳也把以前的事全部忘掉吧，不用在意，當一切都沒發生過就行了。」

陳南津低頭看著自己的手心，許久才問：「你做得到嗎？」

「什麼？」

「有些事情……或者說是一段記憶，眞有這麼簡單就能忘記嗎？」她壓低了嗓音，「學弟你眞的認爲，除了你之外，別人都可以輕易說忘就忘？那些你已經不在意的事，在別人心中更是早就煙消雲散，不曾放在心上？」

我微微一愣，「我不是這個意思。」

「那你爲什麼要這麼說呢？」她的聲音沒有起伏，卻帶著一絲沙啞，「不是只有你會記得自己做過什麼樣的事。你有怎麼也忘不了的記憶，別人也會有。雖然與你那『永遠的記憶』相比，我的記憶力根本不算什麼，但我不明白，你明明比誰都清楚無法遺忘的痛苦，爲什麼卻能輕易說出要別人忘記一切？難道因爲是我？因爲我做過錯事，所以你覺得只要這麼說，我就會高興，也能放心地把以前的事忘得一乾二淨？如果你眞的這麼想，只能證明我在你心中還是以前那個自私的陳南津吧。」

我好一會兒說不出話。

她抬起有些泛紅的眼，聲音略帶鼻音，「學弟，你的房間借我睡一晚吧，一棻姊就交給你了，有事隨時可以叫我。」

她提著行李匆匆走到門邊，突然轉身快步又走了回來，朝我伸手，「房卡。」

我不知道陳南津算不算是在跟我吵架。

那晚我睡不太著，只能躺在床上一邊聽著雨聲，一邊藉著微光留意睡得香甜的一棻姊。

想了一整夜，我還是不明白陳南津爲何會有那樣的反應。

隔日一早，她精神抖擻地找我們去吃早餐，臉上不見昨晚的陰霾，對待我的態度也一如往常，沒有任何不對勁。

一直到環島結束，我和陳南津都沒再提起那晚。

彷彿什麼也沒發生過。

◆

「仲謙。」

某天深夜，我在睡夢中被一棻姊喚醒。

她站在床邊輕輕搖著我，面色發白，「我肚子有點痛，你帶我去趟醫院吧。」

聞言，我立刻跳下床，幫她穿上外套後便帶她出門。

一棻姊的卵巢癌在二〇〇九年二月再度復發。

從結束化療到復發的這段期間，她都有定期回醫院檢查，加上我和陳南津的細心照顧，她的癌指數始終維持在正常值三十五以下，狀況穩定。

這次她突然身體不適，回到醫院檢查，竟發現癌指數飆升到四千多，癌細胞已轉移到了其他地方。

她必須再次進行化療，然而幾次過後，卻成效不彰。

由於癌細胞轉移到肺部，一棻姊開始咳個不停，化療的副作用讓她食慾不振、嚴重嘔吐，身體越來越虛弱，整個人日漸消瘦。

看著這樣的一棻姊，先前那段安穩平靜的日子彷彿只是一場夢。

世界一下子再度從天堂掉進地獄裡，我完全措手不及。

眼看換過幾次藥都不見成效，一棻姊的病情始終無法好轉，無止盡的疼痛讓她一天比一天難受，我卻無能爲力，什麼都做不了。

我心裡不斷湧上一種預感：這次我很有可能眞的會失去她。

這股念頭讓我覺得自己像是踩在懸崖上，隨時都可能會失足墜落，摔個粉碎。

我不忍看著一棻姊繼續痛苦下去，卻又害怕她就會這麼離去，不知道到底怎麼做對她才是最好的。

懷抱著失去的恐懼，我每一天都活在徬徨與無助之中。

春末的某個傍晚，我下班去到醫院時，一棻姊把我叫了過去。

她告訴我，她決定放棄化療。

那時一棻姊已經完成第三次化療，狀況卻依然不見起色，而且她的身體虛弱到無法再承受任何副作用了。醫生要她好好考慮，是否要繼續接受化療，亦或是住進安寧病房。

聽完一棻姊的決定，我沒有任何反應。

我只是注視著她的眼睛，一雙寫滿疲憊，卻帶著決心的眼睛。

我不知道該說什麼，也不知道還能說什麼，只能任由腦子裡一片空白。

我還能爲她做什麼？

許久過後，我做了個深呼吸，艱難地問出一句：「妳想見阿寰學長嗎？」

「沒必要，我們早就是不同世界的人了，而且我也不想讓他看見我這個樣子。」

我木然地看著她。

「我跟你說，我媽也是因爲癌症去世的，子宮頸癌。她是個很漂亮的女人，可是每次我想起她，只能想到她臨終前因爲病痛而痛苦不堪的樣子，那眞的很嚇人，就像我現在這樣。當我得知自己罹癌，還是致死率相當高的卵巢癌時，我原先是不打算化療的，可是最後還是決定接受，你知不知道爲什麼？」

我搖頭。

「你記不記得病理報告出來之後，有次我偷吃巧克力，你爲我擦掉沾在手上的巧克力？」見我點頭，她接著說：「那個時候，你雖然看起來很平靜，可是在幫我擦手時，我卻察覺到你的手在發抖，因爲這樣，我才決定接受化療。我捨不得看到你那個樣子，也捨不得這麼快離開你，所以我想爲你努力一次，試著爲你活下去。如果不是你，我可能已經不在這個世上，說不定也沒辦法一起去環島了。」

我的鼻子一陣酸楚。

「欸，告訴我一件事。」一棻姊望著我，「『永遠的記憶』是什麼？」

「咦？」

「環島的第一晚，我其實躺在床上沒有睡著，一直聽你和南津聊天，那時南津就有說過這句話。」一棻姊的目光溫柔，「我一直沒想過問你從前的事，因爲我認爲已經過去的事情並不重要，但是現在我不這麼想了，我想多知道些你的事，跟我說說吧。」

於是我將一切都告訴了她。

我告訴一棻姊，我記憶力絕佳，存放在腦袋裡的記憶一輩子都不會消逝，正因爲如此，我曾經對這個世界失望過多少次，又傷害過多少人。

我告訴她，我媽之所以會精神崩潰，並不是因爲我做了讓她再也抬不起頭的事，而是因爲我親手粉碎了她最重要的支柱——比她生命還更重要的哥哥。

我告訴她，如果不想再傷害別人，我只能當個啞巴。

一個就算記得一切，也不會開口的啞巴。

「你哥哥是什麼樣的人？」一棻姊問。

「他是全世界最好的哥哥。」

「他長什麼樣子？」

「跟我一模一樣。」

一棻姊由衷笑了起來，很欣慰的笑，「這麼說，我以後除了能再見到我媽之外，還可以見到長得跟你一樣的哥哥嘍？看來就算死了，也還是有值得高興的事嘛。」

我沒回答。

「對了，既然你可以記住別人說過的每一句話，那麼你應該記得我曾跟你說過我爲我媽做了一朵白色康乃馨，你還說我這麼凶可能會找不到老公，後來我回了你一段話，你是不是也記得？我想聽你複述一遍。」

我愣怔一會兒，搖頭，「不要。」

「說吧。」

「不要，我不說。」

一葇姊捧著我的臉，哄著要我開口，我強忍已久的情緒在這一刻潰堤，我繼續搖頭，眼眶裡的淚也隨之滴落。

「我不要說……」

一葇姊的額頭貼著我的，語氣平靜地向我託付，「等我離開以後，請你把我帶回我的老家，不知道我外公外婆還在不在，要是不在了，你聯絡我其他親戚，請他們讓我跟我媽葬在一起，這是我的心願。至於葬禮什麼的就不必了，我不喜歡，反正我也看不到，這件事只有仲謙你能幫我，你是我現在唯一的家人，拜託你了。」

我的淚水無聲滑落，緊咬著牙不讓一絲嗚咽從嘴裡溢出。

她輕拍我的背，「答應我，送我回家之後，你也回家吧。去看看你媽媽，不要像我一樣，最後連怎麼回家都忘了。還有，好好想想在環島那時，南津跟你說過的那些話。你眞的以爲所有事情只要簡單一句『忘掉』，別人的傷口就可以痊癒？一切就能一筆勾銷？你眞的以爲南津想聽的是你這句話？你巴不得想拋棄的過去，對別人而言說不定是很重要的回憶。不是只有被傷害的人才會受傷，既然你是最明白這一點的人，應該也會懂南津的心情。」

「……我不懂。」我艱難地開口。

「遲鈍的傢伙。」她又拍了拍我的背，像是在哄一個無理取鬧的孩子，「自己去找出答案，我不會告訴你。南津是個寂寞的人，你要對她好一點。」

我很困惑，「南津學姊爲什麼會寂寞？她不是有男朋友嗎？」

「你眞的什麼也不懂。」她嘆息，「你以爲她不辭勞苦地天天跑來照顧我，眞的是因爲時間很多嗎？呆瓜。」

我沉默半晌，問：「那妳寂寞嗎？」

「我不寂寞，因爲我有你。我很滿足。」一棻姊脣角揚起，「謝謝你和南津一直陪我到現在。」

兩個月後，一棻姊已經無法再說話了。

住進安寧病房的她，只能虛弱無力地躺在床上看著我和陳南津。

某個午後，她的病情急速惡化，從此昏迷不醒。

我親眼看著一棻姊從大口喘著氣呼吸，到氣息漸弱，最後心跳完全停止，我和陳南津自始至終都守在她身旁，直到她嚥下最後一口氣。

一棻姊離開的那天，窗外秋陽溫暖絢爛，彷彿整個世界都籠罩在溫暖的陽光之中。

「因爲我有你。」

先前帶一棻姊去過一趟環島旅行後，我特地貸款買了一輛車，盤算著未來能隨時帶她出遊。如今我開著爲她買的車，和陳南津一起去到她的故鄉。

一棻姊的外公外婆已經過世，我將一棻姊的骨灰託付給她的舅舅，讓她和她母親一塊長眠。

一個月後，陳南津在下著大雷雨的夜裡來到我家。

她帶了豐盛的晚餐找我一起吃飯，我告訴她我沒有食慾。

陳南津馬上正色說：「不行，你最近瘦了很多，就算沒食慾，還是要吃一點。」她將筷子遞給我，「來。」

「妳先放著，過一會兒我再吃。」

她定定看著我，從她臉上的表情就知道她不相信我說的話。

她放下筷子，走到玻璃櫃前，拿出一棻姊從前的客戶送給她的高粱酒。

還沒弄清楚陳南津要做什麼，她已經又從廚房拿著兩個玻璃杯回來。

「我們來比賽，誰先喝掉一杯高粱，誰就贏了，輸的人要罰吃五口飯。」

眞虧她想得出來。

她將高粱倒入兩個玻璃杯中，約莫四分之一滿。我才剛拿起一杯，她已經將杯裡的酒一口喝乾，豪氣地將空杯重重放回桌上，「你輸了。」

「我還沒開始耶。」我傻眼。

「不管，你就是輸了。」她毫不妥協，「吃五口。」

於是我只得乖乖吃了五口她買來的炒飯。

吃完之後，她再次倒了兩杯酒，這次我搶先一步，酒一斟滿，我迅速仰頭一飲而盡，直衝鼻腔的嗆辣滋味讓我不禁皺眉。

「這次妳輸了。」

「再來！」

事實證明我太小看她了。

說起來是我太糊塗，直到最後才猛然想起，她在高中那時習慣藉由喝高粱，來平撫緊張的情緒，長期訓練下來，酒量應該頗爲驚人。

果不其然，等我吃完大半盒炒飯，肚子飽了，人也陷入頭暈目眩的酒醉狀態，而陳南津看起來只是微醺。

我仰躺在沙發上，連站都站不起來，她卻可以在客廳與廚房之間行走自如，完全不像剛喝完半瓶高粱的人。

她倒了杯水，在我身邊坐下。

我不由得脫口而出：「妳眞的很會喝。」

「還可以啦。」她的笑容藏不住得意。

意識昏沉之際，感覺到頭頂上的日光燈變得比平常更刺眼，我伸手遮住眼睛。

「看妳這酒量，應該不是只有在緊張的時候才會喝酒吧？」

「嗯，冬天很冷的話也會喝一點，但多半還是在緊張時喝比較多。」她話聲一停，又說：「你還記得這件事？」

「當然記得。」說完，我才意識到自己講了什麼，「抱歉，我好像眞的挺醉的，有些話可能沒經過思考就說出口，如果妳不想聽我提起這件事，請妳讓我知道，我以後不會再提。」

「沒關係。」她立刻回：「不管你說什麼，我都不會不高興，更不會因爲這樣就對你生氣。你不需要顧慮我，想說什麼就說吧。」

我沉默了好一會兒，開口：「那我能問妳一件事嗎？」

「嗯。」

「當年……」我嚥了口口水，「我把妳從我家趕走後，妳還有跟我二哥在一起嗎？」

「沒有。」她語氣從容平靜，「從那天起，我再也沒有接近過他。」

「妳是什麼時候喜歡上我二哥的？」

她過了好一陣子才答：「老實說，當年我對你二哥的心情，與其說是喜歡，不如說是同病相憐。我發現自己和他有很多共同點，我們都不特別出色，也不特別討喜，都不容易被身邊的人重視，總是被忽略，所以我沒辦法打從心底討厭跟我有著同樣寂寞的人。當然，這種感覺並不是一開始就有，要不是我的事穿幫，被你二哥抓到把柄，我也不會有機會察覺到這些。」

「把柄？什麼意思？」

陳南津輕笑了起來，「有件事我一直沒敢跟你說，其實你二哥早就知道我是個冒牌模範生。有次放學，他在校門口攔住我，說他打聽過我，發現我根本不是什麼成績優異的模範生，他知道我和你聯手欺騙你爸媽。」

她這番話完全出乎我意料，「眞的？我二哥他發現了？」

「嗯，他原本對我並不感興趣，直到你有次爲了我，跟你媽媽鬧得不愉快，他才開始對我產生好奇。他說他很想知道能讓一向乖巧聽話的你，不惜出言反抗你媽媽也要護著的人，究竟是何方神聖。」

我有些訝異二哥竟然是這麼想的。

陳南津繼續說：「你二哥見你那般護著我，甚至不惜欺騙你爸媽，以爲我跟你之間有些什麼，可是卻又聽到你跟沈曼書學妹在一起的傳言，他覺得很奇怪，還懷疑我是不是被你騙了，故意跟我說了一堆你的壞話，想讓我討厭你，甚至威脅要把我們的事告訴你媽媽，讓大家知道你腳踏兩條船。」

她似乎淺淺一笑，「結果我一時情急，竟反過來威脅他說要是他這麼做，我也會開始散播他的八卦，告訴大家他因爲不甘心喜歡的女生被自己弟弟追走，所以故意造謠中傷弟弟，如此一來，丟臉的人絕對會是他。最後他自知理虧，便打消了這個念頭。」

我瞠目結舌，「妳當時怎麼沒跟我說？」

「我一開始嚇壞了，可是當反威脅奏效，我就想既然能靠自己解決，就不需要讓你分神擔心，計畫也可以順利進行。」她歪著頭，語氣有些飄忽，似乎陷入了回憶裡，「從那時起，你二哥偶爾會找我，他跟我說了很多你的事情，包括你那過人的記憶力。他說你從小仗著記憶力好，故意說出某些話來討爸媽歡心，所有人都關注你。只要你在場，他就會被遺忘忽略，不管再怎麼努力，也不會有人把他當一回事。」

我的手還覆蓋在眼睛上，日光燈的光線似乎變得更刺目了。

「大概是他的這份心情讓我起了共鳴吧。我向來不被關注，家中受寵的永遠是弟弟妹妹，所以很能明白他的感受。當我發現有人跟我有同樣的心情，我真的很高興，覺得自己被理解了，於是忍不住瞞著你偷偷跟你二哥親近起來。」

吁了一口長氣，她說話的聲音低了些，「你和你哥各有委屈，我也能從你們的委屈看見自己的影子。但學弟你跟你哥不一樣，對我而言，你一直是最不可思議的存在。你很耀眼迷人，跟我是完全不同世界的人，更是我從來不敢奢望的憧憬，所以當我被你託付、被你信任，我徹底迷失在喜悅裡，甚至得意忘形，沒能控制好自己的心，結果傷害了你。」

我緩緩移開遮擋在眼睛上的手，陳南津的側臉映進眼簾。

她注視著被大雨打濕的陽台窗戶，眸光平靜無波。

「我從小習慣被罵，也習慣被討厭，早已練就對此無動於衷，即便你罵我『賤人』，我也以爲自己很快就不會在意，然後慢慢淡忘。」

她抿緊了唇，眼裡浮起一層薄薄的淚光。

「可是不知道爲什麼，不管時間過了多久，我都無法忘懷，明明比這兩個字更難聽的話我都聽過，但就是沒辦法忘記，直到現在心還是會隱隱作痛。」她眨了眨眼，似乎想眨去那層淚光，「不過也因爲這樣，我才眞正明白自己以前對你做的事有多殘忍。光是這兩個字就讓我耿耿於懷，難過了這麼多年，那任何事都無法忘卻的你，所承受的痛苦又怎麼會是我能想像的？」

我靜靜望著她，一語不發。

陳南津低下頭，快速用指尖抹去噙在眼角的淚，吸了下鼻子，試圖穩住情緒。

「我後來發現，即使與你之間的那段記憶，最後的結局並不美好，我也捨不得遺忘，因爲那是我覺得自己活得最有意義的時候，之後不曾再有。只有與你的那段回憶，我無論如何都不想忘記。」

我伸手輕輕碰觸她的臉，緩緩抬起上半身。

陳南津轉頭朝我望來，這時我已經十分貼近她的臉，近得可以清楚感受到彼此的鼻息。

我幾乎要吻上她的唇，然而我遲遲沒再動作，陳南津也沒有，我們就這麼凝視著彼此，時間彷彿就此停止。

「學弟，你能不能叫一次我的名字？」她問道，「不要叫我學姊，直接叫我的名字。」

「南津？」

她眼神朦朧，握住我貼在她臉上的手，慢慢與我拉開距離。

「學弟，加油。」

「什麼意思？」

「讓自己的生活過更好、更開心，像是去旅行、去學東西、去戀愛。憑你的條件，一定可以再找到很棒的對象，找到一個跟一棻姊一樣好的人。」

「妳說找到就能找到？」

「那當然，連我都有人要，你當然沒問題。如果哪天遇到了那樣的人，記得跟我說。」

我忍俊不禁，「妳和妳男友處得好嗎？」

「很好啊，穩定得不得了，我已經在等他向我求婚嘍，所以你不可以輸給我。」

「如果妳真的想讓他跟妳求婚，應該得少來我這兒吧？一棻姊不在了，妳要是繼續往我這裡跑，搞不好他會受不了。」

陳南津停頓了一秒，笑道：「說得也是。」

那天晚上，一棻姊再度出現在我的夢裡。

從她離開的那天起，我幾乎每晚都會夢見她，夢裡的她總是安靜躺在病床上沉睡。要是我有說夢話，喚出的大概也是她的名字吧。

但唯有這一天不同，彷彿夢境與記憶錯置了，我在夢裡看到的一棻姊，居然和媽站在一起。她們背對著我，站在我家的廚房裡，呈現出不可思議的畫面，她們始終沒有回過頭來，所以我看不清她們的臉。

我不知道該怎麼邁出步伐。

對現在的我而言，眼前的每一條路都突然變得窒礙難行。失去一棻姊後，我陷入迷惘，連帶也對今後的路失去了方向。

包括我對陳南津的感覺。

「南津是個寂寞的人。」

「只有與你的那段回憶，我無論如何都不想忘記。」

那晚，兩人相互凝視的那一刻，我只聽得見自己和陳南津的呼吸聲。

如果那個時候她沒有開口說話，也沒有推開我，我是否還會做些什麼？

如果那個時候我是清醒的，我是否就不會伸出手貼著她的臉？

如果她沒有對我說出那樣的話。

如果。

◆

「歡迎光臨。」

當時序進入初冬，某個午後，我遇到一個意想不到的人。

上午和客戶見面，處理完公事差不多已近中午，回公司前，我先到捷運站附近的超商買午餐，才剛走進去，便聽見一陣悶雷聲，外面的天色眨眼間昏暗了下來。

店員響亮的招呼聲響起，我隨意瞥向踏進店裡的一名女子，卻讓我的目光好一陣子沒再移開。

她手上拿著皮夾，先到熱飲區取下一罐飲料，再到熟食陳列架前停駐片刻，似乎正在挑選飯糰。我緩步走到她身旁，待她正要拿取某個飯糰時，我不假思索跟著伸手，她的手一停，仰頭朝我望來。

我清楚看見映在她眼裡的詫異與愕然。

雖然她一臉驚訝，但我不曉得她還記不記得我，因此我故意裝作沒認出她，甚至問她我們是否曾經見過？

「我是你的高中學妹，我叫謝永恩。」她緩緩答道，「吳學長，好久不見。」

謝永恩，羽菁生前最要好的學妹。

她是羽菁過去最信任的人，也是在祕密尚未被揭露之前，唯一知道我們背著曼書偷偷交往的人。

當年羽菁出事後，我離開學校，從此再也沒見過這個學妹。在我的記憶裡，她是個老實穩重的乖女孩，如今再次相遇，她給我的感覺已不太一樣，她變得很漂亮，眼神裡也多了份世故的成穩內斂。

即便如此，我還是第一時間就認出了她，意外的是，她居然對我還留有印象，連我的名字都記得。

想想這也是當然的，畢竟我是害死她最摯愛的學姊的兇手。

「妳有帶傘嗎？」

走出超商，外頭已經下起雨來，得知學妹沒帶傘，我原本打算送她一程，或是將傘借給她，但她表示公司就在附近，等雨勢漸緩再跑回去即可，並不願接受我的好意。

我想了想，問她：「要不要乾脆一起在這裡吃中飯？」

不知道是她再也無可推託，還是我誠懇的態度讓她動搖，這次她沒有拒絕。我們面對面坐在超商裡用餐，一邊吃東西，一邊閒聊。

「你結婚了嗎？」

學妹拋出這個問題時，我不由得一凜，腦中閃過一棻姊的臉。

說也奇怪，這一刻我突然萌生一個念頭，一個連自己都覺得莫名的念頭。假若學妹其實深深厭惡著我，那麼當她知道我並非單身，有沒有可能會不高興？

雖然這像是小朋友才有的想法，但我還是告訴了她我沒結婚，但是有女朋友。

結果學妹的表情仍然沒有什麼變化，反而慎重其事地表示自己只是好奇問問，沒有特別的意思，明顯客套的反應讓我難以猜出她真正的心思。

之後的閒談裡，我得知學妹有了男友，至今依然與曼書保持聯繫。

聽到曼書和家人定居在國外，過得很好，我備感欣慰，過去與她交往的那些記憶一下子湧進腦海，使我一時百感交集，陷入了沉默。

「謝謝你曾經這麼用心跟我交往。」

我由衷感謝學妹願意告訴我這個消息。

等到午休時間差不多結束，雨勢也減弱了不少。

在超商門口各自離去前，我堅持將傘借給學妹。

很不可思議地，大概是前一刻的悸動與感動，一時半霎依舊留在我心裡未能散去，我突然希望還能夠與學妹多說些話，從她口中多聽到一些事。

因此明知機會渺茫，我仍在道別時忍不住向她提出下次見面的請求。

學妹答應了。

「學弟，你今天不在家嗎？」陳南津在手機裡問。

「對，我在公司。怎麼了？」

「我買了好吃的烤鴨，想拿過來跟你一起吃，結果你卻不在。你什麼時候回來？」

「我今天可能會比較晚回去，下午我跟別人還有約，烤鴨妳帶回去吃吧，抱歉讓妳白跑一趟。」

她馬上說：「不會啦，我應該事先打電話給你的。那先不吵你了，記得要按時吃飯，拜拜！」

星期六這天，我臨時被老闆叫進公司加班。

忙了一個上午，事情總算處理完，我匆匆離開公司趕到另一個地點。

抵達約定的咖啡館，謝永恩已經坐在裡頭。

兩個禮拜前和她在超商分別後，我約她今天在這裡碰面。

這天再度下起雨來，她將我上次借她的傘歸還給我。

「週末假日，學長怎麼不跟女朋友一起度過？」她啜飲了口熱茶，目光定在我臉上。

被她這麼一問，我才想起上次騙她自己有女友，一時之間難以澄清，只好再搬出另一個謊話，「哦，我女友這禮拜和她家人去日本旅遊了。那妳呢？假日不陪男友沒關係嗎？」

「沒關係，我們中午見過了，今天是我第一次跟他家裡人碰面吃飯，精神有點緊繃，所以現在其實挺累的。」她坦然一笑。

我以為她要結婚了，但學妹否認，表示只是單純聚餐，雙方都還沒有結婚的打算。

我們漸漸聊開，慢慢沒了最初的拘謹客套。

學妹的話變多，笑容也變多了。

縱然不曾提及過去的那段往事，但我與她的工作性質類似，有不少共同話題，因此聊得相當盡興，一不小心就忘了時間，兩人從下午一路聊到傍晚，索性一起去吃晚飯。

用完餐後，我送她到捷運站，天空還飄著雨，於是我要她繼續留著那把傘。

從那天起，我跟學妹偶爾會通電話，也會適時傳簡訊關心她。

我和她的關係越來越熟絡，見面次數變得更加頻繁，連平日下班後，也會相約見面。

我曾經想過自己這般接近學妹是爲了什麼？

也許是爲了那段過去，也許是爲了填補失去一棻姊的缺口，我藉由與學妹的親近，讓自己可以暫時不去想一些還不願去想的事。

無論答案究竟爲何，我確實明白自己在逃避著什麼。

理當恨著我，卻同意與我一次次碰面，甚至願意對我展露笑顏的學妹，心裡又是怎麼想的？

她不生我的氣嗎？她原諒我了嗎？

她依然還會爲羽菁的事傷心嗎？

我很想知道這些問題的答案，卻無法問出口，只能在不確定中繼續往前走。

就算等在我面前的是一條荒腔走板的路。

「學弟。」陳南津的聲音從手機傳來，在安靜的空間裡顯得格外清晰，「你……好嗎？」

我脣角失守，「很好啊，爲什麼這麼問？」

「最近比較少見到你，不知道你在做些什麼。這幾天工作忙嗎？該不會還在公司加班吧？」

「沒有，我現在跟朋友在外面。」我話音溫柔，「妳最近好嗎？昨天聖誕節，有沒有跟男朋友出去約會？」

「哦，有啊，我們去吃了聖誕大餐。對了，我還買了一份聖誕禮物要送給你。」她興沖沖地說。

「什麼禮物？」

「祕密。」

我又笑，「那好吧，等工作沒這麼忙的時候，我們再約出來吃飯。」

通完電話，我走出浴室。

裸身裹著棉被坐在床上的學妹，見我出來，便問：「女朋友嗎？」

「嗯。」我淡淡一笑，回到她身邊時，雙手捧著她的臉，將脣覆上她的。

與學妹到飯店用過晚餐，之後我們在飯店裡共度一夜。

我們自然而然地吃完飯，自然而然地牽手一起走進飯店房間，自然而然地在關上門的那一刻擁抱彼此。

與學妹重逢，最後演變成這樣的關係，似乎本來就是遲早的事，不怎麼令人意外。

至少對我而言並不意外。

「學長對這種事好像不怎麼緊張，是因爲已經不是第一次劈腿的緣故嗎？」學妹問。

「妳在挖苦我。」

「哪有？眞要追究起來，我現在也沒資格責怪學長吧？」

我看著她，「是因爲妳男友？還是曼書跟羽菁？」

聽到我主動提起那個名字，她沒有作聲，只是注視著我片刻，便躺回我懷裡，不再開口。

我不知道學妹心裡是怎麼想的。

從那天起，我們繼續維持著這種關係，一段無法對任何人言說的關係。

在這樣的親密中，我們終於談起過去的事。

某個晚上再次擁抱她時，我向她坦白過往的事我都記得清清楚楚，也向她坦白兩人重逢的那一日，我其實一眼就認出了她，卻故意裝傻並主動接近，企圖讓她也認出我。

聽我說完這些，原本溫順躺在我身邊的學妹，表情微微變了。

她問我，爲什麼要將這個祕密告訴她？

「當年羽菁學姊偷偷跟你在一起，她把這個祕密告訴了我，然後現在，你也跟我說了一個祕密。」

我看著坐起身的學妹，她臉上沒有任何表情。

她冷冷地開口：「爲什麼我從來不曾主動探問，你們卻擅自把自己的祕密告訴我？當你決定說出口的時候，有問過我想不想聽嗎？有想過我或許根本不想知道嗎？」

從未在我面前表露過多情緒的學妹，那一天突然將內心的不滿全數爆發出來。

彷彿這些話已藏在她心中許久，再也無法隱忍，她失去了平時的沉著冷靜，眼神痛苦不堪。

那時我才明白自己將她傷得有多深。

原來她不是不在意，也不是已經釋懷，而是跟我一樣一直都在逃避。

她困在過去被我親手摧毀的世界裡，從來不曾逃出去過。

◆

「學弟，你怎麼了？」陳南津的聲音將我拉回神。

我們在火鍋店裡用餐，她偏著頭看我，「你在想事情嗎？」

「沒有。」

跟學妹在一起後，我跟陳南津見面的次數不再像從前那樣頻繁，有時兩個禮拜才會見一次面。

「你最近時常需要應酬嗎？」

「……沒有，怎麼這麼問？」

「因爲這陣子打電話給你，你都跟別人在外面吃飯呀。既然你不是去應酬，難道是交女朋友了？」她打趣問。

我語塞。

見我沉默，陳南津的目光從火鍋移到我臉上，「學弟？」

「我最近是常跟一個女生一起。」

聞言，她定睛看我，「眞的？是同事嗎？」

「不是，是我的高中學妹，兩個月前我偶然遇到她，之後便時常見面。」

「你喜歡那個學妹嗎？」她問。

我靜默了一陣，坦然回：「我很在意她。」

「你怎麼不早點說？」陳南津輕斥了一句，臉上卻帶著笑，「學弟你很不夠意思耶，不是說好如果有喜歡的女生就要告訴我嗎？」

「沒必要特地說吧？」

「嘿，這可是很重要的事耶！」她鼓起腮幫子，眼神晶亮，似乎很是興奮，迫不及待又問：「那你們現在進展得怎麼樣？」

「還可以。」我刻意隱瞞學妹其實已有男朋友。

「那位學妹是個什麼樣的人？」

「她很好，個性沉穩，也很聰明。」我淡淡地回：「跟一棻姊有點像。」

陳南津笑得更燦爛，像是打從心底爲我高興，「太好了，希望你和學妹可以順利交往。」

她雙手握拳，笑盈盈地爲我打氣，「學弟，加油！」

我沒有回應，只是深深凝視著她。

她注意到我的視線，不禁一頓，摸了摸自己的臉，有點不安地問：「怎麼了嗎？」

我笑了笑，「妳不是說有買聖誕禮物給我？在哪裡？」

「啊，對耶！」她馬上低頭翻找包包，過了好一會兒，才面露尷尬地說：「學弟，抱歉，我好像忘記帶出來了。」

「沒誠意。」我撇撇嘴。

「我眞的是不小心忘記，不然今天這頓飯我請，也算是幫你慶祝。」

我選擇不將事實告訴陳南津。

知道她一直以來都在爲我擔心，所以對於我跟學妹之間的關係，我不打算據實以告。

但有一件事情是眞的，我已經無法在這時候放開學妹的手，更無法對因爲我而痛苦的學妹視而不見。

我想過無數彌補她的方法，幾度思索過後，我知道那些方法其實都無濟於事。

最後我決定向學妹坦白。

某個晚上，在旅館的房間裡，我向她說出當年的眞相。

我告訴學妹，羽菁失去的不只有一個孩子，我讓她知道當年我對羽菁有多麼冷酷絕情。甚至羽菁兩次意外流產，我都故意扭曲事實，說是我決意讓她打掉的。

我告訴學妹，當年我不願爲了羽菁跟曼書分手，即便曼書願意成全，我還是狠心拋棄羽菁，讓她對我的所有期待與付出瞬間全化爲烏有。

「眞正把羽菁逼上絕路的人，是我。」我對她說：「是我奪走妳最重要的學姊，就算妳現在想親手殺了我，我也不會閃躲。」

學妹默默聽完，不一會兒便緩緩向我貼近，雙手放到我的脖子上。

她勒住我，力量逐漸加大，我沒有掙扎，安靜地闔上雙眼。

我不是沒有想過自我了斷。

不是現在，也不是在一棻姊離去之後，而是在更早以前。

當年害得媽崩潰時，我一直希望有人能殺了我。

如果這輩子註定只能帶著永不消逝的記憶活下去，我寧可一開始就不存在於這世上。我希望自己下輩子可以當個什麼也記不住的傻瓜。

眼前這一刻，我已經等待很久了。

若現在眞能藉由誰的手來結束一切，我相信學妹是最有資格這麼做的人，只有她能讓我如願以償。

但在學妹掉淚的那一刻，我這個念頭卻產生了動搖。

她安靜哭泣的模樣，不知爲何竟深深觸動了我的心，讓我萌生前所未有的憐惜。她淚如雨下，我的視線也跟著慢慢模糊一片。

學妹無聲的淚水一點一滴融化我心口的冰冷。

我興起了想要緊緊擁抱她的衝動，情不自禁向她告白，她卻不信。

她不相信我眞的曾經對誰付出過眞心。

那晚過後，我原以爲學妹不會再願意見到我。當我再次撥打電話給她，她不僅接起，並且答應碰面，我不由得感到喜悅，也鬆了口氣。

我們誰也沒再提起那一晚，也不再提及羽菁，一切彷彿重新開始。

我並不奢望學妹爲我做什麼，只要她願意接受我，讓我繼續陪著她，我便覺得足夠。

那時我眞的是這麼想的。

「我請了特休，你今天可以出來嗎？」

◆

一年後的某個早晨，我突然收到學妹的簡訊。

若是平常，我一定會立即回覆，但這一次不知怎麼地，我只是默默看著那封訊息，走到窗邊拉開家中的窗簾。

那天豔陽高照，天空更是藍得乾淨，不見一朵白雲。我望著那片藍天許久，決定忽略方才一閃而逝的預感，回完給學妹的訊息後，便向公司請假。

學妹在電影院裡等我，等我們看完電影出來，她忽然問我能不能牽她的手。

過去她從未提出這樣的要求，我看了她一眼，隨即將她的手緊緊包覆在我的掌心。

那一天的學妹很溫柔。

她對我的態度比平常更親暱，只要兩人並肩走在一起，她總是安靜地依偎著我，不曾與我分開。

我們度過了一段甜蜜美好的時光，從白天到天色暗下，兩人牽著的手始終沒有放開。

快走到捷運站時，我問她是不是要回去了？

學妹沒回答，忽然舉起右手，要我跟她猜拳。我不明所以，跟她猜了一回後，她又問我是否常跟別人猜拳？小時候最常玩的遊戲又是什麼？

我腦中迅速浮現家鄉的那棵大榕樹，以及一群聚集在樹下的小小身影。

靜默了片刻，我才說：「一二三木頭人吧。」

學妹微微一笑，從包包裡拿出那把我先前借她的傘，慎重地交還給我，並握著我的手不放，她看著我的眼神依舊溫柔。

她向我宣布了一個晴天霹靂的消息。

昨天晚上，她答應了她男友的求婚。

在那之前，我心中那股像是要發生什麼事的預感一直揮之不去，聽到她的話，一時之間我反應不及，只能愣怔望著她。

接著學妹說起了羽菁的事。

她說羽菁在決定結束自己的生命之前，曾寫了一封信給她。羽菁在信裡表明她其實並不恨我，這一切都是她想清楚後才做下的選擇。

她坦誠她從來就沒有原諒無法及時救回羽菁的自己；如果不是羽菁選擇以那樣的方式離去，她也不會因爲被困在這段記憶裡，而忍不住對羽菁產生怨懟。

她明白我們其實都一樣痛苦。

「學長，我原諒你。」學妹紅著眼眶，聲音沙啞，「雖然我不知道你是不是一直在等我說這句話，不過我原諒你了，而且無須任何人的允許，就算羽菁學姊不肯，我還是會這麼做。但即使我不原諒你，你還是要原諒你自己，因爲羽菁學姊走上這條路是她自己的選擇，不是任何人的責任。今天是我最後一次跟你見面，今晚道別之後，我們就徹底放下學姊，再也不要爲過去的事感到愧疚，過好我們各自的人生。」

她由衷道：「我會祝福學長，眞心祝福你得到幸福。」

學妹就這麼離開了。

一直到她的身影消失在人群裡，我始終杵在原地不動。

宛如一個失去靈魂的木頭人。

「學長，我原諒你。」

「你眞的以爲所有事情只要簡單一句『忘掉』，別人的傷口就可以痊癒？一切就能一筆勾銷？」

「你眞的以爲南津想聽的是你這句話？」

腦中忽地響起一棻姊的聲音，我彷彿在恍惚之中看見了某個人。

手機發出震動聲，我迅速回過神，立刻接起。

「學弟，是我！」陳南津清亮的嗓音傳來，「你現在方便接電話嗎？有沒有打擾到你？」

「南……」我在最後一刻止住了不小心溢出的哽咽，卻攔不住眼淚滑落，「南津學姊，妳現在人在哪裡？」

她似乎沒料到我會突然反問，有些結巴，「我在……我跟我男友在外面啊，怎麼了嗎？」

「沒什麼。」我拚命不讓自己的聲音流露出異樣，「妳找我有什麼事？」

「我想問你這個星期日有沒有空？我有東西想給你，那天可以見面嗎？」

「可以。」

「太好了，那就這樣嘍，我再傳簡訊告訴你時間地點，拜拜！」

結束通話，我仰頭望向天空，深吸了一口氣。

星期日中午，我跟陳南津約好見面。

那天整座城市彷彿被一片灰布籠罩著，厚厚的雲層透不進一絲光線。

吃中飯時，陳南津遞給我一個盒子，要我打開看看，裡面裝著一組白色的情侶對杯。

「這是前陣子在百貨公司買的，我覺得很漂亮，所以買下來送給你和你女友，希望你們會喜歡。」她說。

我注視著這組貌似價格不菲的精緻對杯，一時不曉得怎麼回應，只好道：「謝謝。」

「不用客氣啦，我早就想送你們一份禮物了，但是我沒見過你女友，不知道她喜歡什麼，也不確定什麼適合她，只好憑感覺選了。」

我勾起脣，「妳對她眞好。」

「那當然嘍，因爲她是學弟你女朋友啊。不過某人眞的很寶貝女友，居然一直都不肯介紹我認識，也從不讓我看她的照片，簡直保密到家。想不到你交了女朋友竟變得如此注重隱私。」她笑著覷我，語氣聽起來卻絲毫沒有責怪的意思，「不過沒關係，只要知道你們交往順利，我就放心了。最近怎麼樣？感情還好嗎？沒有吵架吧？」

「沒有。」

「眞的？太好了。」

我們聊到快三點才離開餐廳，一走出門口，陳南津抬頭往天空看了一眼。

「學弟，我們去散步好不好？」陳南津忽然提議。

「好啊。」

不知爲何，我發現她不時仰望天空，像是在確認些什麼。

我不曉得該怎麼告訴她我和學妹的事，最後還是決定不說。

至少今天先不跟她說。

「學弟，明年你還是會在台北過年嗎？」

「幹麼？」

「我只是在想……你離家到現在差不多快十年了，難道沒有動過想要回家看看的念頭嗎？」

我靜默了一陣，不答反問：「那妳呢？」

「我一直都有跟家人聯繫啊，不過除非有要緊事，不然多半是過年才會回去，畢竟平時還要上班。」

「妳的弟弟妹妹過得好嗎？」

「嗯，很好，幾個妹妹工作都算順利，小弟也二十歲了，已經沒什麼好操心的了。」

「這代表妳二十九歲了耶。」

「二十九歲又怎麼樣？你這樣提醒我是什麼意思？」她鼓起腮幫子，像是忿忿不平。

我忍俊不禁，「對了，之前沒問妳，高中畢業後，妳還有跟炘瑞聯絡嗎？」

「沒有，她上大學以後，我們就沒再見過面了。」她有些不自在地撓了撓臉頰，「當年被轟出你家之後，我覺得很羞恥，也不知道該怎麼面對炘瑞，後來就慢慢疏遠了。」

聞言，我停下腳步轉頭看她，她像是察覺到我的目光，也跟著停了下來，朝我望了過來。

我伸手輕輕撥開她左邊的瀏海。

她眨了眨眼，一動也不動，「怎麼了嗎？」

見她左額白皙光滑，沒有留下當年被獎盃砸傷的痕跡，我在心裡默默鬆了口氣。

「抱歉，那時候害妳受傷了。」

陳南津一愣，隨即不在意地搖搖頭，「沒關係，你當初會大發雷霆也是理所當然的事。你那麼珍惜炘瑞，暗地做了這麼多籌劃，就是爲了不希望她受傷，我可以理解你的心情。如果我是你，我也不會原諒當時的我。」

我看著這樣的她，心中仍覺得愧疚。

「坦白說，我不認爲炘瑞會因爲你過去傷害了別人，就討厭你，或是不願再見你。既然你這麼珍惜她，那她必定比你想像中更珍視你。她一定從來沒忘記過你，我相信妡瑞不是那麼無情的人。對我來說，你們兩個都是非常溫柔善良的人。」

我心中微微一動，沒有接話。

陳南津臉上的神情很真摯，「妡瑞她一定會希望再見到你。」

我有些感動，故意用開玩笑的口吻說：「原來我在妳心中評價這麼高？」

「那當然嘍。」她不假思索答。

「南津學姊。」

「嗯？」

「妳記不記得之前一起去環島的第一天晚上，妳問過我一個問題：在高中那時，妳也算是我重要的人嗎？」

她漲紅了臉，一時說不出話來，隨即尷尬地擺擺手，「那件事你不用在意，我當時說了一堆不知所云的話，超後悔的，你就當作沒聽到吧！」

「怎麼可能當作沒聽到？」我立刻說：「我現在想回答妳這個問題。高中那時，妳確實對我挺重要的，除了妳真的幫了我很大的忙，也因爲跟妳在一起很愉快，甚至期待妳週末來我家。那個時候，我其實是很開心的。」

陳南津睜大眼睛，彷彿聽傻了，「……那現在呢？」

我莞爾，「現在也是啊。」

她沒再作聲。

我們繼續朝人多的地方走，經過座落在百貨公司附近的幾件大型裝置藝術品，其中一件藝術品的外觀看起來像是一棵大樹。

我和陳南津好奇地駐足圍觀。

「你不覺得這很像那棵榕樹嗎？」陳南津說。

「哪棵？」

「就是你老家附近的那棵大榕樹啊。」

聞言，我不禁仔細端詳起那件藝術品。

「學弟，要不要玩一二三木頭人？」陳南津忽然提議。

「啊？」

「以前我們不是在大榕樹下玩過一二三木頭人嗎？你還說你哥哥會發明各種變化玩法。現在再來玩一次好不好？」

「妳是講眞的？」我很驚訝。

「當然是眞的。你當鬼，我來當木頭人。」說完她往後方跑去，跟我拉開一段距離，也不管旁邊還有行人。

「妳想到什麼新玩法了嗎？該不會又跟以前一樣偷偷躲起來吧？」

「等等你就知道了。」

「好吧。」

我有些莫可奈何地面向那件樹狀藝術品，喊出一二三木頭人的口令後，立刻回頭朝陳南津看去。

她卻抗議：「太快了，你喊慢一點，一二三喊長一點，再來一次！」

我哭笑不得，只得照著她的意思做。

只是這次等我喊完口令回過頭，卻發現陳南津不見了。

她忽然從我的視線裡消失。

我沒想到她又玩同一招，便繞到樹狀藝術品的背後想要找她，卻依然不見她的身影。

我四處張望了好一會兒，始終沒能找到她。

她眞的不見了。

最後，我在她剛才站著的地上，發現一個紙袋。

上前拾起紙袋，我從裡頭拿出一封信，以及一條紅色的針織圍巾。

仲謙學弟：

你看到這封信的時候，應該已經找不到我了吧。

很抱歉用這種方式跟你說再見，其實這件事我從很早以前就決定好了。

在得知你有在意的女孩子那時，我就有這個念頭了。

假如你和學妹順利交往，而且一年後感情依然穩定的話，我便可以放心離開你了。

這離開不是什麼不好的意思，你不要擔心。

我的意思是，今後我可以用我自己的方式，過我想要的生活了。

在我目前爲止的人生中有過兩個奇蹟，第一個是在高中時遇見你，第二個是多年後和你重逢。

從小到大，我始終對自己沒什麼信心，覺得自己一無是處，對人生也沒有目標，不知道自己可以做什麼，或者應該做什麼，只能爲別人而活。直到遇見你，我漸漸覺得自己並沒有那麼糟。

不管是當年你找我一起幫助妡瑞，還是後來將一棻姊託付給我照顧，你一直都很信任我，光是這一點便足以讓我覺得自己重新活了過來，甚至覺得人生有了意義。

我爲從前對你造成的傷害感到愧疚，也爲你一直以來受到的委屈感到心疼，所以我希望可以補償你，盡我所能彌補對你的虧欠。

但最後我發現自己好像又變得貪心起來了。

這次與你重逢，與你一起照顧一棻姊，我覺得自己好像一天比一天在乎你，常常每天睜開眼睛就想起你，甚至跟我男友在一起的時候也是如此，很不應該吧？

我想我是眞的很喜歡你。

因爲太喜歡你，我反而不知道該怎麼留在你身邊，現在的我已經沒有以一個普通學姊的身分繼續關心你的自信。

我希望最後留在你身邊的人，不會讓你擁有痛苦的記憶。

我相信你已經找到這樣的對象，也相信只要是你選擇的人，絕對是最好的。

當你看著這封信，應該也一併看到我送你的紅圍巾了吧？

其實那是我去年想送你的聖誕禮物，但當時我聽聞你有了在意的女生，突然不知道該怎麼送出這個禮物，只好騙你說自己忘了帶。

你曾經說過你不喜歡晴天，因爲每次有人離開你，剛好都會是在晴天。我想要打破你的這個迷信，讓你再也不要被過去的悲傷記憶束縛。

就像我一樣，從高中畢業至今，這是我第一次有勇氣再度拿起紅色的圍巾，我希望可以和你一起跨越這道陰影，所以事先看了氣象預報，選擇在雨天跟你道別。

我願意再次相信紅色會帶來幸運的可能，所以把這條圍巾送你，當作給你的祝福。

祝福你和學妹能一直幸福下去，我和我男友也會很幸福，所以你不需要爲我操心。

雖然不知道何時會再見面，但我相信一定會有那一天，我也會繼續寫信給你。

只要你幸福，我也會很幸福。

最後我想再次向你道謝，是你和一棻姊給了我勇氣。

因爲有你們，我才能再次找回自己曾經的夢想。

我眞的很感謝你們。

學弟請好好保重，工作忙碌之餘，絕對要照顧好自己喔。

P.S. 圍巾是全新的，保證沒有滷臭味。（笑）

讀完這封信沒多久，一滴雨珠驟然墜落在信紙上，發出輕輕的破碎聲。

在那之後，陳南津的手機打不通了，想去她的住處找人，卻發現她已經搬離。

她早就決定選在那天跟我道別，所以當時才會頻頻看向天空，確認下雨的機率。

我徹底失去了與她的聯繫。

陳南津真的就這麼走了。

◆

學弟，你好嗎？最近天氣變得更冷了。

有件事要跟你說，我和我男友結婚嘍。

雖然沒能見到你，但我還是會當作已經收到你的祝福，我知道你會這麼做的。

希望現在的你也過得幸福快樂。

火車行駛的聲音使我從睡夢中逐漸甦醒。

我看了眼時間，稍稍坐直了身體瞥向窗外，確認離目的地還有一段距離，便再次靠坐進椅座深處，凝視著被一片璀璨陽光照亮的冬日風景。

我在離家十年後重新踏上歸途。

得知我決定回家的那一天，蝦米很高興，允諾會來車站接我。

當我走出車站大廳，等到的卻不是蝦米，而是一個我意想不到的人。

「吳仲謙！」

一道久違的溫潤嗓音讓我全身一震，循聲望去，一名圍著蘋果綠圍巾的女子站在不遠處，對我露出甜美的微笑。

她主動走過來對我說：「嗨。」

「嗨。」我胸口微熱，喉嚨發乾，「妳一眼就認出我了？」

「是啊，跟你一樣。」妡瑞唇畔的笑意更深。

我穩住心情，「妳和蝦米一起來接我？」

「沒有，只有我一個人。蝦米昨天才跟我說你今天會回來，所以我決定在這裡多留一天，請他讓我過來接你，不然原本今天要跟我老公一起回高雄。」

「妳結婚了？」我訝異。

「還沒，但我懷孕了，我和我老公打算等生下孩子再補辦婚禮。」她偏著頭觀察我的反應，「你嚇到了？」

「有一點。」我不由得打量起她的肚子，這才意識到她上半身的衣物確實挺寬鬆，腳上也穿著一雙平底鞋，「你老公應該不是我二哥吧？」

她噗嗤一笑，「當然不是，我老公是我研究所同學，他今天有事先回高雄，所以沒辦法介紹給你認識。如果我真的和阿棠在一起，蝦米一定早就跟你說了。」

「抱歉，我不知道。」

「你當然不知道。」妡瑞直直地注視著我，「有很多事情你都不知道，你眞的離開太久了。」

我無言以對。

「你要直接回家嗎？蝦米說你是臨時決定回來看看的，叔叔他們不曉得你今天會回來，現在好像也不在家，但蝦米應該已經通知阿棠了，如果你不急著回去，要不要先到別的地方走走？」

我點點頭。

妡瑞這天開車來接我，回程便由我載她。

一路上，我的記憶不斷隨著眼前流動的景色而翻飛。

每一幕畫面接連在我腦海中倒帶，轉瞬之間將我帶回了過去。

彷彿我從來就不曾離開。

「送我回家之後，你也回家吧。」

我將車子停靠在溪谷旁的橋邊。

天氣寒冷，考量到妡瑞的身體狀況，我們沒有下車，待在車裡看著橋下湍急的溪流。

「這麼多年沒跟妳聯絡，妳很生氣吧？」

「當然生氣。」妡瑞面容平靜，「從你不再接我的電話，也不再跟我見面，只讓我從蝦米那裡得知你的消息開始，我每天都在生你的氣。可是比起生氣，心裡更覺得難過，因為你根本一點都不信任我。」

「我做了太多讓妳失望的事，不知道該怎麼面對妳，也沒有臉再見妳。」

「我知道，我們從小一塊長大，怎麼會不懂你這麼做的理由？」她嘆息，「坦白說，當年你做出的那些事，確實對我打擊很大，也讓我傷心很久，加上你避不見面，更讓我一度難以諒解，可是又沒辦法不去擔心你。」

聽到妡瑞用如此溫和的語氣說起從前，我心中一時不知是何滋味。

「但我也知道，你這麼多年不肯回來，甚至不敢跟家人聯繫，是因為你心裡同樣很痛苦，發生那樣的事，不管是誰都會受傷，當然也包括你，尤其這對你而言是一輩子都忘不掉的記憶。一個無法忘記自己曾經傷害過別人的人，怎麼可能會不煎熬？不痛苦？」

我依舊沉默不語。

「因為是你，我才相信，不管當年你究竟做過什麼事，犯了什麼錯，你一定是最痛苦的那個人，不然你不會棄我們而去。我本來以為你可能不會再回來了，所以現在能再見到你，我真的很高興。」

妡瑞握住我的手。

熟悉的溫度和觸感，讓我的鼻頭頓時發酸。

「歡迎回來，鞦韆。」她看著我，真摯地說：「謝謝你回來。」

我對上她的眼，話音沙啞，「如果我真的不回來怎麼辦？」

「我跟蝦米說過了，等我坐完月子，就會請他把喜帖寄給你。如果你連我的喜酒都不願意回來參加，那我就不要你這個朋友了，這次我是說眞的。」

我深深望著她，許久許久。

「妳和妳媽媽好嗎？」

「很好呀，前天才帶我老公去看她，她還說要幫我坐月子。怎麼了嗎？」

「我有一件事想向妳懺悔。」

我對她說出當年她父母離婚的眞相。

聽完以後，妡瑞愣怔了好一會，突然伸手重重打了我的手臂一記。

「對不起。」我說。

「你知道我爲什麼打你嗎？」她的聲音微微顫抖。

「因爲我害妳爸媽離婚……」

「笨蛋，怎麼可能是因爲這個？」她再打了我一下，氣惱得紅起眼眶，「我打你是因爲氣你隱瞞了這件事這麼久，獨自愧疚自責至今。你眞的是個大笨蛋，笨蛋鍬韆！」

妡瑞忍不住哭了，我也濕了眼眶，任憑她繼續胡亂打著我的手臂。

我將車子停在妡瑞家門口。

和羅叔叔敘敘舊後，我一個人先回家，妡瑞說她晚點會再過來。

經過廣場時，幾個小孩子正在大榕樹前玩耍。

過了這麼多年，那棵榕樹依然是我記憶中的模樣，一點也沒改變，家裡的外觀也是如此。

我看著半敞的大門，隱約聽見裡頭傳來電視的聲音。

等我終於推開門踏進去，坐在客廳看電視的那個人轉頭朝我看來。

見我突然出現，他臉上不見半點驚訝，似乎已經從蝦米那兒得知我會回來。

「我回來了。」我說。

二哥沒有什麼反應，看著我好一會兒，將視線轉回電視，「你剛剛才到？」

「一個小時前到的，我先去了妡瑞家打聲招呼。」我環顧四周，「爸媽不在？」

「媽有點感冒，爸帶她去看醫生，我有打電話跟爸說你回來了，等等他們應該很快就會回家。」

「嗯。」我問：「我想去樓上看看，可以嗎？」

「去啊。」

我轉身朝樓上走去，結束這段尷尬的對談。

雖是十年未歸，我的房間卻沒什麼灰塵，應該有人定期清掃整理。

陽光在我拉開窗簾後照進房間，室內一片敞亮。

我站在書桌前，望向窗外的天空，四周安靜得我似乎能依稀聽見那群小孩在榕樹下的嬉鬧聲。

放下行李，我沒有在房裡待太久便下樓，見我回到樓下，二哥關上電視，從沙發上站起。

「爸剛打電話給我，說醫院今天人有點多，可能會比較晚回來，要我先去巷口那間餐館叫幾道菜，外帶回來晚上吃。但餐館電話一直打不通，我現在要直接過去看看，你要一起去嗎？」

我沒作聲，只是靜靜地站在樓梯口。

二哥點點頭，「那你就在家裡等爸媽回來，我出去了。」

見他走路姿勢有點奇怪，我忍不住問：「你的腳怎麼了？」

「上禮拜騎車不小心出車禍，腳拐到了，應該過幾天就沒事了。」他一副沒什麼大不了的口吻。

最後，我和他一起出門。

腳傷讓二哥走路的速度比平時慢上許多，我配合他刻意放緩步伐，跟在他身後，只是這麼一來，走往餐館的這條路頓時變得有些漫長。

「這次回來多久？」二哥走在前面問。

「兩天吧，星期一還要上班。」

「嗯。」

「家裡一切都好嗎？」

「很好啊，沒什麼事。」

「媽呢？」

「還可以，除了最近身體差了點，其他時候都還算正常……」話說到這裡，他似乎有幾分遲疑，「我不知道她看到你會有什麼反應，我和爸不會在她面前提起你，媽也沒再問過你的事，所以我不確定她現在是怎麼想的。」

「我知道。」我頷首，「你放心，如果媽不想見到我，我會馬上離開。」

「再看看吧，又還不一定。」

我微微一愣。

經過這些年，二哥對我的態度似乎已經沒了過去那種敵意與厭惡。

就算我沒事先通知一聲，突然回來，他也不曾表現出一絲不快。

儘管他還是不願意看著我的臉說話。

「二哥。」

「幹麼？」

「謝謝你這些年來替我在媽身邊照顧她。」我生硬地開口，「還有一直以來……對不起了。」

聽到我的道歉，二哥什麼話也沒說，只是安靜地繼續往前走。

等到太陽下山，爸才終於帶著媽回來。

見到媽的那一刻，我心跳加快，心中滿是緊張與激動。

媽雖然明顯蒼老不少，人也瘦了許多，但精神比我想像中好，氣色也很不錯。

爸和二哥都忐忑不安地留意著她看到我時的反應。

奇怪的是，媽似乎並不意外，但她沒有開口跟我說話，只是對我微微一笑，然後從包裡取出藥袋，和爸聊起醫院的事，沒再看我一眼。

一直到蝦米和妡瑞來了之後，這種情況依然沒有改變。

大家圍坐在餐桌前一起吃飯，每個人不時用眼角偷偷觀察媽的反應。即便我就坐在媽旁邊，她仍神態自若地夾菜、舀湯，也會跟大家說話，唯獨對我一語不發。

可是當她的視線一對上我，她的脣角卻會浮上一抹淺淺笑意，並不像是刻意忽視我。

縱然媽的態度令人費解，但似乎沒有需要特別擔心的地方，因此蝦米便開始找話題跟我閒聊，企圖化解餐桌上的緊繃氣氛。

「鞦韆，你在台北待那麼久，應該交女朋友了吧？」

「沒有。」

「沒有？可是憑你的條件一定會有很多女同事喜歡你吧？」

「還好，我們公司的女生不多。」我低笑。

「可以去聯誼呀，聯誼就能認識更多女生不是嗎？」妡瑞也問。

「是沒錯，但我對聯誼沒什麼興趣。」

「你這樣不行，太浪費了。這點你應該向你二哥看齊，這傢伙上個月才跟女朋友分手，這個月馬上就認識一個女生——」蝦米說得口沫橫飛。

「喂，蝦米，你沒事爆我的料幹麼？」二哥馬上瞪他。

「這本來就是事實，爲什麼現在反而是你女人緣比較好啊？鞦韆你要加油，不可以輸給他。」蝦米振振有詞。

「知道了，我會努力。」我笑著應允。

沒過多久，我發現媽吃飯的速度突然緩了下來，還側頭直盯著我看。

半晌，她夾起一塊肉放進我的碗裡，溫柔地說：「小良，這是你最喜歡吃的雞肉。你上班很辛苦，多吃一點。」

其他人登時噤聲，滿臉錯愕。

媽絲毫沒察覺到眾人的驚訝，依舊笑臉盈盈，凝視著我的眼神充滿寵愛與慈藹。

我一直看著媽，直到她的面孔在視線裡漸漸模糊，才牽起嘴角回應她：「嗯，謝謝媽。」

哥哥從來就不曾在媽的心中消失過。

這時我才明白，媽之所以看到我沒有太大反應，是因爲哥哥至今仍存在於她的世界，對媽而言，哥哥始終在她身邊，生活在這個家中的每一個角落，朝夕陪伴著她。

她會對我笑，是因爲把我當成了她幻覺裡的哥哥。

在媽的記憶裡，已經沒有鞦韆的存在了。

但是一切都無所謂了。

在媽對我露出笑容的那一刻，我眞的認爲，只要她能繼續這樣幸福地笑著，今後不管怎麼樣，都好。

就算我這輩子只能當哥哥的替身，也沒有關係。

哥哥再也不只是存在於過去而已。

回台北前，我特地去了陳南津以前的住處一趟。

她的家人早已搬離，記憶中的墨綠色遮雨棚也已不復見。

我站在灰色的鐵捲門前，回憶從前和陳南津一起坐在這裡吃滷味的時光。

大概是我站得太久，一名像是住在附近的中年男子走過來，好奇地問：「你有什麼事嗎？」

「沒什麼，只是有個我認識的朋友以前住在這裡，所以過來看看。」

「這樣啊？這家人現在已經不知道搬去哪裡啦，當年欠了一屁股債，某天偷偷趁著夜裡舉家搬走。」

「欠債？」

「對啊，聽說滷味店老闆和他老婆倒了別人的會，一堆人的錢都拿不回來……反正很糟糕啦，這間房子後來也被法拍了，大概下個月就會有人搬進來了吧。」

我非常驚訝，陳南津沒有告訴過我這件事。

如今回想起來，她有些事情似乎一直刻意瞞著我，我對她的了解其實根本不多。

所以她才可以這樣不著痕跡地離去。

◆

學弟，你好嗎？

祝你跟你女朋友聖誕快樂，記得要帶對方去吃一頓浪漫的聖誕大餐喔！

陳南津每三個月會固定寄一張明信片給我。

儘管她不肯讓我聯絡到她，她還是會主動捎來消息，讓我知道她過得很好，但她從不在明信片上寫明自己的地址。

除了問候，她依然關心我和學妹，只是就算我想回應，也傳遞不到她那裡。

時光就這麼過去三年。

有天房東來找我，說她住在國外的兒子即將返台定居，打算將房子收回，留給她兒子住。

因此我只得搬離這個住了許多年的租屋處。

這表示，今後陳南津若再寄明信片過來，我也無法收到。

我曾想過是否要麻煩房東幫忙將信件轉寄到我的新住處，但仔細深思後，還是作罷。

這次是眞的跟陳南津斷了線。

「你下禮拜回來順便幫我買一雙運動鞋吧，原本那雙壞了。」二哥在電話裡吩咐我。

「哪種運動鞋？」

「隨便，耐跑一點的，不要太醜。剛好我這個月生日，你就送這個當生日禮物好了。」

「送什麼？」

「哇，你還眞會精打細算，明明以前什麼生日禮物都不肯買給我。」我打趣。

「你很愛記仇欸，這有什麼好計較的？大不了今年補送你就是了。」

二哥停了一下，「一場跑步比賽吧。你以前不是吵著要我跟你賽跑，這次你幫我帶鞋回來，我就跟你比賽，怎麼樣？」

我很意外，「你還記得這件事？」

「沒辦法，那個時候你眞的是煩死了。」

「你還跑得動？」

「廢話，我體力好得很，到時候你就知道了。記得幫我買鞋子回來！」

放下手機，我莞爾一笑。

沒過多久，有個人走到我辦公桌旁，是這個月剛進公司的新同事。

「仲謙哥，主管請大家咖啡，這杯是你的。」他遞給我一杯熱騰騰的黑咖啡。

「喔，謝謝。」

「不客氣。」新同事的目光忽然停在某處，「仲謙哥，你也有那張明信片？」

我循著他的視線看過去，他說的是我貼在隔間屏風上的其中一張明信片，那是陳南津過去寄給我的。

「怎麼了嗎？」

「我妹妹也有一張一模一樣的明信片，聽說是手工繪製而成，挺少見的，其他地方都買不到，所以我妹很珍惜。有次我不小心壓壞一張，她氣了好久。」他笑了笑。

我愣住了，「你是說，這張明信片只在某個地方才能買到？」

「應該是，但我妹似乎是很久以前買的，過了這麼久，現在情況是不是這樣我就不清楚了。」

我呆了呆，忍不住問：「可以幫我問問你妹妹是在哪裡買的嗎？」

意外得知這個訊息，我的心情登時有些波動。

新同事很快給了我答覆。

當天下班前，他拿著一張便利貼匆匆來找我，「仲謙哥，我打電話問我妹了。這是那間店的名字，地址我也幫你查好了，一併寫在上面，給你。」

我感激地向他連聲道謝。

到了週末，我開了足足一個多小時的車，來到紙上所寫的地址。

一間不起眼的小小工坊，座落在看起來不算太繁榮的市區角落，我帶著那張明信片詢問店家，想探知更多線索。

店家說這張明信片確實是這裡的商品，然而並非只能在店裡購得，目前已經可以透過網路下單購買。

我內心湧起一絲悵然，「你們大概是什麼時候開放網購的？」

「兩年前。」店員說。

我立刻翻過明信片背面一看，果不其然，陳南津在信末寫下的日期是三年前。

所以她很有可能來過這間店。

她來這間店只是湊巧出遊來訪？還是說不定她其實就住在這附近？

如果她眞的搬來這裡，又要從何找起？在這座城市裡找一個她，根本猶如海底撈針。

我終究只能一無所獲地回去。

在我幾乎放棄透過這張明信片找到陳南津後，過沒幾天，我偶然在街上瞥見一張熟悉的面孔。

事隔幾年，我仍一眼認出那人是陳南津的男友。

他在賣場門口下車，從車內抱出一個約莫兩歲的小男孩，接著一名陌生女子也跟著下車，儼然是一家人。

這幕畫面讓我心生疑惑，但不忘把握這千載難逢的機會。

我立刻上前叫住對方，向他探問陳南津的消息，卻得到出乎意料的答案。

他說他與陳南津在三年前就已經分手，而且還是陳南津主動提的，之後兩人再無聯絡，他也不知道陳南津現在人在哪裡。

我不禁啼笑皆非，這才發現陳南津不僅神秘，還很會騙人。

「結婚。」

「爲什麼？」

「不知道，妳給我的感覺就是希望將來能嫁人，做個家庭主婦。」

我想起她在某年十二月的陽光下對我說過的話。

「其實……也不是什麼多了不起的夢想。我只是希望等我小弟長大，不需要我照顧了之後，找個地方安安靜靜的生活。」

「一個人？」

「嗯，我希望有一天，可以在某個看得見山、也看得見海的地方租間小屋，盡情做我想做的事，像是養養寵物、種種花、種種水果。我對嫁人並沒有太大的憧憬，大概是因爲從小一直照顧弟妹，很多事情都必須放棄或犧牲，所以才希望有機會的話，可以一個人生活。」

我的意思是，今後我可以用我自己的方式，過我想要的生活了。

是你和一棻姊給了我勇氣。因爲有你們，我才能再次找回自己曾經的夢想。

今後幾乎每個週末，我都會去到陳南津曾留下足跡的那個地方。

我向居民打聽附近哪裡可以看得見海，最後找到一處離市區有段距離的偏僻山區。

此處被綿綿不絕的山群環繞，只可在某幾處隱約瞥見海平面。

我認爲陳南津會喜歡這樣的地方。

這裡不僅空氣清新，也很安靜，尤其到了日落時分，晚霞之美遠比過去我在其他地方見到的都要令我印象深刻，過目難忘。

到後來，偶爾來這裡散步成了我的習慣。

我會開著車在山裡四處亂繞，碰到住戶，便下車走走看看，一邊探詢陳南津的消息，一邊熟悉這片景色。

縱然這一切看似徒勞之舉，我卻感到前所未有的踏實。

在找尋她的這段過程，我感覺自己也逐漸變得完整。

我從來沒有這麼滿足過。

「學弟，加油。」

◆

第十次來到這處山區時，山巒披上一層薄薄的白霧。

恰逢寒流來襲，頭頂的太陽彷彿只是一盞裝飾品，即便陽光照在身上也暖意全無。

這天我來得稍晚，等我將車開到離海更近的地方，天色也黯淡了些。

我在一棟老舊的房舍附近停車。

接下來的路太窄，車子開不上去，我便下車步行，遠遠看見屋子前面有著一張被漆成紅色的長凳。

屋旁是一座種滿花草的庭院，環境整潔乾淨，看起來像是有人細心照顧。窗戶裡的燈光未明，不像有人在。

我俯身端詳那張紅色長凳，試著推一推，見還算穩固於是坐了下來，靠著牆休息片刻。

太陽下山了。

落日餘暉將整座山頭染成了紅色與黃色，天空瞬息萬變，好似一幅流動的畫。

氣溫似乎更低了，我拉緊脖子上的紅圍巾，呼出一口長氣。

我知道陳南津可能根本就不住在這處山區。

我也知道自己終其一生可能不會再見到她。

但我不只一次想過，如果有一天，我眞的找到了她，我要跟她說什麼。
是問她爲什麼要說謊騙我？還是問爲什麼直到現在仍不肯出現在我面前？
亦或是親口對她說一句：「我原諒妳。」

妳仍然繼續寫明信片給我嗎？
要是眞的能再相見，我想我會告訴妳很多很多事。
我想我會告訴妳，只要是關於妳，不論好事壞事，我都想知道。
我想我會告訴妳，不是眞的一旦傷害過誰，就沒資格再留在對方身邊。
我想我會告訴妳，有些人即使曾經被對方傷了心，也還是想要跟她在一起。
我想我會告訴妳，其實我一直在等待再見到妳的這一天，親口將這些話告訴妳。
如果有一天，眞的有那麼一天。
但願我還在妳的記憶中。

全文完

後記 擁抱傷口，離幸福更近

在寫上一部作品《剪刀石頭布》的時候，其實我並沒有想寫續集的念頭。說起來，這次的故事不能算是前一部的續作，之所以會接著創作《噓，木頭人》，只是憑藉著一股莫名的衝動，並非從一開始就有的規畫。

而讓我產生這股衝動的是男主角鞦韆。

他算是《剪刀石頭布》裡最具爭議的男角，要書寫以這個人爲主角的故事，對作者來說可能是一種風險，畢竟應該很少有讀者（尤其女性讀者）會對一個劈腿的角色感興趣。但在我眼中，這樣的角色反而是最值得去寫，更重要的是，只有他讓我有無論如何都想動筆的衝動。

即便知道呼聲最高的其實是另一個男性角色（甚至連編輯都最愛他），我還是決定順從內心的直覺寫下這個故事。

寫完之後，我更確定當初的決定是對的。

完成《噓，木頭人》後，我原先以爲這個系列會就此結束，然而在提筆寫下後記的這一刻，我已經打定主意要寫第三部了，這次依然是那股無以名狀的衝動在作祟，心中所萌生的衝動甚至比《噓，木頭人》那時還要更加強烈，彷彿一切早已被安排好似的。

這種完全被故事人物牽引著走的感覺，已經不是第一次，卻只有在創作這個系列的過程中感受特別深刻，現在回想起來，還是只能用「不可思議」來形容。

對於《噓，木頭人》，我的感觸其實很深。

我不像鞦韆擁有天才般的絕佳記憶力，但也不會特別健忘，只是我最近時常會忘了不久之前的事，過往的事倒是記得越發清楚（初老症狀？）。

我相信，每個人都曾有爲記憶所苦的時候。

你可能會一直記得某個時期所經歷過的難堪，記得有人說過某些傷你至深的話，或是記得某個人曾經做出讓你痛苦不已的事，甚至讓那段記憶在不知不覺間影響自己的思維與價值觀，進而掌控你的恐懼與憤怒。

我不知道會不會有讀者分別看完《剪刀石頭布》、《噓，木頭人》之後，對於兩個主角最後的結局感到疑惑？畢竟跟《剪刀石頭布》比起來，這次的結局算是沒有太多遺憾的。我和編輯一致認爲，永恩與鞦韆這兩人最大的差別，在於鞦韆在來得及挽回的時候，選擇面對自己眞實的內心。比起永恩，他眞的算是幸運得多了。

我忍不住想再次分享編輯讀完《噓，木頭人》的感想，也是我最喜歡的一段感想：

人生不總是能盡如人意，每個人都傷害過人，也被人傷害過。有些傷口得以痊癒，有些傷口雖然未能痊癒，但能夠帶著傷繼續活下去，已經是最好的結果。而某些刺傷你的人，時過境遷之後，你其實還是會想要擁抱對方，無關乎是否原諒。能夠明白體認到這一點，也許會比較容易離幸福近一些。

我們無法改變某些回憶，卻能試著改變看待回憶的方式。

謝謝馥蔓，謝謝POPO原創，更謝謝一路陪伴我到這裡的小平凡們。

下部新作的主角是南津的妹妹，也是這系列的最後一個故事，請大家繼續多多指教。

晨羽

城邦原創 長期徵稿

題材

(1) 愛情：校園愛情、都會愛情、古代言情等，非羅曼史，八萬字以上，需完結。
(2) 奇幻/玄幻：八萬字以上，單本或系列作皆可；若是系列作，請至少完稿一集以上，並附上分集大綱。

如何投稿

電子檔格式投稿（請盡量選擇此形式投稿）

(1) 請寄至客服信箱service@popo.tw，信件標題寫明：【投稿城邦原創實體書出版／作品名稱／真實姓名】（例：投稿城邦原創實體書出版／愛情這件事／徐大仁）
(2) 稿件存成word檔，其他格式（網址連結、PDF檔、txt檔、直接貼文於信件中等）恕不受理；並請使用正確全形標點符號。
(3) 請附上真實姓名、性別、聯絡電話、email、POPO原創網會員帳號、作者簡介與出版經歷。
(4) 請加入POPO原創市集(www.popo.tw/index)申請成為作家會員，並將投稿作品公開放上該網站至少4萬字，若想全文公開也可以。

紙本投稿

(1) 投稿地址：10483台北市民生東路二段141號6樓
城邦原創實體出版部收
(2) 請以A4紙列印稿件，不收手寫稿件。
(3) 請附上真實姓名、性別、聯絡電話、email、POPO原創網會員帳號、作者簡介與出版經歷。
(4) 請自行留存底稿，恕不退稿。
(5) 請加入POPO原創市集(www.popo.tw/index)申請成為作家會員，並將投稿作品公開放上該網站至少4萬字，若想全文公開也可以。

審稿與回覆

(1) 收到稿件後，約需2-3個月審稿時間，請耐心等候通知。若通過審稿，編輯部將以email回覆並洽談合作事宜，如未過稿，恕不另行通知。
(2) 由於來稿眾多，若投稿未過，請恕無法一一說明原因或給予寫作建議。
(3) 若欲詢問審稿進度，請來信至投稿信箱，請勿透過電話、部落格、粉絲團詢問。

其他注意事項

(1) 請勿抄襲他人作品。
(2) 請確認投稿作品的實體與電子版權都在您的手上。
(3) 如果您的作品在敝公司的徵稿類型之外，仍然可以投稿，只是過稿機率相對較低。

國家圖書館出版品預行編目資料

噓，木頭人／晨羽著．-- 初版．-- 臺北市；城邦原創，民 106.01
面；公分．--（戀小說；71）

ISBN 978-986-94123-3-9（平裝）

857.7 105025019

噓，木頭人

作　　者／晨羽
企畫選書／楊馥蔓
責任編輯／楊馥蔓、林鈞儀

行銷業務／林政杰
總 編 輯／楊馥蔓
總 經 理／伍文翠
發 行 人／何飛鵬
法律顧問／元禾法律事務所　王子文律師
出　　版／城邦原創股份有限公司
台北市中山區民生東路二段 141 號 6 樓
電話：(02) 2509-5506　傳真：(02) 2500-1933
E-mail：service@popo.tw
發　　行／英屬蓋曼群島商家庭傳媒股份有限公司城邦分公司
聯絡地址：台北市中山區民生東路二段 141 號 11 樓
書虫客服服務專線：(02) 25007718・(02) 25007719
24小時傳真服務：(02) 25001990・(02) 25001991
服務時間：週一至週五 09:30-12:00・13:30-17:00
郵撥帳號：19863813　戶名：書虫股份有限公司
讀者服務信箱 email：service@readingclub.com.tw
城邦讀書花園網址：www.cite.com.tw
香港發行所／城邦（香港）出版集團有限公司
地址：香港灣仔駱克道 193 號東超商業中心 1 樓
email：hkcite@biznetvigator.com
電話：(852) 25086231　傳真：(852) 25789337
馬新發行所／城邦（馬新）出版集團 Cité(M)Sdn. Bhd.
41, Jalan Radin Anum, Bandar Baru Sri Petaling,
57000 Kuala Lumpur, Malaysia.
電話：(603) 90578822　傳真：(603) 90576622
email:cite@cite.com.my

封面設計／黃聖文
印　　刷／漾格科技股份有限公司
電腦排版／陳瑜安
經 銷 商／聯合發行股份有限公司
電話：(02)2917-8022　傳真：(02)2911-0053

■ 2017 年（民 106）1 月初版　Printed in Taiwan
■ 2021 年（民 110）4 月初版 20 刷

定價／280元

ISBN　978-986-94123-3-9

城邦讀書花園
www.cite.com.tw

本書如有缺頁、倒裝，請來信至service@popo.tw，會有專人協助換書事宜，謝謝！